"十四五"普通高等教育本科部委级规划教材

新工科系列教材

纺织品中的纳米科学与技术

NANOSCIENCE AND NANOTECHNOLOGY IN TEXTILE

郑兆柱　编著

中国纺织出版社有限公司

内 容 提 要

纺织品中的纳米科学与技术是纺织科学与技术、材料科学、环境科学和生物医学等相关学科共同发展的产物。本书较为系统地介绍了应用于纺织品中的纳米纤维材料、纳米功能材料及其制备方法；纳米纺织品在空气处理、水处理和生物医用等领域的应用；纳米纺织材料表征方法；此外，本书还介绍了纳米材料应用过程中存在的风险及挑战。

本书可作为高等院校纺织科学与工程、纳米科学与工程及生物医学等相关专业师生的教学参考书，也可作为高性能纳米纺织品相关企业研发和技术人员的参考资料。

图书在版编目（CIP）数据

纺织品中的纳米科学与技术／郑兆柱编著. --北京：中国纺织出版社有限公司，2023.7
"十四五"普通高等教育本科部委级规划教材 新工科系列教材
ISBN 978-7-5229-0169-5

Ⅰ．①纺… Ⅱ．①郑… Ⅲ．①纳米材料-纺织纤维-高等学校-教材 Ⅳ．①TS102

中国版本图书馆 CIP 数据核字（2022）第 243163 号

责任编辑：沈 靖 孔会云 责任校对：寇晨晨
责任印制：王艳丽

中国纺织出版社有限公司出版发行
地址：北京市朝阳区百子湾东里 A407 号楼 邮政编码：100124
销售电话：010—67004422 传真：010—87155801
http://www.c-textilep.com
中国纺织出版社天猫旗舰店
官方微博 http://weibo.com/2119887771
三河市宏盛印务有限公司印刷 各地新华书店经销
2023 年 7 月第 1 版第 1 次印刷
开本：787×1092 1/16 印张：9.75
字数：210 千字 定价：58.00 元

前 言

纳米纺织产业发展历史相对较短。1980 年第一批纳米纤维织物才以纳米纤维膜的形式进入产业领域，用于过滤；2000 年印度首次推出商业化纳米纺织产品。过去的 40 多年中，纳米材料被广泛用于增强纺织品的各项性能，纳米纺织品的销量也稳步增长。近年来，与传统纺织品相比，纳米纺织品研究和产业发展更加迅猛。

与其他工业领域一样，纳米技术在开发高性能纺织品中显示出巨大的应用前景。据调研，包括苏州大学在内的很多国内外纺织院校开设了面向本科生和研究生的纳米材料相关课程。本书是一本面向国内高等纺织院校的教材，在章节和内容安排上，主要考虑教学工作中的知识传授规律，兼顾与其他相关课程的配合需要。鉴于此，本书详细介绍了纳米技术在科学和工程方面的前沿研究，内容包括：聚合物纳米纤维，尤其是生物聚合物纳米纤维及其制备方法；纳米纺织品用纳米材料及其制备方法；纳米纺织品在空气处理、水处理和生物医用领域的应用；纳米纺织材料表征；纳米材料应用过程中的风险及挑战。本书可作为高等院校纺织科学与工程、纳米科学与工程及生物医学等相关专业师生的教学参考书，也可作为相关产业研究和技术人员的参考资料。

感谢苏州大学新工科计划和国家重点研发计划"政府间国际科技创新合作"项目（2021YFE0111100）的支持。诚挚感谢研究生罗晓珊、张娟、陈亚倩、王文君、方岩、陈莉、曾庆红、孙璟、刘琦、方雨兮、梅颖华、沈盼、汪涛和王恒，本科生成馨雨在本书撰写过程中在资料收集、文献翻译和校稿等方面提供的帮助。感谢研究生张娟在绘图、文献翻译和图片版权申请等工作上提供的帮助。刘雨老师也提出了许多宝贵意见，这些意见在本书定稿时均已采纳，在此一并表示衷心感谢。

由于编著者水平有限，加之纳米纺织科技的迅速发展，一些新的知识与成果在书中可能未完全得以呈现，书中难免存在不足、疏漏之处，敬请读者批评指正。

郑兆柱

2022 年 8 月

目 录

第1章　纳米科学技术与纳米纺织品

纳米科技已经成为全球产业创新变革的源头，成为多领域普适性的先进技术，尤其是智能技术，纺织行业也受益匪浅。微纳米纤维和功能材料是高性能纺织品的核心要素。微纳米纤维就是基于纳米技术发展起来的，同时离不开加工技术和智造技术。功能材料大部分也是纳米材料。纳米技术应用于纺织行业，并用于生产纳米纺织品，赋予纺织品自清洁、高效过滤、高效催化、高效过滤、抗菌和促进组织修复等性能。纳米技术不仅会改变纺织产业，而且会使纺织制造产业进入一个新的阶段。本章将介绍纳米科学技术相关的基本概念、特性及其在纳米纺织品中的应用。

1.1　纳米科学技术

1.1.1　纳米技术

"纳米技术"这一概念是由美国物理学家理查德·费曼（Richard Feynman）提出的。1959年12月29日，在加利福尼亚理工学院举行的美国物理学会会议上，费曼发表了一篇题为 *There's Plenty of Room at the Bottom* 的著名演讲，费曼在这篇演讲中提到可以通过操纵和控制单个原子和分子来制造产品，该设想成为纳米科学和纳米技术思想和概念的奠基。20世纪70年代，科学家开始从不同角度提出有关纳米科技的构想。1974年，科学家谷口纪男（Norio Taniguchi）最早使用"纳米技术"一词来描述精密机械加工。

纳米技术一般指设计、制造、测量、控制纳米级（0.1~100 nm）材料和产品的技术。纳米技术主要包括纳米材料（粒子、纤维和薄膜）的制备技术、纳米级测量技术、纳米级加工技术、纳米生物学技术和纳米组装技术等。图1-1所示为纳米技术概念体系。

1.1.2　纳米尺度

纳米是一个长度单位，同厘米、分米和米一样，$1 \text{ nm} = 10^{-9} \text{ m} = 10^{-3} \text{ μm}$。1 nm为原子直径的3~5倍（原子直径为0.2~0.4 nm）。如果把直径为1 nm的小球放在乒乓球上，差不多相当于把一个乒乓球放在地球上。纳米尺度（nanoscale）是2019年公布的物理学名词。ISO/TS 80004-4：2011中，纳米尺度定义为"长度范围为1~100 nm"，是介于微米尺度与原子尺度的尺寸大小。图1-2展示了不同尺度的材料。

1.1.3　纳米材料

（1）纳米材料的定义。ISO/TS 80004中，纳米材料定义为"具有在纳米尺度上的任何外部尺寸或在纳米尺度上具有内部结构或表面结构的材料"。这既包括作为离散材料的纳米物

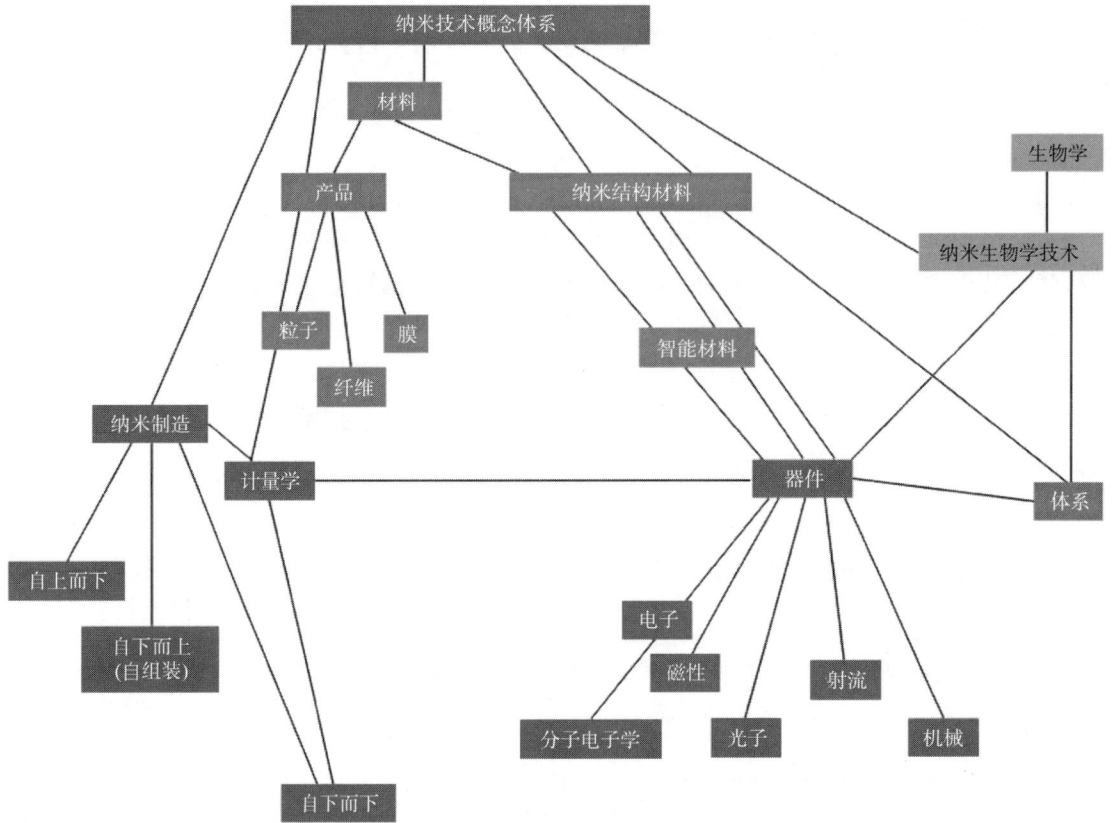

图 1-1　纳米技术概念体系

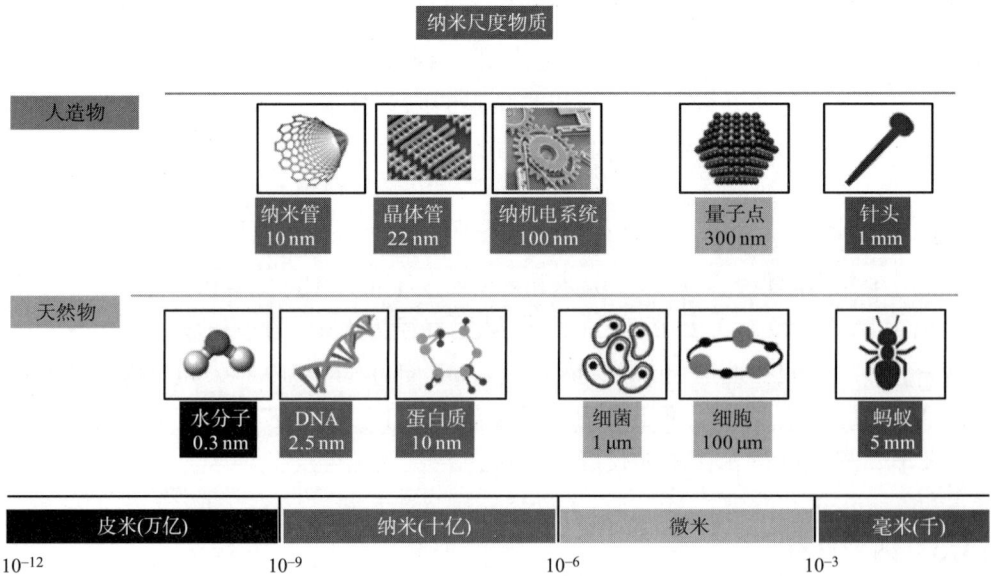

图 1-2　不同尺度的材料

体，也包括具有纳米级内部或表面结构的纳米结构材料。欧盟委员会关于纳米材料定义的建议书（2011/696／EU）中描述，决定材料是否属于纳米材料的唯一条件是材料所含颗粒尺寸的分布范围。如果尺寸在 1~100 nm 的颗粒比例超过 50%，则材料即为纳米材料。

建议书修订版中，"纳米材料"是指由固体颗粒组成的天然的或人造的材料，这些颗粒既可以单独存在，也可以作为可识别的组成颗粒存在于聚集体或块体材料中，并且在基于数量的尺寸分布中，这些颗粒的 50% 及以上应满足至少以下一个条件：

①颗粒的一个或多个方向的尺寸在 1~100 nm。

②颗粒具有细长的形状，如棒状、纤维状或管状，其中两个方向的尺寸一个小于 1 nm，另一个大于 100 nm。

③颗粒具有板状形状，其中一个方向的尺寸小于 1 nm，其他尺寸大于 100 nm。

在确定基于粒子数的粒径分布时，不需要考虑至少两个正交方向尺寸大于 100 nm 的粒子。

如今，纳米材料是指在三维尺度中至少有一维处于纳米尺度（1~100 nm）或由它们作为基本单元构成的材料。在纤维行业，还没有公认的纳米纤维定义。根据不同的文献描述，纳米纤维的范围从 100 nm 到 500 nm 不等。通常情况下，纳米纤维是指直径小于 500 nm 的纤维。

（2）纳米材料的分类。纳米材料的分类方法主要有以下几种。

①按材质分类。纳米材料可分为纳米金属材料、纳米非金属材料、纳米高分子材料和纳米复合材料。其中，纳米非金属材料又可分为纳米陶瓷材料、纳米氧化物材料和其他非金属纳米材料。

②按纳米的尺度在空间的表达特征分类。纳米材料可分为零维纳米材料即纳米颗粒材料、一维纳米材料（如纳米线、棒、丝、管和纤维等）、二维纳米材料（如纳米膜、纳米盘和超晶格等）、纳米结构材料（即纳米空间材料，如介孔材料）。

③按形态分类。纳米材料可分为纳米粉末材料、纳米纤维材料、纳米膜材料、纳米块体材料以及纳米液体材料（如磁性液体纳米材料和纳米溶胶等）。

④按功能分类。纳米材料可分为纳米生物材料、纳米磁性材料、纳米药物材料、纳米催化材料、纳米智能材料、纳米吸波材料、纳米热敏材料、纳米环保材料等。

（3）纳米效应。纳米材料具有以下五大效应。

①体积效应。当纳米粒子与传导电子的德布罗意波的尺寸相当或更小时，其周期性的边界条件被破坏，磁性、内压、光吸收、热阻、化学活性、催化性及熔点等都较普通粒子发生了很大的变化，这就是纳米粒子的体积效应。纳米粒子在以下几方面的应用均基于其体积效应。例如，纳米粒子的熔点远低于块状本体，此特性为冶金工业提供了新工艺方案；利用等离子共振频移随颗粒尺寸变化的性质，可以改变颗粒尺寸，控制吸收的位移，制造具有一种频宽的微波吸收纳米材料，用于电磁屏蔽、隐形飞机等。

②表面效应。表面效应是指纳米粒子表面原子与总原子数之比随着粒径的变小而急剧增大，引起同质材料性质上的变化。随着粒径的减小，纳米粒子的比表面原子数迅速增加，表

面积和表面能都迅速增加；纳米粒子表面原子的晶体场环境以及结合能与内部原子不同，表面原子周围缺少相邻的原子，产生许多悬空键，具有不饱和性质，易与其他原子结合而稳定下来，因而表现出很高的化学和催化活性。

③量子尺寸效应。粒子尺寸下降到一定值时，费米能级接近的电子能级由准连续能级变为分立能级的现象称为量子尺寸效应。宏观块体材料的能级间距趋向于零。随着尺寸的减小，半导体纳米粒子的电子态由宏观块体材料的连续能带过渡到具有分立结构的能级；吸收光谱从没有结构特征的宽吸收带过渡到具有结构特征的吸收特性。在纳米粒子中处于分立的量子化能级中的电子波动性带来了纳米粒子的一系列特性，如高的光学非线性、特异的催化和光催化性质等。

④宏观量子隧道效应。经典物理学认为，物体遇到有一阈值能量的势垒时，粒子能量小于此能量则不能越过，而大于此能量则可以越过；量子力学则认为，即使粒子能量小于阈值能量，很多粒子冲向势垒，一部分粒子反弹，还会有一些粒子能过去，好像有一个隧道，故名隧道效应。人们发现一些宏观量，如微颗粒的磁化强度、量子相干器件的磁通量以及电荷等也具有隧道效应，它们可以穿越宏观系统的势垒而产生变化，故称为宏观量子隧道效应。

⑤介电限域效应。纳米粒子被空气、聚合物、玻璃和溶剂等介质所包围，这些介质的折射率通常比无机半导体低。当光照射时，由于介质的折射率不同产生界面，邻近纳米半导体表面的区域、纳米半导体表面甚至纳米粒子内部的场强比辐射光的光强大。这种局部的场强增强的效应，对半导体纳米粒子的光物理特性及非线性光学特性有直接的影响。介电限域效应对于无机—有机杂化材料以及用于多相反应体系中光催化材料的反应过程和动力学有重要影响。

上述的体积效应、表面效应、量子尺寸效应、宏观量子隧道效应和介电限域应都是纳米颗粒和纳米块体材料的基本特征，这一系列效应使纳米材料在熔点、蒸气压、光学性质、化学反应性、磁性、超导及塑性形变等许多物理和化学方面都显示出特殊的性能。

1.1.4　纳米科学

纳米科学是指在原子、分子尺度上，研究物质的特性和相互作用，进行知识和技术创新，并对物质进行精确加工和原子制造的科学技术。纳米科学不是一个新的特定科学领域，而是一种全新的思维方式。它的革命性特点主要在于其内在的多学科性，而不能通过某一个单一的理论或一种特定的方法来研究。纳米科学是在现代科学与先进工程技术相结合的基础上诞生的，是基础研究与产业应用探索紧密联系的新兴高尖端科学技术。纳米科学几大分支，如纳米摩擦学、纳米生物化学、纳米纤维工程、纳米材料科学的发展和成功，很大程度上取决于物理、化学、数学和生命科学的发展及其相互作用。

如果没有纳米科学，纳米技术将不存在。纳米尺度材料所表现出来的与宏观尺度材料不同的特性及其规律是纳米科学最基本、最核心的知识。纳米技术的创新是指在宏观和微观系统中设计、制造（合成）和应用先进的纳米材料和纳米结构。纳米科学创新的核心是从制备亚原子米到数微米（数百纳米）的结构和材料。

1.1.5　纳米计量学

人眼能够检测到的最小物体的尺寸约为 50 μm，无法感知纳米物体。纳米级测量技术包括纳米级精度的尺寸以及位移的测量以及纳米级表面形貌的测量。纳米级测量技术主要有以下两个发展方向。

（1）光干涉测量技术。它是利用光的干涉条纹来提高测量的分辨率，其测量方法有双频激光干涉测量法、光外差干涉测量法、X 射线干涉测量法、法布里—珀罗（F—P）标准工具测量法等。该技术可用于长度和位移的精确测量，也可用于表面显微形貌的测量。

（2）扫描探针显微技术（SPM）。其基本原理是基于量子隧道效应，用极尖的探针对被测表面进行扫描（探针和被测表面实际并不接触），借助纳米级的三维位移定位控制系统测出该表面的三维微观立体形貌。该技术不仅能直接观测纳米材料表面的形貌和结构，还可对纳米材料表面进行可控的局部加工。

1.2　纳米纺织品

20 世纪 90 年代初，纳米技术成为纺织制造、整理和自动化领域的创新技术，得到纺织行业的高度认可。技术进步不再只是发达国家的专属，反而发达国家的企业几乎失去了在成本方面的竞争优势。由于新兴竞争对手抢占了市场份额，陷入了行业发展瓶颈的传统纺织企业面临着巨大的压力。老牌纺织企业的竞争力下降，迫使许多国家和地区的劳动力密集型工厂关闭。2004 年，欧盟为欧洲纺织行业制定了一项新的发展战略，称为新纺织技术战略。将纳米技术和柔性微电子技术融入服装将成为纺织业全新的增长领域，并使其从传统的制造业中摆脱出来，从而获得新的竞争优势，这为纺织业提供了新的发展方向。

纳米技术可以赋予纺织品在生产、生活等应用中的特殊功能，从而提高其附加值。将纳米材料和纳米结构应用于纺织品的生产工艺中，能够制备出具有抗菌、抗紫外、抗静电、自清洁、导电、抗皱、超强度、超耐久、阻燃、可变色、防腐、自修复、防臭、抗反射等单一或多种性能且具有高附加值的功能性纺织品（图 1-3），这已成为纺织行业的发展趋势之一。

纳米纤维主要包括三个层面：一是纤维直径在纳米尺度范围内；二是将纳米材料填充到纤维中，对纤维进行改性；三是具有纳米尺度表面结构的纤维。

1.2.1　纳米尺度纤维纺织品

通过新的纺丝方法减小纤维直径，使其达到纳米级，可以获得更加轻薄的纺织品，如利用 20～500 nm 的纤维制造的纺织品较传统纺纱技术制造的纺织品薄 10～500 倍。纳米纤维直径小、比表面积大、弯曲刚度小，所得织物具有致密、柔软、防水透气等优异的服用性能，因此被广泛用于功能性服装面料的开发。

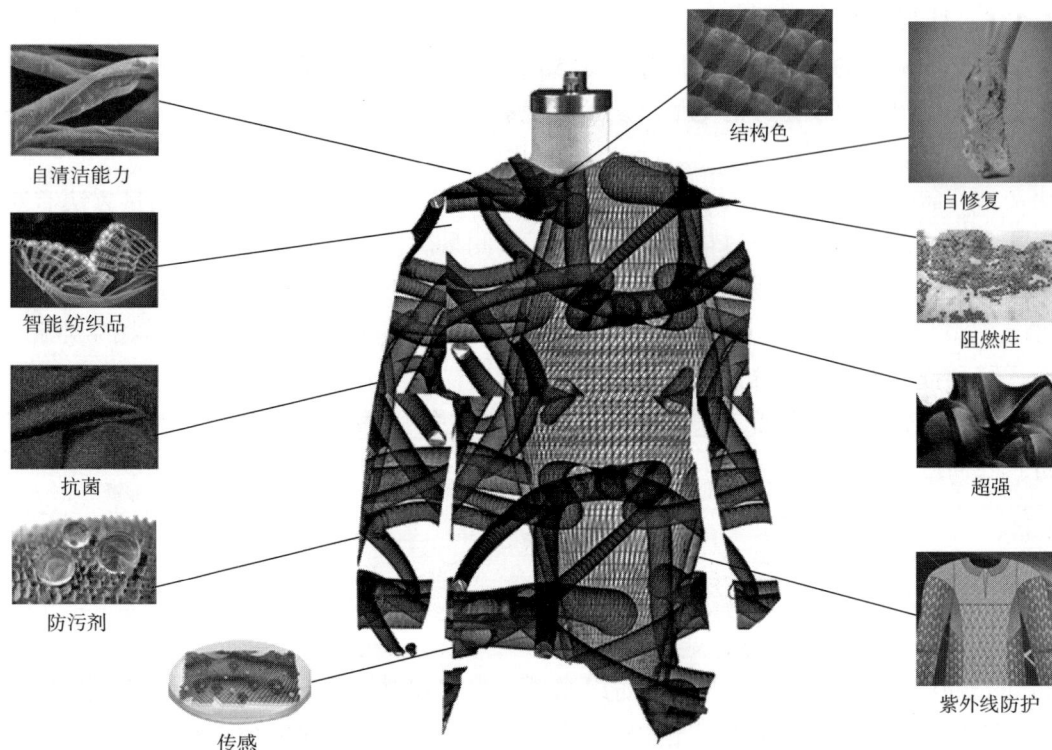

图 1-3　功能性纳米纺织品

1.2.2　纳米材料掺杂纺织品

纳米材料是开发高阶纺织材料（如织物和复合材料）的基础。通过各种方法（掺杂后纺丝或纳米材料整理）将纳米材料融入纺织品中，从而赋予纺织品全新的性能和拓展纺织品新的应用领域。广泛应用于纺织行业的纳米材料有碳纳米管、纳米颗粒（金属和氧化物）和纳米胶囊等。

1.2.3　具有纳米尺度表面结构的纺织品

大多数传统纺织品整理方法，如湿法整理，往往对环境有害，而且对资源需求量大，尤其是水资源方面。未来，由于人们对全球变暖的日益担忧和环保消费品的需求将不断增加，消费者、绿色组织和品牌商可能都不再接受这种会给环境带来污染的加工过程。为了改善纺织品的性能和工艺，科学家们在纺织品表面改性领域进行了大量的研究。

1998 年左右，化学家大卫·索恩博士首次将纳米技术应用于织物纤维表面形态改性。他的团队成功地将植物表面和动物皮毛的天然拒水性结构应用到纺织品整理中。通过调控纺丝参数可以制备出不同表面形貌结构的纤维；同时，可以改善纤维的吸湿性、保暖性、透气性，从而提高织物的服用舒适性；还可以优化织物的光泽、图案、纹理，使织物更美观。

1.2.4　具有纳米尺度内部结构的纺织品

传统方法通过增加纤维直径来提高纤维强度，但这牺牲了纤维的伸长率和韧性。纳米纤维材料有希望成为纺制高性能可持续粗纤维的候选材料。受生物合成纤维中广泛存在的分层螺旋和纳米复合结构特征的启发，通过将简便的湿纺工艺与多次湿捻工艺相结合，可以获得基于纳米纤维的仿生分层螺旋纳米复合大纤维，同时实现纤维拉伸强度、伸长率和韧性的显著提高。这证明了仿生分层螺旋和纳米复合结构设计的有效性。这种仿生设计为高强度纤维的开发提供了一种新策略，从而可进一步优化或创造更多强韧的纳米复合纤维材料，以匹配各种应用领域。

1.2.5　可持续纳米纺织

纳米技术越来越广泛地应用于纺织品的制造和整理，并取得了丰硕的成果。但对纳米技术可能存在的负面效应的研究，严重滞后于对其正面功效的研究。今后纳米安全问题必将受到越来越多的重视，将逐步建立新的检测规则，实行安全风险评估，完善纳米制成品的性能检测与产品标准，特别是开发切实可行的新型工艺与生产方法，以解决对人类健康与环境安全产生的危害。

"NanoramaTextile"是德国社会意外保险（DGUV）"Nanoramas"的第四个模块，是由德国社会意外保险机构联合能源、纺织、电气和媒体产品部门及创新协会共同开发的。它收集了有关纳米材料在纺织品生产中应用和处理的宝贵信息，可以作为"纳米材料的安全处理手册"，服务于纺织行业的专家和员工，用于职业安全与健康鉴别。用户可以通过阅读有关纳米材料的保护措施、暴露和应用的信息，了解如何安全处理纳米材料。

1.3　市场规模和行业分析

（1）行业趋势。图1-4所示为2021～2028年聚合物纳米复合材料的区域前景、应用潜力、竞争市场份额的预测报告。2021年，聚合物纳米复合材料市场规模估值约为86.6亿美元，由于政府对材料轻量化的支持力度不断增加，预计2022～2028年的复合年增长率将超过19.1%，新兴经济体，如中国、印度、日本和印度尼西亚等增长率或将更高。该行业产能预计将达到1420.1千吨，而在整个预测期内，产量的复合年增长率为20.2%。

聚合物纳米复合材料是由纳米材料和聚合物基体组成的复合材料。聚合物纳米复合材料是通过选择合适的制备工艺将纳米材料分散到聚合物基体中来生产的，所用纳米材料包括纳米黏土、碳纳米管、纳米纤维和纳米氧化物等，所用聚合物包括环氧树脂、聚酰胺、聚乙烯和聚丙烯等。由于聚合物纳米复合材料优越的产品特性，被广泛用于各种行业领域，如汽车和航空航天、生物医学、电气和电子、包装、油漆和涂料、石油和天然气、体育和海洋等。与合成聚合物和复合材料相比，聚合物纳米复合材料具有巨大的优势，纳米材料改善了原聚合物的关键性能，如高强度和模量，优异的阻隔性、耐热性和低可燃性等。

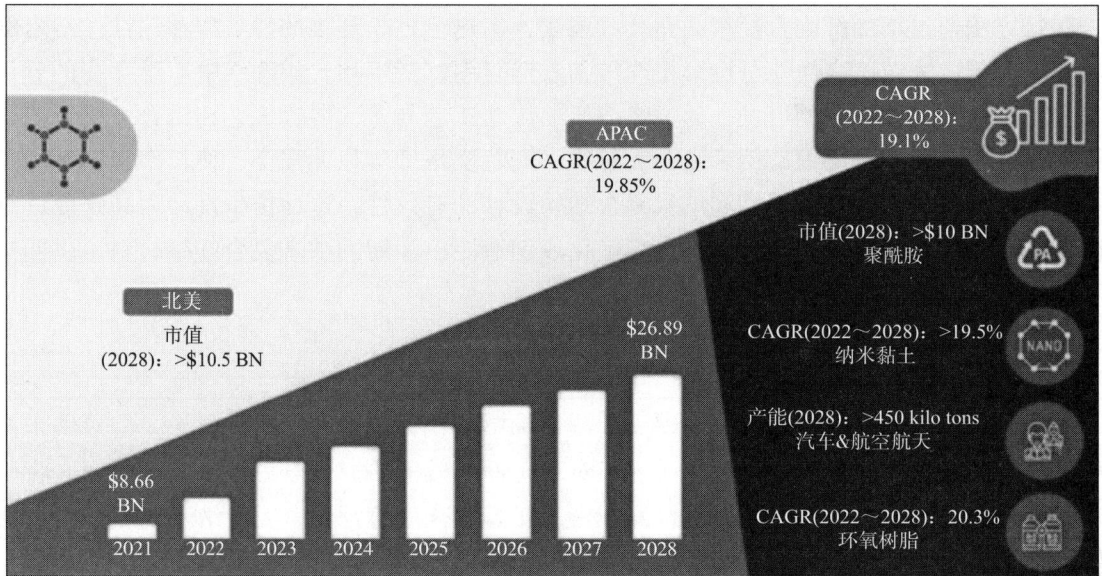

图 1-4　聚合物纳米复合材料市场分析

　　由于包装和汽车行业的需求不断增长，聚合物纳米复合材料所占市场份额将显著增长。该产品用于汽车行业，以实现轻量化、低碳排放，并减少部件的磨损和腐蚀。该行业的另一个关键增长推动因素是纳米技术水平的提升，包括美国、德国和日本在内的发达国家正在增大投资力度以扩大其纳米材料的生产和研究设施。

　　（2）聚酰胺纳米复合材料的应用不断增加，将对行业增长起到补充作用。聚酰胺具有高阻隔性和力学性能，非常适合用于包装行业，预计到 2028 年，聚酰胺市场将创造超过 100 亿美元的市场额度。将纳米材料添加到聚酰胺纤维中，可大大提高材料的性能，如更好的透明度、气体阻隔性、光泽度，低渗透性、阻燃性、更高模量等。1980 年，丰田集团在汽车工业中利用聚合物-6-纳米黏土复合材料制造皮带罩，为聚酰胺纳米复合材料的行业增长提供了巨大的机会。

　　（3）纳米黏土在汽车和包装行业的应用发展迅速。根据纳米材料的形态和化学成分，纳米黏土可分为膨润土（蒙脱石）、埃洛石、高岭石和锂辉石。由于其低成本、可加工性、无毒性、易获得性等，纳米黏土在商业上比其他纳米材料更具可行性，已广泛应用于汽车、包装、航空航天、生物医学和废水预处理行业。2021 年，聚酰胺纳米复合材料市场中的纳米黏土部分约有 35 亿美元，预计到 2028 年将以超过 19.5% 的复合年增长率增长。纳米黏土及其复合材料已被用于生物医学应用，包括骨水泥、组织工程、药物输送、伤口愈合材料和酶固定化等领域，这将进一步推动行业增长。与纳米黏土相关的研究与开发活动正在兴起，在未来几年其使用率将进一步提高。

　　（4）汽车行业对聚合物纳米复合材料日益增长的需求将推动整个市场发展。汽车和航空航天部门主导着全球聚合物纳米复合材料市场，到 2028 年预计将产生超过 45 万吨的需求。

这些材料具有重量轻、抗紫外线、低磨损、耐腐蚀、减少摩擦和发动机排放等优点。在汽车和航空工业中，聚合物纳米复合材料主要用于取代重金属复合材料，以显著减轻重量和提高车辆或飞机系统的燃油效率。汽车行业主要利用该产品制造发动机罩部件、轮胎和汽车零件等。

（5）产品扩展是整个行业的主要战略之一。聚合物纳米复合材料行业的引领者主要致力于扩大其产品范围，以保持其在市场上的领先地位。该行业领军企业包括安特普公司（RTP Company）、阿科玛（Arkema）、赢创（Evonik）、3M、创亚化工（Hybrid Plastics）等。

参考文献

［1］陈敬中. 纳米材料导论［M］. 北京：高等教育出版社，2006.

［2］曹茂盛. 纳米材料导论［M］. 哈尔滨：哈尔滨工业大学出版社，2007.

［3］覃小红. 纳米技术与纳米纺织品［M］. 上海：东华大学出版社，2011.

［4］BHATIA S C. Pollution control in textile industry［M］. New York：WPI Publishing，2017.

［5］CIOCOIU M. Nanostructured polymer blends and composites in textiles［M］. Palm Bay：Apple Academic Press，2015.

［6］YILMAZ N D. Smart textiles：Wearable nanotechnology［M］. Salem：Wiley-Scrivener，2018.

［7］BROWN P J，STEVENS K. Nanofibers and nanotechnology in textiles［M］. Cambridge：Woodhead Publishing，2007.

［8］MATTHEWS K. Encyclopaedic dictionary of textile terms：Volume 2［M］. New Delhi：Woodhead Publishing India，2018.

［9］ANDERSON S R，MOHAMMADTAHERI M，KUMAR D，et al. Robust nanostructured silver and copper fabrics with localized surface plasmonresonance property for effective visible light induced reductive catalysis［J］. Advanced Materials Interfaces，2016，3（6）：1500632.

［10］SINGH A，KRISHNA V，ANGERHOFER A，et al. Copper coated silica nanoparticles for odor removal［J］. Langmuir，2010，26（20）：15837-15844.

［11］LONG A C. Design and manufacture of textile composites［M］. Cambridge：Woodhead Publishing，2005.

第 2 章　纺织纳米纤维材料

纺织材料是指纤维及纤维制品，具体表现为纤维、纱线、织物及其复合物。纤维是天然的或人工合成的长度远大于其直径并具有一定柔韧性的细长物质，纺织纤维则是具有一定的长度、韧性，细度很细（直径一般为几微米到几十微米），长度比直径大百倍甚至千倍以上并具备一定加工性能和使用性能的细长物质。现代纺织工业中，随着纺织新材料、新工艺的开发，特别是纳米纤维、非织造工艺的开发和使用，纺织材料已突破了传统意义上的概念，成为软物质材料的重要组成部分。本章将介绍纺织纤维，尤其是天然聚合物纳米纤维。

2.1　纺织纤维材料及分类

直到 20 世纪初，纺织纤维都来自于自然资源，如棉花、亚麻、黄麻等植物纤维，丝、羊毛等动物纤维。据考证，早在公元前 3800 年，埃及人就使用亚麻纤维编织细麻布。羊毛被用于编制服装也至少有 5000 年的历史。直到 19 世纪末 20 世纪初，人们才开始生产和使用再生纤维。1930 年前后，人们才能够生产合成纤维。1929 年，Carothers 发明了第一种合成纤维——尼龙 66，1940 年前后实现商业化生产，直至今天仍在纺织纤维行业占有重要地位。

2.1.1　聚合物分类

用于制造纺织纤维的聚合物可以分为天然聚合物、合成聚合物和半合成聚合物。

（1）天然聚合物。存在于植物和动物等自然资源中，由重复单元聚合而成的聚合物称为天然聚合物，包括纤维素、淀粉、蛋白质和乳胶等。天然聚合物通常具有明确的结构。对于蛋白质，确切的化学组成和单体排列顺序称为一级结构，自发地折叠形成特征性高级结构，并决定其生物学功能。

（2）合成聚合物。由低分子量化合物单体人工聚合而成的高分子聚合物称为合成聚合物。常见合成聚合物有聚乙烯、聚氯乙烯、聚酯、聚酰胺（尼龙）等。相较于天然聚合物，合成聚合物结构更为简单和随机，分子量分布具有多分散性。

（3）半合成聚合物。通过天然聚合物改性获得的聚合物称为半合成聚合物。常见半合成聚合物有硫化橡胶、改性淀粉、醋酸纤维素和黏胶纤维等。

2.1.2　纺织纤维分类

来源是分类的最简单方法，根据其来源，纺织纤维分为天然纤维和化学合成纤维，图 2-1 综述了纺织纤维材料。

（1）天然纤维。包括矿物来源的石棉，动物来源的动物毛发和蚕丝，植物来源的韧皮纤

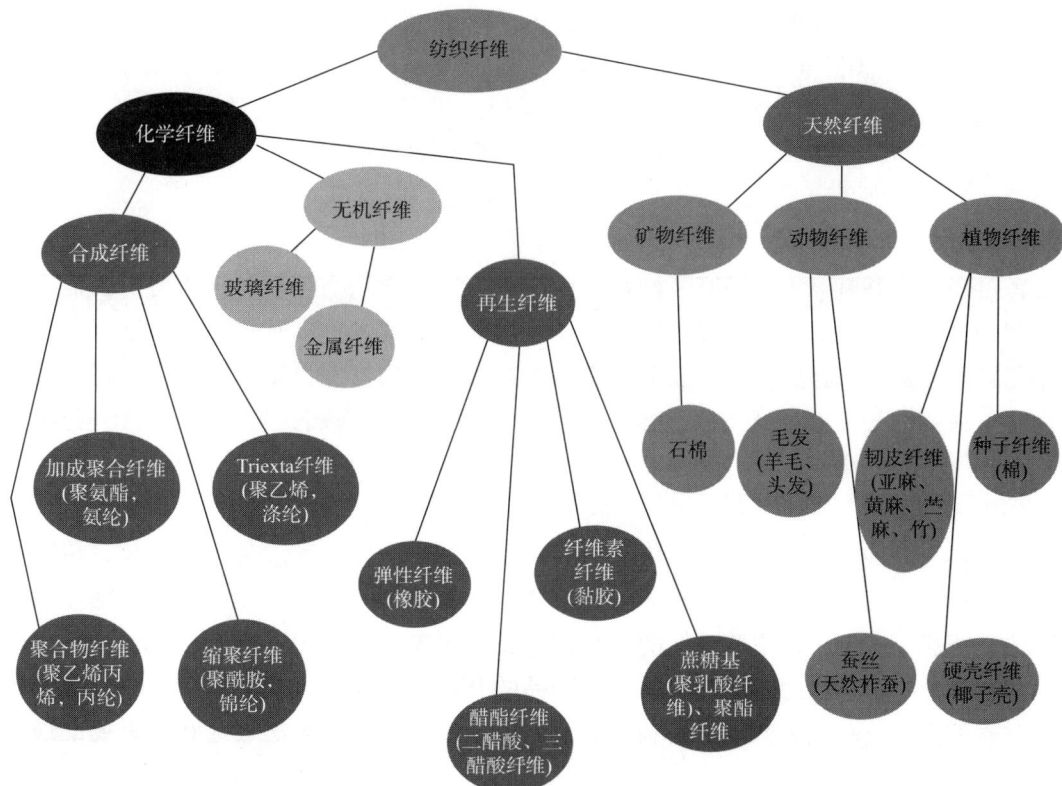

图 2-1　纺织纤维分类

维、硬壳纤维和种子纤维。

（2）化学纤维。包括锦纶、涤纶、腈纶、氨纶、维纶、丙纶、氯纶等合成纤维，黏胶纤维、醋酯纤维等半合成纤维，玻璃纤维、金属纤维等无机纤维。

2.2　天然聚合物纳米纤维材料

2.2.1　纤维素纳米纤维

纤维素（cellulose）是由葡萄糖单体聚合而成的大分子多糖。纤维素是地球上最古老、最丰富的天然高分子，是人类最宝贵的、取之不尽用之不竭的天然可再生资源。全世界直接用于纺织、造纸的纤维素，每年达 800 万吨。此外，以纤维素作为原料，通过一定的工艺处理方法对其纤维素分子重塑可以制造黏胶纤维、醋酯纤维、铜氨纤维等纤维素纤维，又称为再生纤维。

2.2.1.1　棉

棉是锦葵科马尔维尔目植物的种子纤维，是世界上最重要的纺织纤维和纤维素纤维，广泛用于生产服装、家用纺织品和工业产品。棉是一种中等强度的纤维，强度为 3.0~5.0 g/旦；

延展性差、易拉断，断裂伸长率只有5%～10%；具有优异的耐热性，不易降解，但120℃下数小时后会变黄，150℃下会分解。棉容易被热稀酸或冷浓酸侵蚀，但对冷浓酸有较高的稳定性；对碱有很高的抗性，在苛性碱中膨胀，用碱处理不会破坏棉纤维的结构。棉保暖性好，被广泛用于服饰面料，在北方很受欢迎。棉纤维能够吸收大量的水分，故棉制服装舒适凉爽。这种吸湿性使其特别适用于家用纺织品，如床单、被罩和毛巾等。

2.2.1.2　麻

史前时期，人类就开始使用麻制作各种纺织品。麻纤维织物具有与棉相似的性能。麻织物具有强度高、吸湿性好、导热强等优点，强度居天然纤维之首。麻布染色性能好，色泽鲜艳，不易褪色；抗霉菌性好，不易受潮发霉。麻对碱、酸均具有很高的抗性，在苛性钠中纤维发生不可逆的溶胀，Na^+水化程度很强，大量水被带入纤维内部，从而引起纤维剧烈溶胀，产生丝光作用，光泽增强；在稀酸中短时间作用（1～2 min）后，基本上不发生变化，当然，强酸可以破坏其结构。

麻纤维具有其他纤维难以比拟的优势，如具有良好的吸湿、散湿与透气性能，传热导热快、凉爽、挺括、出汗不贴身、质地轻、强度大、防虫防霉、静电少、织物不易污染、色调柔和大方、粗犷，利于人体皮肤汗液的排泄和分泌，抗紫外和抑菌等。但由于其弹性差、抗皱性及耐磨性差、有刺痒感等缺点，麻纤维产品的开发一直受到限制。但随着各种前处理和后加工技术的发展，一些天然缺陷得到了极大的改善，麻纤维将再次成为我国重要的纺织纤维之一。

2.2.1.3　纳米纤维素

为了摆脱化石原料，迈向可持续发展的未来，亟须低碳排放甚至净零排放的高性能可再生纤维材料。农业废料、植物和其他含有纤维素的材料，往往被视作无效材料，但其具有经济、环保、可生物降解及其他优点，所以除了可以作为一种潜在可持续原料外，其独特的多级结构还可以作为多种创新材料设计模板。纤维素材料有序的线性纤维素分子链首先组装成2～4 nm的基原纤维，随后形成100～300 nm的原纤维、100 μm的微原纤维束，最后形成纤维素材料（图2-2）。通过化学、物理、生物或者组合的方法来处理纤维素材料可以得到直径小于100 nm的纳米纤维素，也被称为纤维素纳米晶体、纳米纤丝纤维素、纤维素纳米颗粒等。

纳米纤维素可再生、可自然分解、化学性能稳定，具有优异的力学性能，其结晶区理论模量和抗拉强度均高于大多数金属、合金、合成聚合物和陶瓷材料。这种优异的机械强度主要来自纤维素分子链上密集分布的羟基（每个脱水葡萄糖单元有三个羟基），羟基对于形成分子间和分子内氢键至关重要；范德瓦尔斯相互作用力也很重要，它们的相互作用范围更广；此外，纤维网提供了物理缠结作用，有助于增强材料韧性。

作为构建大尺寸材料的基元材料，纳米纤维可以加工成各种多尺度宏观材料（如复合材料和长纤维）。由于纳米纤维之间更强的分子间相互作用，多尺度宏观材料较原纤维素材料具有较强的力学性能。尽管纳米纤维应用的可行性已得到实验论证，但从实验室到工业应用仍然存在许多障碍。主要挑战是产品生物降解性和耐久性或尺寸稳定性之间的平衡，可以通

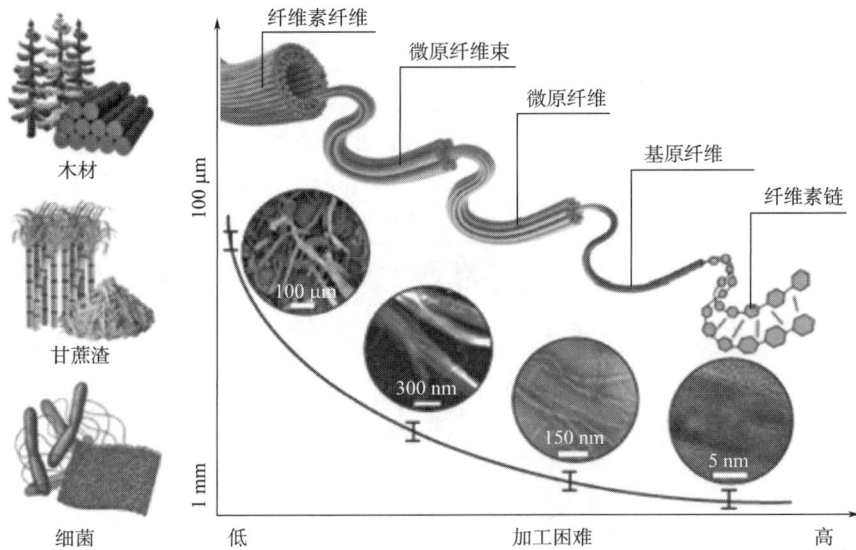

图 2-2　纳米纤维素原料及层次结构和层次制造的示意图

过创新的材料设计和结构工程，以及相关工业领域知识和技术来解决。

2.2.2　蛋白质纳米纤维

2.2.2.1　角蛋白纤维

角蛋白（keratin）是一种纤维结构蛋白质，由 α-螺旋或 β-折叠构象的多肽链组成，不溶于水的并起保护或结构作用。角蛋白是普遍存在的生物聚合物。哺乳动物、鸟类和爬行动物的大部分表皮附属物，包括指甲、毛发、羽毛、喙、角、蹄子、鲸鲨、爪子、鳞片、海鳗黏液和壁虎脚垫等均是由角蛋白组成。

（1）羊毛。羊毛纤维主要由角蛋白组成，不同品种羊毛中角蛋白的组成几乎相同，只是硫含量不同，这种成分差异决定了羊毛纤维的各项性能。第二次世界大战期间，由于合成纤维的发明和量产使羊毛纤维失去了市场地位。合成纤维的性能一致性和经济且稳定的价格是羊毛纤维市场份额下降的主要原因。迄今为止，没有一种合成纤维具有羊毛纤维的所有天然特性。羊毛的抗拉强度在 $1190\sim230~kg/cm^2$，干燥状态下的弹性为 $1.0\sim1.7~g/$旦，湿态下为 $0.8\sim1.6~g/$旦。羊毛具有很高的断裂伸长率和弹性，断裂伸长率为 $25\%\sim35\%$；回潮率高达 17%，比任何其他纤维吸水性都强。羊毛对矿物酸具有一定的抗性，能被热的浓硫酸完全分解成氨基酸；对碱非常敏感，氢氧化钠能完全溶解羊毛。羊毛以其优异的保暖性而闻名，用作冬季服装，如夹克、毛衣、羊毛衫、套头衫和内衣等。

（2）角蛋白纳米晶。角蛋白分为 α-角蛋白和 β-角蛋白。通常，哺乳动物的角蛋白是 α-角蛋白，而鸟类和爬行动物的角蛋白是 β-角蛋白；而穿山甲的鳞片中既含有 α-角蛋白又含有 β-角蛋白。与所有多尺度生物材料一样，无论是 α-角蛋白还是 β-角蛋白材料，都具有从分子尺度到宏观尺度的多层次结构（图 2-3）。

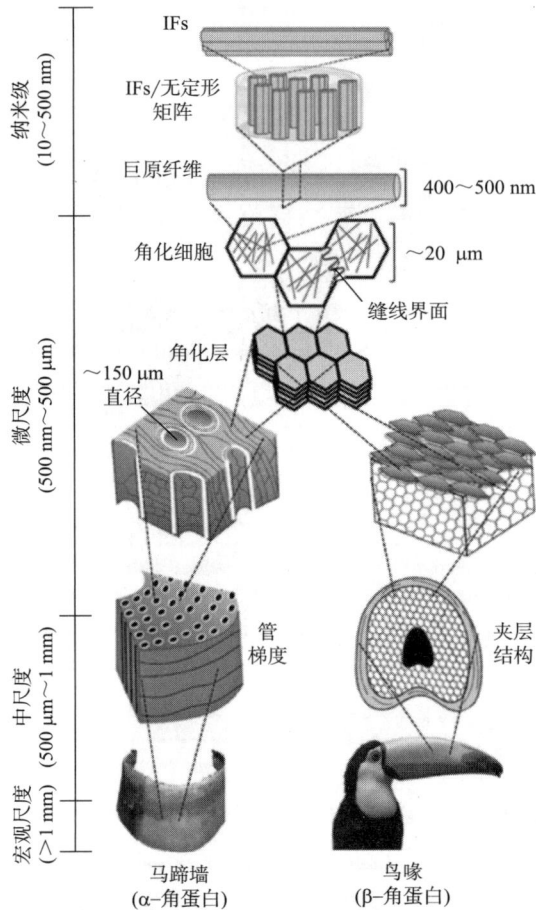

图 2-3　不同尺度角蛋白示意图

α-角蛋白和 β-角蛋白在分子水平上都是氨基酸，氨基酸序列形成由氢键稳定的右手螺旋二级蛋白质结构（也称多肽链），长度约为 45 nm，是亚纳米尺度中间丝（intermediate filament，IF）的构建模块，两条多肽链以左手旋转拧在一起形成二聚体，称为螺旋，长度约为 45 nm，直径为 2 nm。二聚体的末端段构成无定形头和一个尾部区域，头部和尾部区域都有助于二聚体的自组装。然后，两个卷曲二聚体聚集在一起形成四聚体，纵向结合（带有二硫键）以形成原丝。两条原丝排列形成原纤维。然后连接四个原纤维以创建 IF，IF 尺寸约为 7 nm。晶体和非晶态 IFs 是巨原纤维（直径 400~500 nm）的基本结构。与 α-角蛋白类似，β-角蛋白在分子尺度上是氨基酸，在亚纳米尺度上具有类似的层次顺序（二聚体到原丝到 IF）。与 α-角蛋白相比，β-角蛋白最显著的差异是其二级蛋白质结构呈 β-折叠。在角蛋白材料中，反平行肽链并排组合以形成刚性平面。这些表面彼此略微弯曲，形成折叠。与 α-角蛋白类似，β-折叠片自组装成二聚体，二聚体构成原丝。原丝排列形成 β-角蛋白 IF，其直径约为 3 nm。这种 IF 复合物结构随后组装形成巨原纤维（直径 400~500 nm），然后形成纤维（6 μm）。角质材料的优异特性源于其跨多个尺度的结构特性。因此，角质材料的结构多样性、多尺度可作为新一代工程材料的设计模板。

2.2.2.2　丝蛋白纤维

丝蛋白（fibroin）又名丝素蛋白，是从蚕丝中提取的天然高分子纤维蛋白，含量占蚕丝的 70%~80%，含有 18 种氨基酸，其中甘氨酸（gly）、丙氨酸（ala）和丝氨酸（ser）占总组成的 80% 以上。

（1）蚕丝。蚕丝含有 72%~81% 的丝素蛋白、19%~28% 的丝胶蛋白、0.8%~1.0% 的脂肪和蜡以及 1.0%~1.4% 的色素和灰分。蚕丝的韧性通常为 3.5~5.0 g/旦。蚕丝在潮湿状态下会失去强度，与干燥状态相比，润湿后其强度下降 15%~30%。蚕丝的断裂伸长率为 20%~25%。与羊毛相比，蚕丝的弹性回复性较差。蚕丝的回潮率较高，约为 11%。蚕丝可以被强酸分解为氨基酸，对稀酸有一定的抗性，但可以被高浓度碱溶液溶解。蚕丝具有强度高、柔韧性好、吸湿性高、柔软和奢华等特性，长期以来一直被用于高端服饰制作，作为"纤维女王"统治了天然纤维界数百年。

（2）丝蛋白及纳米丝蛋白纤维。与纤维素和角蛋白材料一样，天然丝纤维也具有多尺度结构。基于此研究者提出了一种多尺度层级结构模型（图 2-4）。

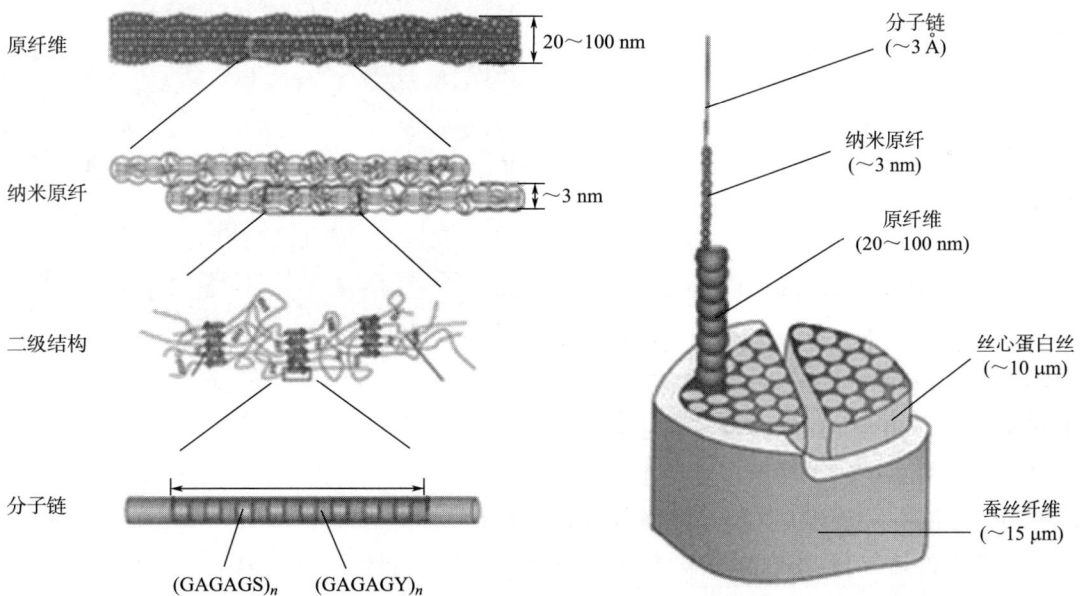

图 2-4　天然蚕丝纤维的拟议层次结构

在分子水平上，天然丝纤维由高度重复的氨基酸序列组成，亲水（GAGAGY）和疏水（GAGAGS）片段交替排列，两侧是高度保守的较短末端结构域（N 端和 C 端）。在自然纺丝（蚕吐丝）过程中，亲水区域保持无规则卷曲形状和/或形成螺旋结构，而疏水区域通过挤压和剪切转变为高度有序的 β-折叠结构。这些非晶态（无规则卷曲和/或螺旋形态）和纳米晶体（β-折叠）成分组成直径约为 3 nm 的纳米线，然后组装成直径为 20~100 nm 的基元纤维，进一步组装成丝纤维，直径约为 10 μm。较已报道的模型，该模型包含两个新的部分：

①β-折叠和无规则卷曲结构交替排列在单个纳米纤维中，相邻的纳米纤维之间主要存在弱相互作用（氢键），而不是缠结的分子链。相反，在以前的模型中，β-折叠作为交联剂连接相邻的纳米纤维。

②球状拓扑结构（球状突起）存在于三个层级中，即分子链、纳米纤维和基元纤维，这有助于提高丝纤维的机械强度。当丝纤维受到拉伸应变时，小球之间的剪切连锁可以通过"剪切锁定"增加剪切应力传递并展现出优异的弹性。额外的小球自由调节体积，以适应润湿性并修复纤维中的缺陷。

这些模型为理解和利用天然丝纤维中独特的结构-特性关系提供了新的理论。

2.3　合成聚合物纳米纤维材料

2.3.1　聚乙烯纳米纤维

聚乙烯（polyethylene，PE）是聚烯烃中最常用的热塑性聚合物。聚烯烃是烯烃单体的聚合物，通式为（C_2H_4）$_n$（图 2-5）。

PE 是一种乙烯基聚合物，由乙烯单体（CH_2＝CH_2）通过自由基聚合制成，是德国化学家汉斯·冯·佩克曼于 1898 年首次合成的。1933 年英国帝国化学工业公司的埃里克·福塞特和雷金纳德·吉布森对聚乙烯进行了深入的工业开发。最初几年 PE 工业发展很慢，20 世纪 40 年代以后，PE 的市场规模才逐步开始扩大。如今 PE 年产量超过 1 亿吨，

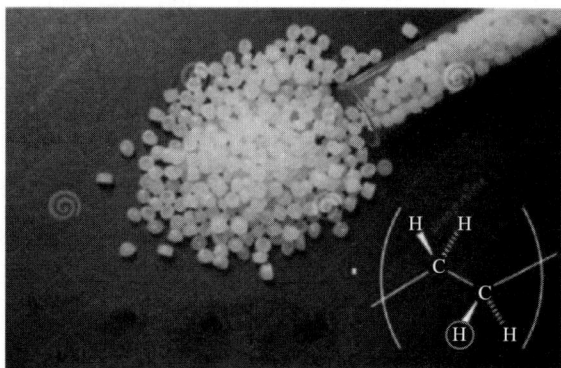

图 2-5　PE 产品图片及分子式

占世界塑料材料总量的 34%，广泛用于制造简单的塑料材料，如袋子、玩具和瓶子，以及高性能材料，如陆军防护背心、运动装备和外骨骼装置。

低密度聚乙烯（LDPE）的熔融温度为 205℃，高密度聚乙烯（HDPE）的熔融温度为 210℃。熔融聚合物溶液通过喷丝头以纤维细流的形式挤出成圆形、扁平形、椭圆形、星形、三角形或其他横截面的单丝。然后，单丝通过一系列拉伸辊拉伸，其拉伸比取决于 PE 的最终用途。对于 HDPE，拉伸过程中首先用 100~125℃ 的热水加热单丝，然后通过 115~120℃ 的加热辊，高温下更高的拉伸程度可确保 PE 具有更多的结晶。拉伸后，对长丝进行加捻和包装，形成复丝纱。

所有类型的 PE 都具有优异的耐酸碱性能，只有热浓硫酸和硝酸才能侵蚀并逐渐溶解

LDPE 和中密度聚乙烯（MDPE）。PE 还具有良好的抗漂白剂和有机溶剂性。然而，PE 可以溶解在氯化烃和芳烃溶剂中，如苯、甲苯和二甲苯。低熔点是 PE 在许多应用中的一个主要缺点，通常，LDPE 和 MDPE 的软化温度为 85~96℃；HDPE 和超高分子量聚乙烯（UHM-WPE）的软化温度为 126~132℃。PE 的脆性温度低于−114℃，这表明 PE 可以在极低温度下保持其使用性。PE 燃烧缓慢，而且会在火焰传播之前熔化。PE 纤维对昆虫、细菌、真菌、霉菌和其他微生物均具有优异的抗性。LDPE 和 MDPE 可用于制造塑料袋、塑料包装、挤压瓶、绳索、过滤织物和塑料薄膜。HDPE 和 UHDPE 可用于制造瓶子、水桶、水罐、容器、玩具、防水油布、防护服、窗帘、汽车内饰织物、防弹背心、运动器材等。PE 是一种不可生物降解的纤维，其残留物对人类健康和环境均会产生一系列有害影响。

2.3.2　聚丙烯纳米纤维

聚丙烯（polypropylene，PP）化学式为（C_3H_6）$_n$，是聚烯烃热塑性聚合物的另一个成员，由丙烯单体（$CH_2=CHCH_3$）聚合而成。1954 年，G. 纳塔首先将丙烯聚合成聚丙烯（采用铝钛的氯化物作催化剂），并创立了定向聚合理论，引起了人们的关注。20 世纪 60 年代后期到 70 年代中期，聚丙烯进入了大发展时期。20 世纪 80 年代至今，聚丙烯产量在合成树脂中居于前列，现在仅低于聚乙烯，居第 2 位。2015 年，全球对聚丙烯聚合物的年需求量约为 6000 万吨，预计到 2030 年将达到 1.2 亿吨。虽然聚丙烯的所有性能都类似于聚乙烯，但由于其单体中甲基（—CH_3）取代了聚乙烯重复单元的一个氢原子，因此聚丙烯稍硬，耐热性更好（图 2-6）。

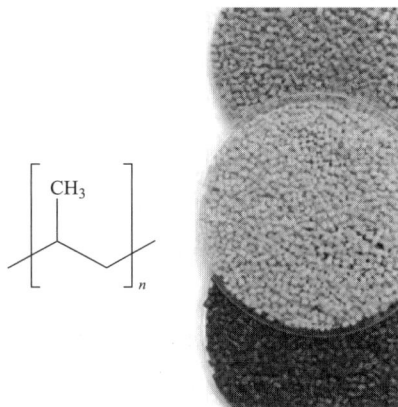

图 2-6　PP 产品图片及分子式

聚丙烯聚合物的熔融温度为 163~171℃，因此，可采用熔融纺丝工艺生产其纤维。熔融聚合物通过喷丝头挤出以形成细丝，挤出后，细丝束在高温下进行拉伸，以使纤维结晶沿着纤维轴定向分布。拉伸后，对长丝进行加捻和包装，形成复丝纱。

PP 纤维具有优异的耐酸、碱、漂白剂性能以及大多数类似于聚乙烯的溶剂的性能。PP 纤维可以被 100℃以上的二甲苯、过氯乙烯和 1,1,2,2-四氯乙烷溶解。PP 纤维的熔融温度为 163~171℃，软化温度为 150~160℃，290℃时开始分解。PP 纤维吸水性很差，表现为疏水性，并且不可生物降解。PP 纤维对细菌、霉菌、昆虫、真菌具有良好的抗性，即纤维不能被这些生物消化。PP 纤维被广泛用于制造收音机、电视和冰箱的零件，包装薄膜、管道、储罐、座套、瓶子、玩具、过滤器、绳索、胶带、麻绳，以及汽车行业中的内饰、服饰、家用纺织品和非织造材料等。

2.3.3　聚酰胺纳米纤维

聚酰胺（polyamide，PA），是美国 DuPont 公司最先开发用于纤维的树脂，于 1939 年实现工业化。20 世纪 50 年代开始开发和生产注塑制品，以取代金属满足下游工业制品轻量化、低成本的要求。聚酰胺主链上含有许多重复的酰胺基，用作塑料时称尼龙，用作合成纤维时称为锦纶。聚酰胺可由二元胺和二元酸制取，也可以用 ω-氨基酸或环内酰胺来合成。

根据化学结构，聚酰胺纤维有三种类型：

（1）脂肪族聚酰胺。通常尼龙系列的纤维属于这一类型，其结构中不含芳香族或苯环。脂肪族聚酰胺的生产规模大于其他聚酰胺，是重要的工程热塑性塑料。

（2）半芳香聚酰胺。这种半结晶热塑性黏蛋白型聚合物也称聚对苯二甲酸乙酰胺（PPA），由己二胺和对苯二甲酸发生缩合反应生成，聚合物链中有 55% 芳香结构。

（3）芳香聚酰胺。芳香聚酰胺称为芳酰胺，全由芳香结构组成。全芳香结构使其具有高熔点、超高抗拉强度、优异的溶剂、耐热性和阻燃性等特性。两种最重要的芳纶是聚（间苯二甲酰胺）纤维（也称为 Kevlar）和聚（间苯二甲酰间苯二胺）纤维（也称为 Nomex）。

根据二元胺和二元酸或氨基酸中含有碳原子数的不同，可制得多种不同的聚酰胺，目前聚酰胺品种多达几十种，其中以聚酰胺-6、聚酰胺-66 和聚酰胺-610 的应用最为广泛。

一般来说尼龙的命名由编号系统表示。由内酰胺开环聚合的尼龙，称为尼龙 n，简写为 PAn。如 PA6，是由己内酰胺开环聚合而得到。由二元酸、二元胺缩聚而得到的聚合物，称为尼龙 mn，其中 m 代表二元胺中构成主链部分所含碳原子数，n 代表二元酸中构成主链部分所含碳原子数。如 PA610 是由癸二酸和己二胺缩聚而得。由重复的二胺或者二酸缩聚而来的聚合物称为 MXDn，故间苯二甲胺与己二酸的聚合物称为尼龙 MXD6。

尼龙的纺丝熔融温度范围为 200~300℃。所有类型的尼龙都可以通过熔融纺丝工艺生产。但尼龙 4 是干纺纤维，因为它在熔融温度（262℃）下不稳定。尼龙 66 短纤维和普通长丝的拉伸强度分别为 4200~4620 kg/cm² 和 4550~5950 kg/cm²。尼龙 66 短纤维和普通长丝的伸长率分别为 37%~40% 和 26%~32%。尼龙具有优异的弹性，尼龙 66 长丝在高达 8% 的延伸率下仍具有 100% 的回弹率。尼龙 6 的拉伸强度为 5110~5880 kg/cm²。尼龙 6 短纤维和普通长丝的伸长率分别为 23%~50% 和 23%~42.5%。常规尼龙 6 长丝在高达 6%~8% 的延伸率下具有 100% 的回弹率，在高达 10% 的延伸率下具有 85% 的回弹率。尼龙 6 具有良好的耐酸碱性能，但它溶于浓甲酸、酚和甲酚。与尼龙 6 相比，尼龙 66 具有更强的耐酸碱性能。尼龙能够溶于浓盐酸、硫酸和硝酸，并有一定的分解；几乎不溶于任何有机溶剂，但溶于酚和甲酚。尼龙 6 和尼龙 66 的熔融温度分别为 213~220℃ 和 249~260℃，两种纤维的玻璃化转变温度均在 29~42℃。尼龙 6 和尼龙 66 都是不可生物降解的纤维，对所有生物制剂都有极好的抵抗力，但都会因长时间暴露在阳光下而降解，强度降低。尼龙 6 和尼龙 66 的吸湿性相同，为 4%~4.5%。

参考文献

[1] 刘芳. 废弃羊毛角蛋白提取的金属盐—还原剂共混溶解体系及循环利用工艺 [D]. 上海：东华大学，2022.

［2］王瑞. 基于蚕丝纤维绿色加工的应用基础研究［D］. 杭州：浙江理工大学，2020.

［3］张鑫玲. 雄蚕丝结构与性能的研究［D］. 杭州：浙江理工大学，2021.

［4］LI T，CHEN C，BROZENA A H，et al. Developing fibrillated cellulose as a sustainable technological material ［J］. Nature，2021，590（7844）：47-56.

［5］MOON R J，MARTINI A，NAIRN J，et al. Cellulose nanomaterials review：Structure，properties and nanocomposites ［J］. Chemical Society Reviews，2011，40（7）：3941-3994.

［6］ARASTO A，KOLJONEN T，SIMILÄ L，et al. Growth by integrating bioeconomy and low-carbon economy：Scenarios for Finland until 2050 ［M］. Finland：VTT Technical Research Centre of Finland，2018.

［7］HENN A R，FRAUNDORF P B. A quantitative measure of the degree of fibrillation of short reinforcing fibres ［J］. Journal of materials science，1990，25（8）：3659-3663.

［8］ZHU H，LUO W，CIESIELSKI P N，et al. Wood-derived materials for green electronics，biological devices，and energy applications ［J］. Chemical reviews，2016，116（16）：9305-9374.

［9］ZHU H，ZHU S，JIA Z，et al. Anomalous scaling law of strength and toughness of cellulose nanopaper ［J］. Proceedings of the National Academy of Sciences，2015，112（29）：8971-8976.

［10］PARK H J，WELLER C，VERGANO P，et al. Permeability and mechanical properties of cellulose-based edible films ［J］. Journal of Food Science，1993，58（6）：1361-1364.

［11］MITTAL N，ANSARI F，GOWDA V K，et al. Multiscale control of nanocellulose assembly：Transferring remarkable nanoscale fibril mechanics to macroscale fibers ［J］. ACS nano，2018，12（7）：6378-6388.

［12］MITTAL N，JANSSON R，WIDHE M，et al. Ultrastrong and bioactive nanostructured bio-based composites ［J］. ACS nano，2017，11（5）：5148-5159.

［13］HÅKANSSON K M，FALL A B，LUNDELL F，et al. Hydrodynamic alignment and assembly of nanofibrils resulting in strong cellulose filaments ［J］. Nature communications，2014，5（1）：1-10.

［14］TORRES-RENDON J G，SCHACHER F H，IFUKU S，et al. Mechanical performance of macrofibers of cellulose and chitin nanofibrils aligned by wet-stretching：A critical comparison ［J］. Biomacromolecules，2014，15（7）：2709-2717.

［15］FUKUZUMI H，SAITO T，IWATA T，et al. Transparent and high gas barrier films of cellulose nanofibers prepared by TEMPO-mediated oxidation ［J］. Biomacromolecules，2009，10（1）：162-165.

［16］BENÍTEZ A J，TORRES-RENDON J，POUTANEN M，et al. Humidity and multiscale structure govern mechanical properties and deformation modes in films of native cellulose nanofibrils ［J］. Biomacromolecules，2013，14（12）：4497-4506.

［17］SEHAQUI H，EZEKIEL M N，MORIMUNE S，et al. Cellulose nanofiber orientation in nanopaper and nanocomposites by cold drawing ［J］. ACS applied materials & interfaces，2012，4（2）：1043-1049.

［18］CHEN C，KUANG Y，ZHU S，et al. Structure-property-function relationships of natural and engineered wood ［J］. Nature Reviews Materials，2020，5（9）：642-666.

［19］LAZARUS B S，CHADHA C，VELASCO-HOGAN A，et al. Engineering with keratin：A functional material and a source of bioinspiration ［J］. Iscience，2021，24（8）：102798.

［20］CHILAKAMARRY C R，MAHMOOD S，SAFFE S N B M，et al. Extraction and application of keratin from natural resources：A review ［J］. 3 Biotech，2021，11（5）：1-12.

［21］DONATO R K，MIJA A. Keratin associations with synthetic，biosynthetic and natural polymers：An extensive review [J]. Polymers, 2019, 12 (1): 32.

[22] SHAVANDI A, ALI M A. Keratin based thermoplastic biocomposites: A review [J]. Reviews in Environmental Science and Bio/Technology, 2019, 18 (2): 299-316.

[23] SHAVANDI A, SILVA T H, BEKHIT A A, et al. Keratin: Dissolution, extraction and biomedical application [J]. Biomaterials science, 2017, 5 (9): 1699-1735.

[24] WANG B, SULLIVAN T N. A review of terrestrial, aerial and aquatic keratins: The structure and mechanical properties of pangolin scales, feather shafts and baleen plates [J]. Journal of the Mechanical Behavior of Biomedical Materials, 2017, 76: 4-20.

[25] WANG B, YANG W, MCKITTRICK J, et al. Keratin: Structure, mechanical properties, occurrence in biological organisms, and efforts at bioinspiration [J]. Progress in Materials Science, 2016, 76: 229-318.

[26] KHOSA M, ULLAH A. A sustainable role of keratin biopolymer in green chemistry: A review [J]. J Food Processing & Beverages, 2013, 1 (1): 8.

[27] MCKITTRICK J, CHEN P Y, BODDE S, et al. The structure, functions, and mechanical properties of keratin [J]. Journal of the Minerals, Metals and Materials Society, 2012, 64 (4): 449-468.

[28] FEROZ S, MUHAMMAD N, RATNAYAKE J, et al. Keratin-based materials for biomedical applications [J]. Bioactive materials, 2020, 5 (3): 496-509.

[29] NORLEN L. Stratum corneum keratin structure, function and formation: A comprehensive review [J]. International journal of cosmetic science, 2006, 28 (6): 397-425.

[30] MARSHALL R C, ORWIN D F, GILLESPIE J. Structure and biochemistry of mammalian hard keratin [J]. Electron microscopy reviews, 1991, 4 (1): 47-83.

[31] BRADBURY J. The structure and chemistry of keratin fibers [J]. Advances in protein chemistry, 1973, 27: 111-211.

[32] CHAPMAN B. A review of the mechanical properties of keratin fibres [J]. Journal of the Textile Institute, 1969, 60 (5): 181-207.

[33] CHAPMAN B. A mechanical model for wool and other keratin fibers [J]. Textile Research Journal, 1969, 39 (12): 1102-1109.

[34] WANG Q, LING S, YAO Q, et al. Observations of 3 nm silk nanofibrils exfoliated from natural silkworm silk fibers [J]. ACS Materials Letters, 2020, 2 (2): 153-160.

[35] SONG J, CHEN C, ZHU S, et al. Processing bulk natural wood into a high-performance structural material [J]. Nature, 2018, 554 (7691): 224-228.

[36] WEGST U G, BAI H, SAIZ E, et al. Bioinspired structural materials [J]. Nature materials, 2015, 14 (1): 23-36.

[37] LING S, KAPLAN D L, BUEHLER M J. Nanofibrils in nature and materials engineering [J]. Nature Reviews Materials, 2018, 3 (4): 1-15.

[38] YARGER J L, CHERRY B R, VAN Der Vaart A. Uncovering the structure-function relationship in spider silk [J]. Nature Reviews Materials, 2018, 3 (3): 1-11.

[39] XIA X X, QIAN Z G, KI C S, et al. Native-sized recombinant spider silk protein produced in metabolically engineered Escherichia coli results in a strong fiber [J]. Proceedings of the National Academy of Sciences, 2010, 107 (32): 14059-14063.

［40］KETEN S，XU Z，IHLE B，et al. Nanoconfinement controls stiffness，strength and mechanical toughness of β-sheet crystals in silk ［J］. Nature materials，2010，9（4）：359-367.

［41］JIN H J，KAPLAN D L. Mechanism of silk processing in insects and spiders ［J］. Nature，2003，424（6952）：1057-1061.

［42］VOLLRATH F，PORTER D. Spider silk as a model biomaterial ［J］. Applied Physics A，2006，82（2）：205-212.

［43］FRAUNHOFER J，SICHINA W J. Characterization of surgical suturematerials using dynamic mechanical analysis ［J］. Biomaterials，1992，13（10）：715-720.

第3章 纺织纳米纤维及其制备方法

制造纳米纤维的方法有很多，如拉伸法、模板合成法、自组装法、微相分离法、静电纺丝法等自下而上的方法，还有机械剥离法、物理剥离法、化学剥离法及几种方法组合剥离等自上而下的方法。本章将介绍聚合物尤其是天然聚合物纳米纤维或超细纤维的制备方法及其给各应用领域带来的升级与变革。

3.1 自下而上法（静电纺丝法）制备纳米纤维

"静电纺丝"一词来源于"electrospinning"或更早一些的"electrostatic spinning"，国内一般简称为"静电纺""电纺"等。1934年，Formalas发明了用静电力制备聚合物纤维的实验装置并申请了专利，其专利公布了聚合物溶液如何在电极间形成射流，这是首次详细描述利用高压静电来制备纤维的专利，被公认为是静电纺丝技术制备纤维的开端。

静电纺丝是一种简便、通用且可连续制备超细纤维的方法。黏性聚合物溶液或熔体在电场作用下，针头处的液滴会由球形变为圆锥形（即"泰勒锥"），并从圆锥尖端延展得到纤维细丝。静电纺丝制备的纳米纤维，其直径可以达数十纳米。纳米纤维的材料范围广泛，包括高分子材料、陶瓷、小分子材料及其复合物。除了可以制备表面光滑的纳米纤维，静电纺丝法还可以制备具有二级结构的纳米纤维，包括孔、空腔、核—壳结构等。纳米纤维的表面和内部可进一步加入分子或纳米颗粒进行修饰，这一过程可在静电纺丝过程中同时进行，也可在纳米纤维形成之后进行。另外，对纳米纤维进行排列、堆垛、折叠，可组装形成有序结构或分级结构。这些特性使得静电纺丝法制备的纳米纤维被广泛应用于空气过滤、水处理、异相催化、环境保护、智能织物、表面涂层、能量的收集转化和存储、封装生物活性材料、药物缓释、组织工程、再生医学等。

静电纺丝装置包括四部分（图3-1）：高压电源、注射泵、喷丝头和收集器。

当黏弹性流体被推出喷丝头时，表面张力会促使其形成球形液滴。而由于喷丝头上外加了高电压，液滴表面将带同种电荷。当静电排斥作用足够强时，可以抵消表面张力的作用，此时液滴不是球形而是圆锥形。开始喷丝后，液体首先进入锥—射流区，在表面电荷排斥和强电场的共同作用下，射流直径越来越

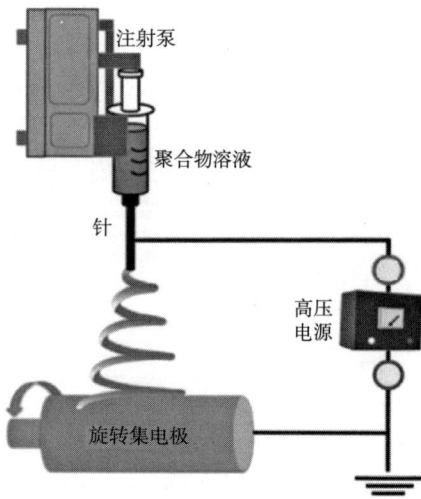

图3-1 典型静电纺丝装置的不同组成部分示意图

小，直至发生弯曲。之后射流进入鞭动不稳定区，射流加速的同时如鞭子一样摆动，此时射流直径大幅下降，溶剂挥发。最终，射流固化形成具有超细直径的纤维。一般来说，静电纺丝过程可分为四个连续步骤：

（1）液滴电荷和泰勒锥或锥形射流的形成。

（2）带电射流沿直线延伸。

（3）在电场中，射流变薄，电弯曲不稳定性增加（鞭击不稳定性）。

（4）在接地收集器上以固体纤维的形式固化和收集。

了解各种因素对静电纺纳米纤维性能的影响，对制备性能优良的纳米纤维具有重要意义。这些因素大致可分为溶液因素、工艺因素和环境因素。我们首先讨论浓度、黏度、分子量和电导率等溶液因素，讨论电压、流速、针尖到收集器的距离等加工因素以及温度和湿度等环境因素对制备纳米纤维的性能的影响，然后探讨接收器和收集器的最新研究进展。

3.1.1　溶液因素

（1）浓度因素。即聚合物溶液的浓度对纺丝针（喷丝器）尖端溶液液滴转化为带电射流有显著的影响。在电场作用下，较低浓度的聚合物溶液会发生破裂，无法形成纳米纤维，而是形成微珠或纳米珠；溶液浓度略高于最佳浓度，则会形成珠状纳米纤维；溶液浓度在最佳范围内，将形成无珠状结构的纳米纤维。通过调节聚合物溶液的浓度，可以优化溶液的黏度和表面张力，最终形成光滑的纳米纤维。此外，如果聚合物溶液的浓度高于其临界值，溶液可能会在喷丝头尖端凝结，阻碍溶液进一步流动，这一现象被称为阻塞。浓度还会影响纳米纤维的形态，如形成珠状结构或螺旋形的微带。例如，Senthil 等研究了不同浓度的苯乙烯/丙烯腈/二甲基甲酰胺溶液（8%～30%，质量体积浓度）对静电纺纤维性能的影响。研究发现，在 8%～10%（质量体积浓度）浓度范围内可得到珠粒，在 12%～20%（质量体积浓度）浓度范围内可得到珠粒和纳米纤维的混合物，在 25%～30%（质量体积浓度）浓度范围内则可得到光滑且连续的纳米纤维［图 3-2（a）］。除苯乙烯纤维外，聚偏二氟乙烯、聚氨酯、聚丙烯腈、聚乙烯醇和聚 L-丙交酯的纳米纤维也随聚合物浓度变化而产生相似的珠粒到纤维的变化趋势。因此，最佳的聚合物浓度是必要的，溶液浓度增加使黏度增加，进一步增强聚合物链的缠结，最终形成更光滑的无珠纳米纤维。

（2）黏度因素。除了溶液浓度的影响外，黏度和分子量对纳米纤维性能也有影响。溶液黏度越高，射流厚度越大，形成的纳米纤维厚度较大；当黏度较低时，在表面张力和电活性等因素的影响下，聚合物缠结发生破裂，形成珠粒或串珠纤维；当溶液黏度逐渐增大到最佳范围时纳米纤维的形貌由珠状向纺锤状转变；一旦黏度达到最佳范围，聚合物黏弹力会阻止射流断裂，从而形成连续均匀的纳米纤维［图 3-2（b）］。进一步增加黏度到大于最佳范围，将形成又宽又平整的带状纤维［图 3-2（c）］。

（3）分子量因素。聚合物的分子量是改变纳米纤维形态和性能的另一个关键因素。一定浓度的溶液中，聚合物链的黏度和缠结程度取决于分子量。在一定浓度下，通过降低聚合物的分子量，可使纳米纤维的形态由光滑的纤维变为珠状。而通过增加聚合物的分子量，可以

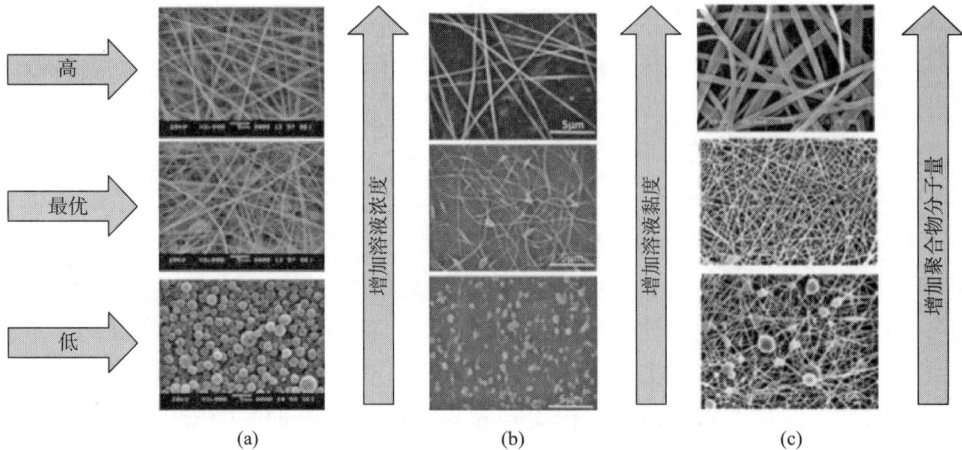

图 3-2　溶液因素对静电纺丝纳米纤维形貌的影响

形成连续的纳米纤维。然而，过多的增加分子量会导致带状纤维的形成；即使在溶液浓度较低的情况下，如果聚合物的分子量过高，也会形成带状纤维。因此，要获得均匀的纳米纤维，必须具有最佳的黏度和特定的分子量。

（4）电导率因素。溶液电导率是影响泰勒锥形成的另一个重要因素，对纳米纤维的直径至关重要。在外加电场的作用下，只有当溶液导电时，才会形成泰勒锥；在非导电溶液中，没有自由移动的电荷迁移到溶液表面并形成泰勒锥；低导电性溶液因为缺乏自由移动的电荷，也不能形成泰勒锥。将溶液的导电性提高到最佳水平，足够的自由电荷与外部电场相互作用，即可形成泰勒锥。一旦形成稳定的泰勒锥，喷射射流就会产生均匀的纳米纤维。因此理想的溶液电导率对于形成均匀的纳米纤维至关重要。

3.1.2　工艺因素

（1）电压因素。施加的电压对喷丝头尖端的溶液液滴转化为泰勒锥起关键作用。不同溶液施加的电压范围也不同，取决于聚合物溶液的性质，如浓度、电导率、黏度和表面张力等。随着电压的增加，射流内电荷的库仑斥力增加，射流被拉伸并变得更薄，形成纳米纤维；如果电压高于最佳范围，将导致两种类型的结构转变，要么形成完全珠状，要么形成珠状纳米纤维［图 3-3（a）］或者同时形成圆柱形纳米纤维和薄纳米纤维。这些结构转变可归因为在较高电压下，随着射流速度的增加，泰勒锥的尺寸减小。

（2）流速因素。聚合物溶液进入喷丝头尖端的流速是决定纳米纤维直径和形态的另一个重要因素。如果流速很低，就不能向喷丝头/针的尖端提供足够的聚合物溶液来形成泰勒锥；如果流速是最佳的，则会形成一个稳定的泰勒锥，最终纺成均匀的没有任何珠状或纺锤状结构的纤维。在流速较低的情况下，射流被过度干燥和延伸；而在流速较高的情况下，由于射流的不完全拉伸和干燥，将形成珠状或无珠状的厚纳米纤维。不同溶液的最佳流速不同，这取决于聚合物的性质和所用的溶剂。Cai 等研究了流速对聚氯乙烯纳米纤维形貌和直径的影

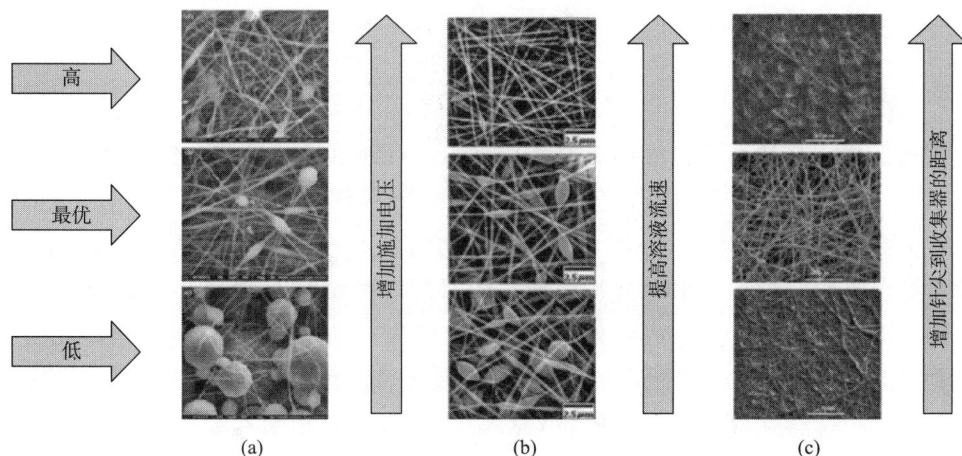

图 3-3　加工因素对静电纺纳米纤维形貌的影响

响，研究发现，随着流速从 0.2 mL/h 增加到 1.0 mL/h，纳米纤维的直径逐渐增加，这归因于溶剂的不完全挥发导致的纤维粘连。Lin 等对热塑性羧甲基纤维素纳米纤维的研究和 Li 等对聚乙烯吡咯烷酮纳米纤维的研究中也观察到了流速对纳米纤维结构有类似影响。此外，对于某些聚合物溶液，提高流速可以降低纳米纤维中的珠粒数 [图 3-3（b）]。

（3）针尖到收集器的距离因素。针尖到收集器的距离（needle tip to collector distance，TCD）对纳米纤维的形貌和直径有显著的影响。与其他因素（浓度、外加电压、黏度和流速）一样，TCD 也会随着聚合物溶液的性质而变化。随着溶剂挥发速率、沉积时间和搅拌时间间隔的不同，纳米纤维的形貌和直径会随着 TCD 的变化而变化。许多研究表明，纳米纤维的直径随着 TCD 的增加而减小。Matabola 等研究了 TCD 对聚偏二氟乙烯纳米纤维的影响，采用 28%（质量分数）的聚偏二氟乙烯溶液，在 12 kV 下，TCD 在 15~16 cm 之间改变距离。研究发现，随着 TCD 的增加，纤维直径逐渐减小（从 397 nm 减小到 314 nm），这是由于 TCD 增加使溶剂完全挥发，改善了聚合物射流的拉伸程度。当 TCD 适宜，将形成均匀的纳米纤维；而当距离过长或过短时，则会得到有缺陷或串珠状纳米纤维。

此外，一些研究还发现，TCD 的增加也会增加纳米纤维的直径，这是由于沿射流方向的电子强度降低，导致纳米纤维的直径变大。Singh 等在 3.5~6.5 cm 的 TCD 范围内制备了聚乙烯醇/锌/丙氧基纳米纤维。当 TCD 为 3.5 cm 时，纤维直径为 170~550 nm；当 TCD 为 6.5 cm 时，纤维直径为 325~855 nm。这是由于放电聚合物射流的电场强度和静电斥力的降低造成的。

一些研究显示，TCD 对纳米纤维的直径和形貌没有明显的影响，主要是因为对于挥发性较高的溶剂，聚合物射流在到达收集器之前溶剂已挥发完全。因此，TCD 的增加对低挥发性溶剂的溶液有积极的影响。纳米纤维所携带的残留溶剂使纳米纤维各层之间发生粘连，这有助于提高纤维网的机械强度。当 TCD 最佳时，纳米纤维得到了足够的固化时间，从而在收集器上形成了独立、均匀且连续的纳米纤维。当 TCD 增大时，由于静电力的减小，射流的拉伸程度减小，纤维直径增大 [图 3-3（c）]。因此，为了获得具有理想性能的光滑纳米纤维，优化针尖与收集器之间的距离是十分必要的。

3.1.3　环境因素

（1）湿度因素。环境参数，如相对湿度和温度，对静电纺丝纳米纤维的形貌和直径也有很大的影响。一般来说，对于最佳黏度的溶液，在较低的环境湿度下，可以形成无缺陷的纳米纤维；对于更高黏度的溶液，则会形成表面不均匀且不连续的纳米纤维。如果湿度很大，静电纺丝则不会成功。对于亲水聚合物溶液，相对湿度的增加对纳米纤维直径的影响较小。有两种不同的理论可以解释：一是湿度（水分子）作为一种增塑剂，可降低晶体稳定性和增强聚合物链段的流动性；二是它阻碍溶剂的快速挥发，聚合物射流在其流动期间可以实现更多的拉伸。Pelipenko 等研究了湿度对聚环氧乙烷、聚乙烯醇和聚乙烯醇/羟基磷灰石共混溶液直径的影响。研究发现，随着湿度从 4% 增加到 70%，纳米纤维的直径逐渐减小；进一步提高湿度水平，发现非常高的湿度可以将纳米纤维的形态转变为珠状。溶液中成分的不同，湿度对纳米纤维的表面和内部也有不同的影响，这是由于在泰勒锥区和射流区，聚合物溶液与大气湿度之间的电荷交换可引起相分离、沉淀和表面电荷不平衡现象（图 3-4）。

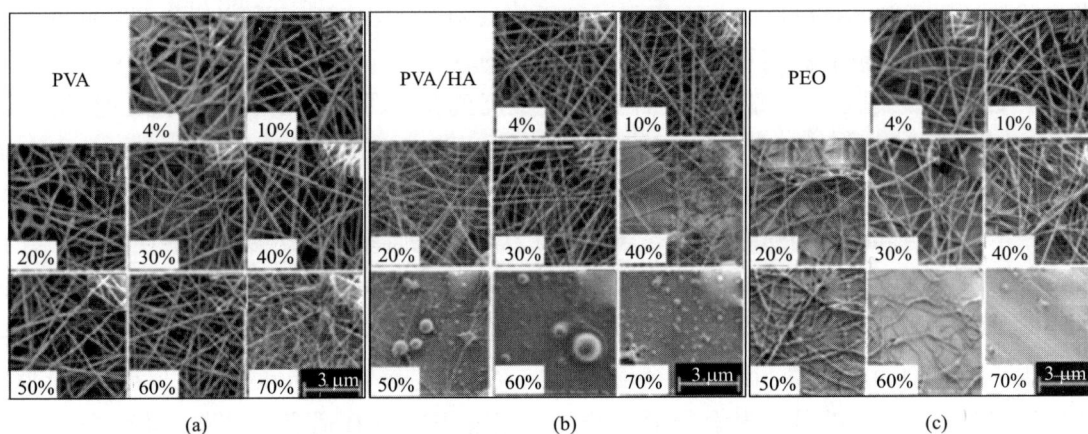

图 3-4　湿度从 4% 增加到 70% 对静电纺纳米纤维形貌的影响

（2）温度因素。最佳的温度对于静电纺纳米纤维的生产也是必不可少的。在较高的环境温度下，由于溶剂的快速挥发，射流快速固化形成较大直径的纳米纤维。Ogulata 等通过改变溶液浓度（18%~20%，质量分数）、TCD（12~18 cm）和施加电压（15~25 kV），系统地研究了环境湿度和温度对聚乙烯亚胺/N-甲基吡咯烷酮纳米纤维的直径和形貌的影响。研究发现，20% 聚醚酰亚胺溶液在相对湿度 30%~70% 和温度 15~35℃ 的范围内纤维直径增大最多；在所有湿度水平下，温度在 15~35℃ 范围内纤维直径最小。

3.1.4　喷丝器

近年来，静电纺丝技术的发展不仅扩展了多种形态的纳米纤维的应用领域，还进一步提高了我们操控纤维的能力，对纳米纤维的取向控制也成为可能。针式静电纺丝装置的喷丝头组件的进步，如多针和共轴喷丝头，使纳米纤维的更快生产和大面积沉积成为可能。多针喷丝器的优点是可以制造出不同聚合物溶液形成的纳米纤维，进一步混合而成的纳米微丝，这是由于静电纺丝过程中产生的干扰使纳米纤维产生混合。共轴喷丝头已被用于制造空心、芯鞘和静电纺丝膜基复合纳米纤维，可以利用两种或多种不同的聚合物溶液，通过共轴毛细管喷丝头系统同时进行静电纺丝，再去除纤维的核心，可以得到空心纳米纤维的静电纺丝膜。

　　在过去的十年中，无针静电纺丝法已经成为大规模、低成本生产静电纺丝膜的优选方法。已报道的针型和不同形状的喷丝器可分为旋转喷丝器和静态喷丝器，如图 3-5 所示。

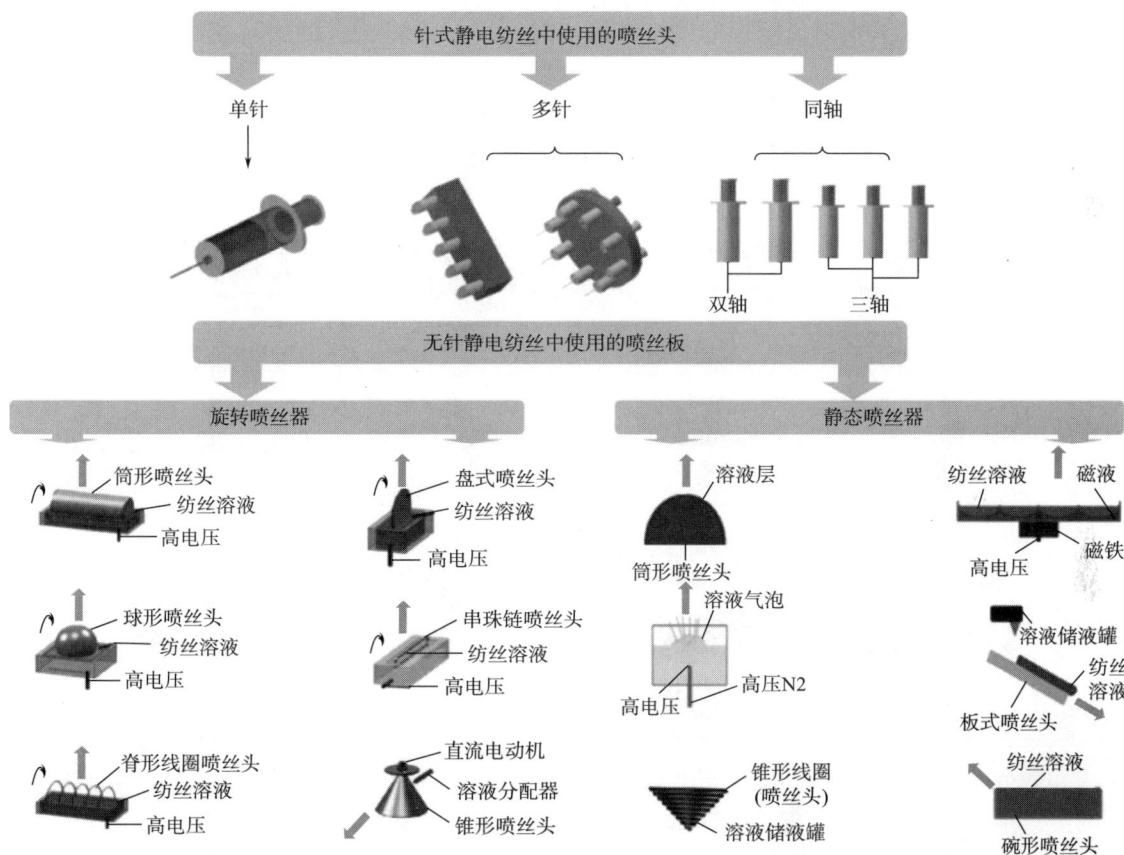

图 3-5　不同类型的喷丝器用于静电纺丝

　　旋转喷丝器包括旋转筒形喷丝器、球形喷丝器、脊形线圈喷丝器、旋转盘式喷丝器、串珠链喷丝器和旋转锥形喷丝器。除旋转锥形喷丝头外，其余旋转喷丝头部分浸泡在聚合物溶液中，向上静电纺丝制得纳米纤维，以防止聚合物溶液滴沉积在收集器的纳米纤维上，从而形成高质量的纳米纤维膜。喷丝头的旋转不断向静电纺丝点提供聚合物溶液，以维持纳米纤维的连续生产。无针静电纺丝的主要优点是在旋转喷丝头表面的最佳位置自然地产生多束纳米纤维喷丝。这些喷丝头解决了堵塞问题，可以更快地生产以及更大面积沉积纳米纤维。

Inovenso 有限公司、IME 技术公司和 Elmarco 公司的工业无针静电纺丝装置的生产能力都可以达到每小时数公斤的产能。产能大小主要取决于静电纺丝的喷丝头数目，以及在喷丝头自由表面产生的射流起爆点数目。然而，在无针静电纺丝中很难制备出排列均匀、形状各异的纳米纤维，这是该领域亟待解决的问题。

3.1.5 收集器

在静电纺丝技术中，控制纳米粒子在既定的方向上运动是极其重要的。为了改善对纳米纤维运动方向的控制，科学家们开发了不同类型的收集器。如图 3-6 所示，静电纺丝收集器大致分为旋转收集器和静态收集器。旋转收集器又分为旋转鼓、绕丝旋转滚筒、旋转线鼓、内部含尖针的旋转鼓、带刀口电极的旋转滚筒、具有多个刀口电极的旋转滚筒、旋转磁盘和

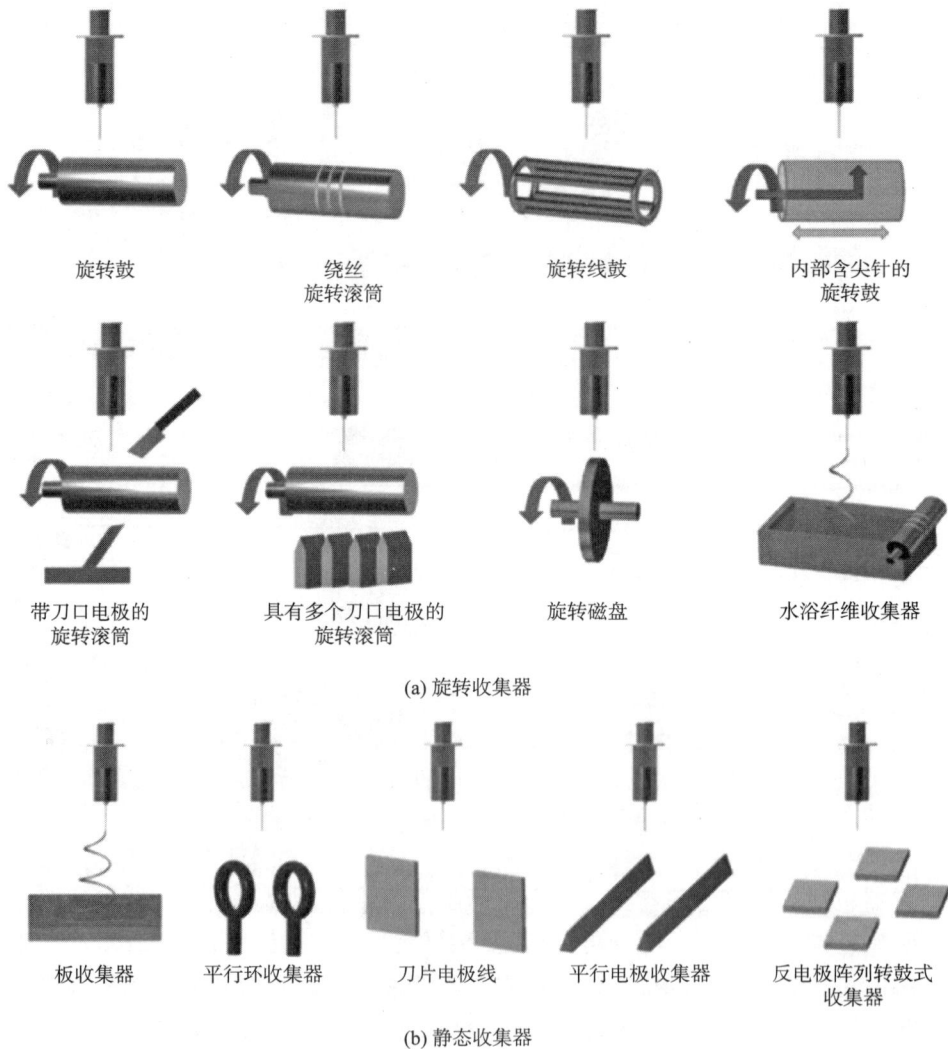

| 旋转鼓 | 绕丝旋转滚筒 | 旋转线鼓 | 内部含尖针的旋转鼓 |

| 带刀口电极的旋转滚筒 | 具有多个刀口电极的旋转滚筒 | 旋转磁盘 | 水浴纤维收集器 |

(a) 旋转收集器

| 板收集器 | 平行环收集器 | 刀片电极线 | 平行电极收集器 | 反电极阵列转鼓式收集器 |

(b) 静态收集器

图 3-6　静电纺丝中使用的不同类型的收集器

水浴纤维收集器；静态收集器又分为板收集器、平行环收集器、刀片电极线、平行电极和反电极阵列转鼓式集热器，可用于接收大量纳米纤维。

一个滚筒收集器及其优化的旋转速度即可获得高度取向的纳米纤维膜，因为过高的滚筒旋转速度会导致纳米纤维断裂。使用旋转线鼓式收集器能获得高度取向的纳米纤维，然而该方法无法获得较厚的纳米纤维膜，因为沉积一定厚度的纤维后，纤维的排列和取向一致性下降。采用内部含尖针的旋转鼓可以获得大面积取向纳米纤维，这种类型的收集器一般用于制备薄且取向的纳米纤维膜。

采用带刀口电极的旋转滚筒收集器，可以获得高度取向的纳米纤维。由于整个沉积是高度取向的，很容易获得厚的沉积纳米纤维膜。采用绕丝旋转滚筒收集器可以获得高度取向的纳米纤维膜，在该收集器中，通过改变绕丝的厚度可以控制纳米纤维的沉积面积。旋转磁盘收集器也可用于获得高度取向的纳米纤维，但是需要优化圆盘的旋转速度以避免纳米纤维的断裂，其缺点是只能得到较小的排列纤维层。在水浴纤维收集器中，将聚合物溶液静电纺入水浴中以固化纳米纤维，然后使用旋转鼓收集器将固化的纳米纤维拧绞并对齐成纱。

像板收集器这样的静态收集器可以产生随机排列的纳米纤维层，平行环收集器可以制造出具有扭曲形状的纳米纤维纱线。然而，为了获得捻线，必须旋转其中一个环，并且只能得到有限长度的捻线。平行电极收集器可以产生高度定向的纳米纤维，并且所获得的纳米纤维可以很容易地转移到不同的基底上，但很难获得较厚的沉积和长的纳米纤维。在某些情况下，在聚合物溶液中加入少量磁性纳米粒子，然后在外部磁场下进行静电纺丝，纳米纤维可以沿着收集器之间的间隙拉伸，得到高度取向的纳米纤维阵列。

3.2　自上而下法制备天然聚合物纳米纤维材料

3.2.1　纤维素纳米纤维的制备

剥离纤维素块体材料可以获得纳米材料，包括纤维素纳米晶体（CNC）、纤维素纳米纤维（CNF）以及纳米木质素［也称为木质素纳米颗粒（LNP）］（图3-7）。CNC是刚性的、高结晶的、针状的颗粒，而CNF是具有半结晶性质的柔性纤维。CNC和CNF的平均宽度均小于10 nm，但前者通常较短（150~300 nm），后者较长（600~300 nm）。LNP是一种软的核壳结构的纳米球（约100 nm）。由于这种层次结构，纳米纤维素具有独特的机械、光学、热、流体和离子特性，远远超过了母体纤维素纤维材料的性能。这些纳米材料被广泛用于制备各种多功能材料，包括薄膜、泡沫和膜。纳米纤维素剥离方法包括化学法、酶法、机械法和物理化学法。本节简要探讨剥离纳米纤维素的几种方法。

3.2.1.1　化学法剥离

从纤维素材料中剥离纳米纤维素的化学法包括碱法、酸法、氧化法、离子溶剂预处理和各种溶剂分离法。

（1）碱法。碱处理的目的是脱木质素，可选用的碱包括氢氧化钠（NaOH）、氢氧化钾

（KOH）、氢氧化钙［Ca（OH）$_2$］、氨（NH$_3$）和碳酸钠（NaCO$_3$）。在所有碱性试剂中，氨是减少纤维素水解反应的最佳试剂。脱木质素过程有利于纤维素材料的脱结晶，从而提高纳米纤维素表面积、聚合度和纤维素孔隙率。该过程可以在低温、低压下进行，生产完成后很容易回收碱性试剂，而该方法的主要缺点是使用高浓度碱性试剂和反应时间较长。

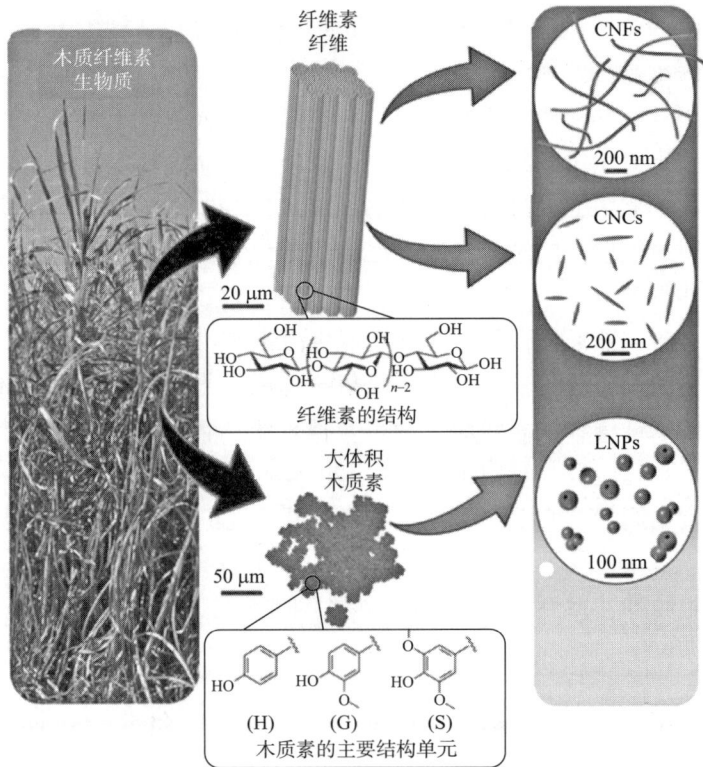

图 3-7 纤维素纳米结构示意图

（2）酸法。酸法既可以使用稀酸也可以使用浓酸。可选择的酸包括盐酸（HCl）、磷酸（H$_3$PO$_4$）、硝酸（HNO$_3$）、草酸（H$_2$C$_2$O$_4$）和一些杂多酸（HPA）。该技术主要参数包括酸浓度、降解温度和纳米纤维素废品率，浓酸的毒性和腐蚀性是酸处理过程的主要缺点。

（3）氧化法。剥离纳米纤维素的另一种方法是氧化法，可用氧化剂包括过氧化氢（H$_2$O$_2$）、氧气（O$_2$）和臭氧（O$_3$），对纤维素材料进行氧化分解处理，以实现脱木质素。臭氧是脱木质素过程中最好的试剂之一，其具有水溶性，主要攻击共轭 C—C 键和芳香族化合物。湿氧化是首选的氧化方法，可以从纤维素废物中去除 50%~60% 的木质素，该法在空气或氧气中进行，压力和温度分别为 5~20 MPa 和 150~350℃。

其他方法也可以用于提取纳米纤维素，例如，离子溶剂处理，离子溶剂为有机阳离子和无机阴离子的混合物；溶剂萃取处理也可用于提取纳米纤维素，可选用溶剂包括甲醇（CH$_3$OH）、乙醇（C$_2$HOH）、丁醇（C$_4$H$_9$OH）、三甘醇（C$_6$H$_{14}$O$_4$）、四氢呋喃（C$_4$H$_8$O）、醚、酮和苯（C_6H_6）等。然而，这种处理方法主要缺点是使用的有机溶剂和仪器设备成本高，使用挥发性有机溶剂限制了其在工业中的应用。

3.2.1.2　酶法剥离

酶法可用于制备纳米结构的纤维素，但不能通过单一酶实现分解纤维素，需要一组纤维素酶（$C_{18}H_{32}O_{16}$）协同作用来分解纤维素 $[(C_6H_{10}O_5)_n]$。Henriksson 等报道，酶促纤维二糖水解酶（CBH），也称为外葡聚糖酶（EXG），分为 A 型和 B 型纤维素酶（$C_{18}H_{32}O_{16}$），可以促进链末端结晶纤维素的水解。Siro 和 Plackett 研究称，内切葡聚糖酶（EG）可以促进无定形纤维素的降解。Siqueira 等研究发现，纤维素酶和半纤维素酶组合可以促进纤维素水解。Camposet 等报道了利用半纤维素酶或果胶酶和 EG 处理可以从甘蔗渣生物质中提取纤维素纳米纤维。与其他化学工艺相比，酶法具有以下主要优势：产量更高、环境友好、选择性更高、能耗最低和反应条件更温和。酶法主要缺点是酶的成本高和纤维素分解所需的处理时间长。

3.2.1.3　机械法剥离

机械法包括高压均质、冷冻破碎和超声波等方法。高压均质技术可以有效分离纳米纤维素，无须使用任何有毒有机溶剂进行处理。Liet 等通过高压均质处理甘蔗渣，剥离得到纳米纤维素。他们首先用液氮冷冻纤维材料以获得冰晶，冰晶在细胞壁内施加更大的压力，从而使细胞壁解体并形成纤维素纳米纤维。Alemdar 和 Saimdar 使用冷冻破碎法从小麦秸秆和大豆外壳中分离出多功能纳米纤维。超声波处理是最可靠、最有效的纳米纤维素提取技术，该过程需要高功率超声波，温度和压力分别大于 500℃ 和 50662.5 kPa，才能获得有效纤化的纳米纤维素纤维。Wang 和 Cheng 研究发现，超声探头尖端与含有纤维素悬浮液的烧杯之间的距离会影响纤维的剥离效果。超声处理通常需要对天然原料纤维进行化学预处理，才能有效分离纳米纤维素。

3.2.1.4　物理化学法剥离

物理化学法是化学和机械方法的结合，首先对天然纤维进行化学预处理，然后进行机械剥离或均质处理。Wang 和 Sain 研究了通过物理化学处理从大豆中分离出纳米纤维素的情况，在该过程中，首先采用化学方法预处理纤维素材料，然后采用机械（精炼和打浆）方法获得纳米纤维素。Dufresneet 等采用类似的方法，对化学预处理的马铃薯块茎材料，均质处理 15 次，获得了纳米纤维素。表 3-1 总结了纳米纤维素的来源、剥离方法和尺寸。

表 3-1　纳米纤维素（NFC）的各种来源、剥离方法及其尺寸

纤维素来源	分离纳米纤维素的方法	纳米纤维的尺寸
竹材、木浆或竹竿	用 64% H_2SO_4 进行化学处理	长圆纤维 30~40 nm
香蕉秆	用 H_2O_2、80%CH_3COOH 和 70%HNO_3 进行化学处理	5 nm
小麦秸秆	均质化机械预处理+HCl 化学处理+低温粉碎和均质化机械处理	10~80 nm
大豆壳	HCl 化学处理+低温粉碎和均质化机械处理	20~120 nm

纤维素来源	分离纳米纤维素的方法	纳米纤维的尺寸
向日葵秸秆、椰壳纤维、黄麻纤维	蒸汽爆破	向日葵秸秆、椰壳纤维和黄麻纤维直径分别为 $5\sim10$ nm、37.8 nm 和 50 nm
玉米芯	TEMPO 氧化	直径 2.1 nm，长度 438 nm
香蕉纤维	蒸汽爆破+草酸（$C_2H_2O_4$）酸处理+机械预处理+机械搅拌	直径 1 μm
松塔	机械研磨	直径 15 nm
剑麻纤维	乙酸（CH_3COOH）化学处理	直径（27 ± 12）nm，长度（658 ± 290）nm
向日葵茎	H_2SO_4 化学处理	直径 $5\sim10$ nm，长度约 175 nm
甘蔗渣	高压均质	直径 $10\sim20$ nm
番茄皮	H_2SO_4 化学处理	径约 7.2 nm，长度近 135 nm
木屑	生物水热处理	直径 $18\sim35$ nm，长度 $101\sim107$ nm
大麦壳	H_2SO_4 化学处理	直径约 11 nm，长度约 322 nm
秋葵纤维	64% H_2SO_4 化学处理+超声波	直径 9.8 μm
玉米	H_2SO_4 化学处理+超声波	长度（210 ± 44）nm，宽度（4.2 ± 1.1）nm
稻壳	H_2SO_4 化学处理	直径约 20 nm，长度约 700 nm

3.2.2 蚕丝纳米纤维的制备

使用"自下而上"和"自上而下"的方法均可以获得丝蛋白纳米纤维材料。"自下而上"法是采用强制组装方式利用再生丝素蛋白溶液获得纳米纤维，如静电纺丝法或者通过溶液中丝素蛋白分子自组装获得纳米纤维。然而，先溶解蚕丝再重新组装，这个过程破坏了丝的层次结构，导致再生材料的力学性能远远低于蚕丝。丝纤维中纳米尺寸基元纤维的发现为"自上而下"制备丝纳米纤维提供了理论依据。"自上而下"加工方法，即蚕丝纤维的剥离，以释放蚕丝中纳米尺度结构，即亚微米或纳米纤维（图3-8）受到越来越多的关注。该方法很有吸引力，因为该纳米纤维保留了天然丝的层次结构和力学性能。

利用剥离微纤维或纳米纤维生产坚固耐用的材料具有很大的潜力。因此，直接从天然丝纤维（自上而下加工）生产纳米纤维具有非常大的优势。与其他生物高聚物（如苦皮糖或几丁质）相比，使用剥离法生产丝纳米纤维尚处于起步阶段。本节简要讨论剥离蚕丝获得纳米纤维的几种方法。

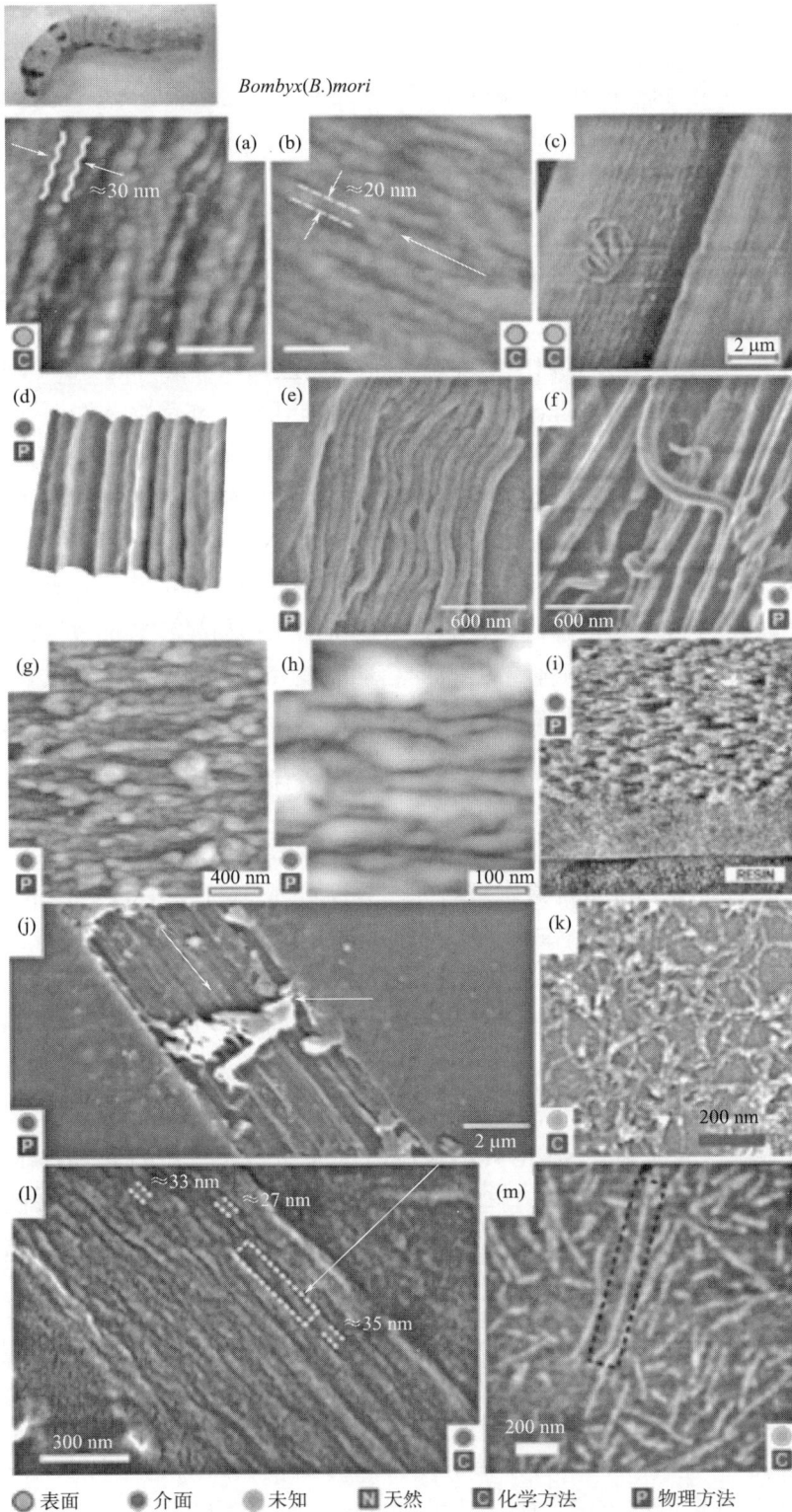

图 3-8　家蚕丝纳米级结构及剥离法制备的纳米纤维图

3.2.2.1 机械法

基于蚕丝内部纳米基元原理，通过手动打浆或机械研磨即可获得微纳米级纤维，但该方法效率低、耗时，无法实现工业化生产。Wang 等报道了一种大规模生产丝纳米纤维的方法，每批可以生产数十克纳米微纤丝（NMFS），而无须使用化学药品。这与其他报道的方法形成鲜明对比，其他报道的方法通常每批次只能生产微克级纳米纤维。他们将研磨和均质化方法相结合，以制备包含约 80% 直径小于 300 nm 的 NMFS。此类纤维（1%，质量体积浓度）在水中产生稳定的凝胶状连续网络，平均纵横比大于 50。

3.2.2.2 碱法

Shi 等提出了一种高产丝素蛋白纳米纤维（SNFs）的稀碱辅助分离方法。脱胶后的蚕丝，首先在温和的条件下用微量碱处理，然后进行高压均质处理。在优化条件下（2% 氢氧化钠、0℃ 和 48 h），获得的 SNF 直径为 8~42 nm，长度为（0.9 ± 0.3）μm，产率高于 75%，该方法保留了纳米级的天然结构以及蚕丝纤维的一些固有特性。所获得的 SNFs 可以作为稳定基质来帮助碳纳米管（CNTs）分散，形成均匀稳定的 CNT/SNF 分散体。此后，制备了具有良好力学性能的坚固且柔韧的导电复合薄膜。该复合薄膜表现出良好的压电性能和电热响应，在光学器件、纳米电子学和生物传感器等领域具有广阔的应用前景。Yang 等利用碱法（10 μM NaOH）成功地从天然茧纤维上剥落了约 4 nm 超薄厚度和长宽比高达 500 的阳离子丝纳米原纤维（SilkNFs），季铵化后进行机械均质化。这些阳离子 SilkNFs 在 pH 2~12 范围内带正电，可以与不同类型带负电的生物纳米原纤维结合，产生具有调节离子易位能力的不对称离子膜和气凝胶。

3.2.2.3 酸法

Hu 等通过低强度超声辅助硫酸水解技术，从天然蚕丝纤维中直接提取蚕丝纳米纤维（SNFs）。研究了硫酸浓度、水解时间和温度对 SNFs 制备的影响。获得了长度为（306 ± 107）nm、宽度为 4~18 nm 的 SNFs，产率为 64.54%。此外，与通过再生过程形成的再生纳米纤维不同，该纳米纤维保持了原始的晶体结构。SNFs 的水分散体稳定，在 pH 为 3 和 7~10 下能保持稳定至少 30 天而没有聚集。

3.2.2.4 氧化法

Zheng 等首先在次氯酸钠（NaClO）溶液中氧化天然桑蚕丝（BS）和柞蚕丝（AS）。此后，对氧化的丝浆进行超声处理，获得丝纳米纤维（SNFs），所得 SNFs 的直径约为 100 nm，长度为几微米。通过浇铸 SNFs 形成薄膜，该薄膜具有高透光性（透射率高于 75%）、高机械性（杨氏模量约 4.5 GPa）和高润湿性。通过调节 pH，可以控制 SNFs 的聚集—分散（再分散）行为。带负电荷的 SNFs 可以浓缩至约 20%（质量分数）（初始分散度的 100 倍），为工程应用中存储、运输和应用提供了便利性。

3.2.2.5 溶剂（六氟异丙醇，HFIP）法

Wang 等报道了一种从天然蚕丝纤维中分离出直径（3.1 ± 0.8）nm 的纳米纤维和直径（3.7 ± 0.9）Å 的丝分子链的方法。研究结果显示，纳米纤维和蛋白质链沿轴向呈周期性排布，直径随之周期性变化。进一步研究发现，较厚的区域相对较软，较薄的区域相对较硬，

这些区域可以分别与交替分布的 α-螺旋和 β-折叠区域对应。

3.2.2.6　共晶溶剂法

Tan 等报道了一种简便、高效、可扩展的液体剥离方法，使用蛋白质变性剂/深共晶溶剂组合尿素/盐酸胍（PD/DES）从蚕丝纤维中提取直径为 20~100 nm、长度为 0.3~10 μm 的纳米纤维。纳米纤维直径可以通过工艺参数调节，既可以在水中也可以在有机溶剂中分散。该方法简单易操作，适用于规模化生产，制备宏观生物材料。该纳米纤维保留天然蚕丝的重要纤维结构，通过真空过滤丝纳米纤维分散液可制备丝纳米纤维膜，该膜具有纳米级孔结构、溶剂不溶性、优异的力学性能和热稳定性。用作蛋白质过滤膜时，丝纳米纤维膜对离子、染料和蛋白质分子表现出良好的尺寸选择性和吸附性能。利用丝纳米纤维（SSNF）制成的支架材料，具有良好的细胞相容性和优异的力学性能，其为组织再生和绿色可持续材料提供了选择。

表 3-2 列举了几种蚕丝微纳米纤维的制备方法，涉及从高能超声到部分溶解和液体剥离，再到机械研磨的过程。许多方法通常依赖于有毒化学品和/或需要额外步骤才能使纳米纤维从制造系统中分离出来。大部分方法制备的微纳米纤维中，存在大量巨原纤维，这些大纤维需要离心分离去除，产率低、过程烦琐，难以在工业规模上控制和实施。纯水基研磨方法已经被证明是可行的，但对纳米纤维尺寸的控制有限，与已达到商业化生产水平的纤维素纳米纤维的生产和应用相比，丝蛋白纳米纤维的制备和应用的研究现状远远落后。但是与纤维素纤维相比，蚕丝作为一种蛋白质纤维材料，具有许多可用于化学修饰和生物分子结合的功能性氨基酸。此外，蚕丝在许多生物医学、生物传感和其他生物技术应用中的优势为蚕丝纳米纤维的制备和应用提供了广泛的研究范围，这是继纤维素材料广泛使用的先进剥离方法之后的又一个炙手可热的研究领域。

表 3-2　已发表的蚕丝微纳米纤维的制备方法

时间	丝型	剥离技术	纳米纤维直径	优势	劣势
1997 年	家蚕丝	简单的手工打浆	未知	简单、不需要有机溶剂	效率低下
2007 年	蜘蛛丝和家蚕丝	超声波处理	25~60 nm	简单、快速、无须化学药品	效率低，用水量大（0.05 g 丝需要 100 mL 水）
2014 年	家蚕丝	氯化钙—甲酸	20~170 nm	溶解使后处理变得容易（膜、静电纺丝等）	有机溶剂甲酸的使用和纳米纤维在氯化钙—甲酸体系下不稳定
2016 年	家蚕丝	HFIP 剥离后超声处理	(20±5) nm	分散均匀、尺寸小、浓度高	HFIP 毒性和昂贵的价格限制了其应用
2018 年	家蚕丝	使用尿素/GuHCl（深共晶溶剂）进行液体剥离，然后进行超声波处理	20~100 nm	相对安全的化学品	产量较低，尤其是用于精细纳米纤维时需要大量溶剂（1∶100 蚕丝/溶剂）

时间	丝型	剥离技术	纳米纤维直径	优势	劣势
2018 年	桑蚕丝	蚕丝在 NaClO 中部分溶解，随后进行均质处理，然后进行超声波处理	(13±4) ~ 300 nm（取决于能量输入）	无须有机溶剂，紧凑的尺寸分布	产量低，特别是对于小尺寸纳米纤维。使用 NaClO 可能会通过氧化损坏纳米纤维
2018 年	家蚕丝	NaOH/尿素进行液体剥离	(25±0.4) nm	条件温和（无有机溶剂）	时间限制，至少需要 3 天，温度为 -12℃
2019 年	家蚕丝	尿素	200~400 nm	无须有机溶剂进行液体剥离	剥离纳米纤维需要 30 天，需要大量尿素（8.8 M = 529 g/L）
2019 年	家蚕丝	机械能（湿磨）	150~200 nm	不需要有机溶剂	纤维分离的证据有限，不清楚磨碎纤维是否形成胶体悬浮液（用于加工成新材料）
2020 年	家蚕丝	$CaCl_2/CH_3CH_2OH/H_2O$ 中溶胀，然后机械剪切（高速混合器）	(287.7±75) nm	快速、能量相对较低	仍然需要使用 $CaCl_2$ 和乙醇

3.2.3　角蛋白纳米纤维的制备

Zhang 等报道了一种基于超声波辅助酶水解的方法，用来从羊毛中剥离制备微角蛋白和纳米角蛋白。水解系统是含有酶（esperase）和还原剂（L-半胱氨酸）的溶液，并进行超声波处理以去除羊毛中的颗粒和无定形区域。结果显示，水解系统孵育 3 h、超声处理 6 h、反应温度 50℃ 和 pH 为 7 时，产物包括纺锤形的微角蛋白（直径 4~7 μm，长 70~120 μm）和圆锥形的纳米角蛋白（直径 50~300 nm，长度小于 15 μm）。在超声辅助条件下，微角蛋白和纳米角蛋白的产量显著增加，而且处理时间缩短。该方法是简便且生态友好的，因此为制备微角蛋白和纳米角蛋白提供了新途径。

3.3　熔喷法制备合成聚合物亚微米纤维

聚合物亚微米纤维（<1 μm）具有较大比表面积和较高柔韧性。以亚微米纤维为主制备的纤维网状材料具有较大的比表面、可控的微孔和高孔隙率，在去污、催化、过滤、吸附、组织再生支架、储能等领域有着广泛的应用。生产聚合物亚微米纤维的技术和方法有很多，静电纺丝法是研究最多的方法。如前面章节介绍，采用静电纺丝技术已经成功制备出多种具有独特性能的亚微米纤维。但静电纺丝法的主要缺点是所用溶剂大部分有毒、进料速率非常小，难以大量制备亚微米纤维材料。聚合物熔体纺丝适用于聚丙烯（PP）、聚乙烯（PE）、聚苯硫醚（PPS）等量大面广的难溶聚合物，是微纳米纤维绿色制造的重要路径。熔融吹塑法是通过高速热空气拉伸熔融的热塑性聚合物实现纤维生产。熔喷工艺具有更高的生产能力，

更容易进行商业推广，并可扩展用于亚微米纤维生产。

图 3-9 展示了典型的熔融吹塑设备及纤维生产过程。该设备由聚合物进料系统、挤出机、计量泵、模具组件、腹板成型和收集器组成。聚合物需要通过挤出机、计量泵、过滤器直至模具组件。当聚合物通过线性模具挤出到热空气的汇聚流中时，高速空气使纤维拉伸变细，气流将纤维输送到收集器。当纤维运动到收集器时，被淬火，纤维与纤维的接触点处形成熔融结点，或通过胶黏剂进行黏合。熔喷纤维平均直径分布为 2~5 μm，力学性能相对较差，但纤维织物具有良好的阻隔性能，被广泛用于过滤，以去除更细小的颗粒和细菌。

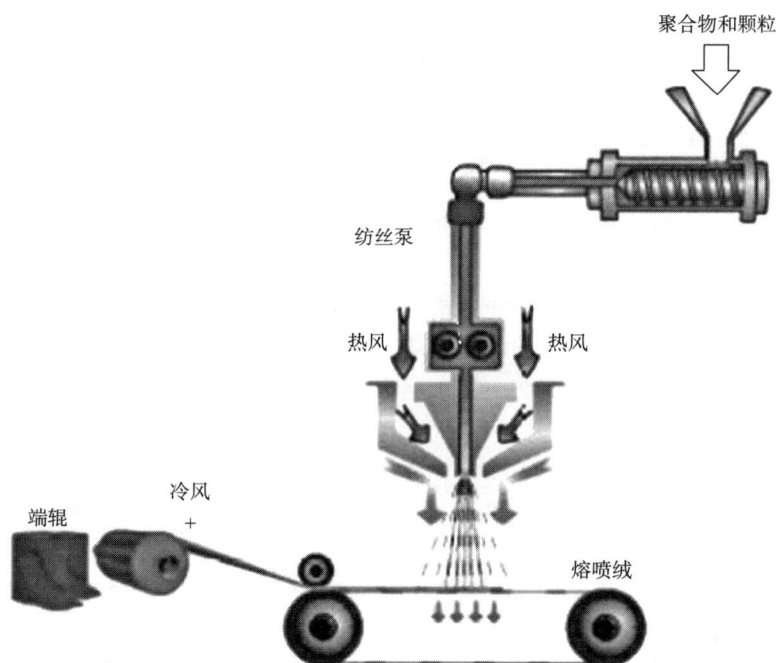

图 3-9　熔喷设备示意图

近年来，熔喷法研究主要致力于如何减小纤维直径。如设计和开发具有较小孔和较大孔组合的模具来增加孔的数量，能够高效生产亚微米光纤。与典型的熔喷模具不同，改进的熔喷设备的模具由堆叠板组成，另一个板具有熔融聚合物入口和加热空气入口。熔喷模具具有线性孔和空气口，空气从两侧进入，可以减小纤维直径。该设计的每个孔的吞吐量较低，纤维挤出的熔体压力较低。熔融聚合物通过模具的孔口以相对较低的流速挤出，以生产亚微米纤维。使用改进的熔喷模具生产的亚微米纤维的直径在 50~1000 nm，平均直径在 400~600 nm。其生产效率是静电纺丝法的几倍，且所得亚微米纤维连续、无缠绕、无断裂。该工艺适用于多种热塑性聚合物，如聚丙烯（PP）、聚对苯二甲酸乙二醇酯（PET）、聚对苯二甲酸丁二醇酯（PBT）和聚乳酸（PLA）等。因此，这种改进的熔喷工艺将是一种利用热塑性聚合物工业化生产亚微米纤维的独特而新颖的方法。

参考文献

［1］汪成伟. 基于静电纺丝技术的纳米纤维制备工艺及其应用研究 ［D］. 苏州：苏州大学，2016.

［2］李媛媛. 纳米纤维素及其功能材料的制备与应用 ［D］. 南京：南京林业大学，2014.

［3］SUBRAHMANYA T, ARSHAD A B, LIN P T, et al. A review of recent progress in polymeric electrospun nanofiber membranes in addressing safe water global issues ［J］. RSC Advances, 2021, 11 (16)：9638-9663.

［4］RAMAKRISHNA S, FUJIHARA K, TEO W E, et al. Electrospun nanofibers：Solving global issues ［J］. Materials Today, 2006, 9 (3)：40-50.

［5］TEO W E, RAMAKRISHNA S. A review on electrospinning design and nanofibre assemblies ［J］. Nanotechnology, 2006, 17 (14)：89.

［6］HUANG J, YOU T. Electrospun nanofibers：From rational design, fabrication to electrochemical sensing applications ［J］. Advances in Nanofibers, 2013：35.

［7］HOU L, WANG N, WU J, et al. Bioinspired superwettability electrospun micro/nanofibers and their applications ［J］. Advanced Functional Materials, 2018, 28 (49)：1801114.

［8］LIAO Y, LOH C H, TIAN M, et al. Progress in electrospun polymeric nanofibrous membranes for water treatment：Fabrication, modification and applications ［J］. Progress in Polymer Science, 2018, 77：69-94.

［9］LI Z, WANG C. One-dimensional nanostructures：Electrospinning technique and unique nanofibers ［M］. Springer, 2013.

［10］SENTHIL T, ANANDHAN S. Fabrication of styrene-acrylonitrile random copolymer nanofiber membranes from N,N-dimethyl formamide by electrospinning ［J］. Journal of Elastomers & Plastics, 2015, 47 (4)：327-346.

［11］MALEKI H, GHAREHAGHAJI A A, CRISCENTI G, et al. The influence of process parameters on the properties of electrospun PLLA yarns studied by the response surface methodology ［J］. Journal of Applied Polymer Science, 2015, 132 (5)：41388.

［12］ABDULLAH N A, AHMAD SEKAK K, AHMAD M R. Effect of molecular weight on morphological structure of electrospun PVA nanofibre ［C］. Advanced Materials Research, 2016, 1134 (1)：203-208.

［13］MATABOLA K, MOUTLOALI R. The influence of electrospinning parameters on the morphology and diameter of poly (vinyledene fluoride) nanofibers-effect of sodium chloride ［J］. Journal of Materials Science, 2013, 48 (16)：5475-5482.

［14］LI L, JIANG Z, XU J, et al. Predicting poly (vinyl pyrrolidone)'s solubility parameter and systematic investigation of the parameters of electrospinning with response surface methodology ［J］. Journal of Applied Polymer Science, 2014, 131 (11)：40304.

［15］SINGH S, SINGH V, VIJAYAKUMAR M, et al. ZrO$_2$ fibers obtained from the halide free synthesis of non-beaded PVA/Zr n-propoxide electrospun fibrous composites ［J］. Ceramics International, 2013, 39 (2)：1153-1161.

［16］FASHANDI H, KARIMI M. Comparative studies on the solvent quality and atmosphere humidity for electrospinning of nanoporous polyetherimide fibers ［J］. Industrial & Engineering Chemistry Research, 2014, 53 (1)：235-245.

［17］THAKUR V, GULERIA A, KUMAR S, et al. Recent advances in nanocellulose processing, functionalization and applications: A review [J]. Materials Advances, 2021, 2 (6): 1872-1895.

［18］ALEMDAR A, SAIN M. Isolation and characterization of nanofibers from agricultural residues: Wheat straw and soy hulls [J]. Bioresource Technology, 2008, 99 (6): 1664-1671.

［19］NGUYEN H D, MAI T T T, NGUYEN N B, et al. A novel method for preparing microfibrillated cellulose from bamboo fibers [J]. Advances in Natural Sciences: Nanoscience and Nanotechnology, 2013, 4 (1): 015016.

［20］ZULUAGA R, PUTAUX J L, RESTREPO A, et al. Cellulose microfibrils from banana farming residues: Isolation and characterization [J]. Cellulose, 2007, 14 (6): 585-592.

［21］FORTUNATI E, LUZI F, JIMÉNEZ A, et al. Revalorization of sunflower stalks as novel sources of cellulose nanofibrils and nanocrystals and their effect on wheat gluten bionanocomposite properties [J]. Carbohydrate Polymers, 2016, 149: 357-368.

［22］ABRAHAM E, DEEPA B, POTHEN L, et al. Environmental friendly method for the extraction of coir fibre and isolation of nanofibre [J]. Carbohydrate Polymers, 2013, 92 (2): 1477-1483.

［23］THOMAS M G, ABRAHAM E, JYOTISHKUMAR P, et al. Nanocelluloses from jute fibers and their nanocomposites with natural rubber: Preparation and characterization [J]. International Journal of Biological Macromolecules, 2015, 81: 768-777.

［24］LIU C, LI B, DU H, et al. Properties of nanocellulose isolated from corncob residue using sulfuric acid, formic acid, oxidative and mechanical methods [J]. Carbohydrate Polymers, 2016, 151: 716-724.

［25］DEEPA B, ABRAHAM E, CHERIAN B M, et al. Structure, morphology and thermal characteristics of banana nano fibers obtained by steam explosion [J]. Bioresource Technology, 2011, 102 (2): 1988-1997.

［26］CHERIAN B M, POTHAN L A, NGUYEN-CHUNG T, et al. A novel method for the synthesis of cellulose nanofibril whiskers from banana fibers and characterization [J]. Journal of Agricultural and Food Chemistry, 2008, 56 (14): 5617-5627.

［27］RAMBABU N, PANTHAPULAKKAL S, SAIN M, et al. Production of nanocellulose fibers from pinecone biomass: Evaluation and optimization of chemical and mechanical treatment conditions on mechanical properties of nanocellulose films [J]. Industrial Crops and Products, 2016, 83: 746-754.

［28］TRIFOL J, SILLARD C, PLACKETT D, et al. Chemically extracted nanocellulose from sisal fibres by a simple and industrially relevant process [J]. Cellulose, 2017, 24 (1): 107-118.

［29］LI J, WEI X, WANG Q, et al. Homogeneous isolation of nanocellulose from sugarcane bagasse by high pressure homogenization [J]. Carbohydrate Polymers, 2012, 90 (4): 1609-1613.

［30］JIANG F, HSIEH Y L. Cellulose nanocrystal isolation from tomato peels and assembled nanofibers [J]. Carbohydrate Polymers, 2015, 122: 60-68.

［31］KALITA E, NATH B, AGAN F, et al. Isolation and characterization of crystalline, autofluorescent, cellulose nanocrystals from saw dust wastes [J]. Industrial Crops and Products, 2015, 65: 550-555.

［32］ESPINO E, CAKIR M, DOMENEK S, et al. Isolation and characterization of cellulose nanocrystals from industrial by-products of Agave tequilana andbarley [J]. Industrial Crops and Products, 2014, 62: 552-559.

［33］FORTUNATI E, PUGLIA D, MONTI M, et al. Cellulose nanocrystals extracted from okra fibers in PVA nanocomposites [J]. Journal of Applied Polymer Science, 2013, 128 (5): 3220-3230.

［34］RHIM J W. Isolation of cellulose nanocrystals from grain straws and their use for the preparation of carboxymethyl cellulose-based nanocomposite films [J]. Carbohydrate Polymers, 2016, 150 (5): 187-200.

[35] LIANG Y, ALLARDYCE B J, KALITA S, et al. Protein paper from exfoliated Eri silk nanofibers [J]. Biomacromolecules, 2020, 21 (3): 1303-1314.

[36] ZHENG K, ZHONG J, QI Z, et al. Isolation of silk mesostructures for electronic and environmental applications [J]. Advanced Functional Materials, 2018, 28 (51): 1806380.

[37] ZHANG F, LU Q, MING J, et al. Silk dissolution and regeneration at the nanofibril scale [J]. Journal of Materials Chemistry B, 2014, 2 (24): 3879-3885.

[38] TAN X, ZHAO W, MU T. Controllable exfoliation of natural silk fibers into nanofibrils by protein denaturant deep eutectic solvent: Nanofibrous strategy for multifunctional membranes [J]. Green Chemistry, 2018, 20 (15): 3625-3633.

[39] LING S, LI C, JIN K, et al. Liquid exfoliated natural silk nanofibrils: Applications in optical and electrical devices [J]. Advanced Materials, 2016, 28 (35): 7783-7790.

[40] NARITA C, OKAHISA Y, YAMADA K. A novel technique in the preparation of environmentally friendly cellulose nanofiber/silk fibroin fiber composite films with improved thermal and mechanical properties [J]. Journal of Cleaner Production, 2019, 234: 200-207.

[41] ZHAO H P, FENG X Q, GAO H. Ultrasonic technique for extracting nanofibers from nature materials [J]. Applied Physics Letters, 2007, 90 (7): 073112.

[42] LV L, HAN X, WU X, et al. Peeling and mesoscale dissociation of silk fibers for hybridization of electrothermic fibrous composites [J]. ACS Sustainable Chemistry & Engineering, 2019, 8 (1): 248-255.

[43] WANG Q, YAN S, HAN G, et al. Facile production of natural silk nanofibers for electronic device applications [J]. Composites Science and Technology, 2020, 187: 107950.

[44] HATA T, KATO H. Fibrillation of silk fibers, its treatment method and producing of silk paper [J]. The Journal of Sericultural Science of Japan, 1997, 66 (2): 132-135.

[45] LING S, JIN K, KAPLAN D L, et al. Ultrathin free-standing Bombyx mori silk nanofibril membranes [J]. Nano Letters, 2016, 16 (6): 3795-3800.

[46] NIU Q, PENG Q, LU L, et al. Single molecular layer of silk nanoribbon as potential basic building block of silk materials [J]. ACS Nano, 2018, 12 (12): 11860-11870.

第4章　纺织功能纳米材料及其制备方法

随着人口的增长和人类对服装意识的提升，对高质量、高性能纺织品的需求也急剧增加，纳米材料与技术将发挥越来越重要的作用。最近许多金属（Ag、Au 和 Cu 等）和金属氧化物（ZnO、CuO 和 TiO_2 等）纳米材料都被用于纺织功能化，这些纳米材料能够赋予纺织品抗菌、自清洁、疏水和抗紫外等功能。本章将详细介绍纳米材料的制造方法及其在纺织品上的应用。

4.1　银纳米颗粒

4.1.1　银纳米颗粒及其制备方法

数千年来，银及其化合物一直被用于抗菌和多种的治疗。古希腊人和罗马人使用银器来储存水、食物和葡萄酒以避免腐败。希波克拉底人使用银制剂治疗溃疡，促进伤口愈合。20世纪 40 年代，银在医学应用上的地位让位于抗生素，但随着抗生素的滥用，细菌耐药性已成为一个世界性难题。随着纳米技术的发展，银纳米颗粒（AgNPs）再次受到了特别的关注，特别是在生物医学领域。AgNPs 以其广谱、高效的抗菌和抗癌活性而闻名，其他生物活性也已被挖掘，包括促进骨愈合和伤口修复、增强疫苗的免疫原性，以及抗糖尿病作用。

AgNPs 的制备方法主要分为两种："自上而下"的物理方法和"自下而上"的化学和生物方法（图 4-1）。"自上而下"的方法是指从大块单质银材料中直接分离而形成金属纳米颗粒；"而自下而上"的方法指采用化学或生物还原剂还原银前驱体盐，并采用添加稳定剂的方法分散制备得到的银纳米颗粒。

4.1.1.1　物理方法

（1）球磨法。机械球磨法是在密闭的容器内放置大小不一的球磨球和具有特定质量比的金属材料以及气体（空气或惰性气体），通过容器的振动、旋转球磨球对金属材料进行撞击、研磨和搅拌来改变颗粒的形状和大小。球磨过程中的球磨时间、转速和气体介质对金属材料的形貌起着至关重要的作用。

（2）电弧放电法。电弧放电装置由两个浸在电介质液体中的银棒组成。在电弧放电过程中，由于银电极附近的高温，电极表面单质银被蒸发。随后，银蒸气冷凝成 AgNPs 并悬浮在介电液体中。该方法设备简单、成本低，能够获得纯 AgNPs。

（3）激光烧蚀法。激光烧蚀法是指脉冲激光瞬时加热浸没在水或有机溶剂中的大块金属材料，以形成等离子体流，随后在等离子体流冷却过程中金属颗粒成核和生长，最终形成纳米簇。不同的制备条件，如激光通量、脉冲波长以及溶剂类型都会影响纳米颗粒的大小。添加十六烷基三甲基溴化铵（CTAB）和聚乙烯吡咯烷酮（PVP）有机稳定剂，可以增强 AgNPs 的分散性。然而，激光烧蚀法难以控制 AgNPs 的尺寸分布。

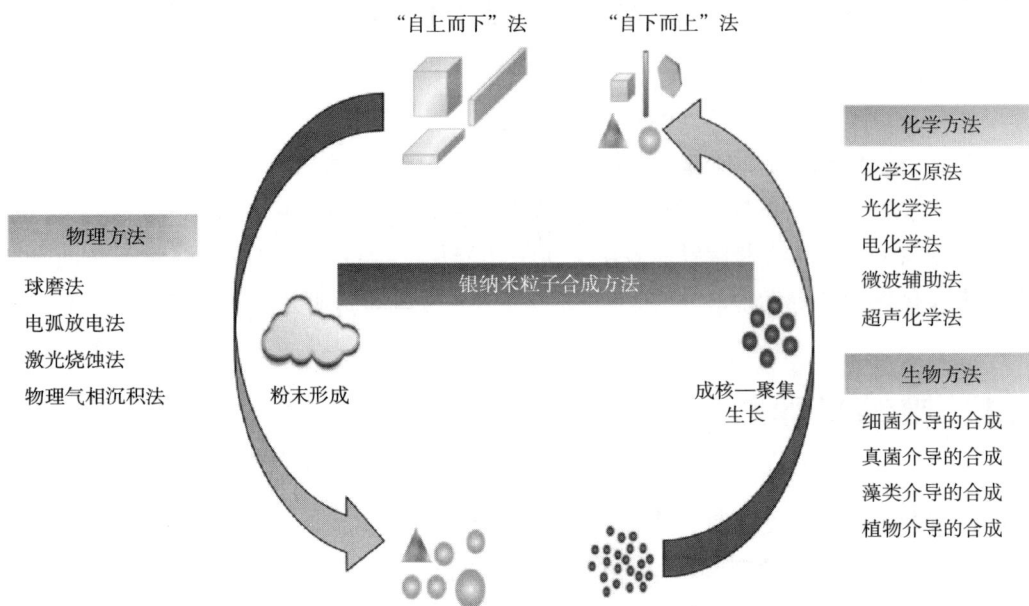

图 4-1　银纳米颗粒制备

（4）物理气相沉积法。最常用的物理气相沉积工艺分为两大类：电弧蒸发和电弧溅射。电弧蒸发是指利用真空室中的阴极电弧源或保护气体来获得金属蒸气并将其沉积在目标涂层材料上，以形成薄的、黏附的纯金属或合金涂层。电弧溅射是使用高能电荷轰击目标涂层材料并在基底上沉积金属。物理气相沉积法可以获得粒径较小的纯且易分散的 AgNPs，但需要复杂的装置和外部能量。

4.1.1.2　化学方法

（1）化学还原法。化学还原法包括三种成分：银前体、还原剂和稳定剂。在稳定剂的存在下，不同的还原剂可以有效地将银前体还原为银纳米颗粒（AgNPs）。典型的银前体有硝酸银、氨银（即 Tollens 试剂）、硫酸银和氯酸银。前体和还原剂的类型和比例以及溶液的温度和 pH，可能会影响 AgNPs 的特性。化学还原过程中颗粒的成核和随后的生长可以通过改变组分和调整反应参数来控制。化学还原法是在有机溶液或水中制备胶体 AgNPs 的可靠方法，可以获得多种形状的 AgNPs，如纳米球、纳米线、纳米棒、纳米片、纳米立方体和纳米多面体。

（2）光化学法。光化学法是指在光照下将前体还原为 AgNPs。在特定波长区域光源照射下，银前驱体和溶液产生还原自由基和水合离子，直接将 Ag^+ 原位还原为 Ag^0。光化学法中涉及的光源包括紫外光、可见光和激光，其中最常用的是紫外光。光源、光的强度和波长以及照射时间都可能影响 AgNPs 的制备。例如，在光化学合成过程中延长辐照时间和增加辐照强度会促进 Ag^+ 的还原。光化学法具有在可见光区域原位合成高度分散的纳米颗粒的独特优势，可以在各种介质（如聚合物膜、纤维、玻璃和被照射的细胞）的表面上直接获得 AgNPs。光化学法所需设备相对简单，并且可以在室温下进行，无须有害或强还原剂。可以通过停止照射来终止或减弱反应。

（3）电化学法。在外加电场作用下，电解质中形成电势，可以将 Ag^+ 还原为 Ag^0，AgNPs 的成核和生长几乎同时发生。电化学方法可以通过调节电流强度合成不同尺寸的 AgNPs。此外，电极类型、电解质和溶剂等参数对调控 AgNPs 的尺寸非常重要。在合成过程中，增加前体浓度和增强电流强度以及延长实施时间，可以获得更多尺寸较小的 AgNPs。添加稳定剂和封端剂将形成空间位阻，从而阻止 AgNPs 的聚集，提高 AgNPs 的分散性和稳定性。电化学法具有反应控制容易、反应条件温和、环境污染少的优点。

（4）微波辅助法。微波辅助法是指通过微波辐射快速加热银前体，促进加热位点中的核生成。前体浓度、稳定剂类型、微波功率输入、辐射时间、介电常数、介质折射率和还原剂的手性等因素影响微波辅助合成 AgNPs 的性能。水和醇是微波加热稳定剂的理想介质。微波辅助法具有能量转换效率高、省时、清洁、方便等优点，最重要的是可以用于大规模生产高分散性 AgNPs。

（5）超声化学法。超声化学法是指超声辐射产生的空化效应，产生局部热点并促进 AgNPs 的合成。超声辐射产生的瞬时高压和微射流可以使溶液混合均匀并产生气泡，当气泡过大时可能突然坍塌，气泡中气相的绝热压缩产生了局部热点，加速了 Ag^+ 与还原剂的接触，并迅速将其还原为 AgNPs。超声还可以防止纳米颗粒在水溶液中团聚，减小 AgNPs 的尺寸。除高温外，压力、pH、高速微射流和高冷却速率等因素也可能对合成过程产生影响。总之，超声化学法是制备胶体银纳米颗粒的一种简单、经济、环保的方法。

4.1.1.3　生物方法

近几十年来，发展了多种微生物和植物提取物介导的 AgNPs 生物合成方法。AgNPs 可被视为微生物对游离 Ag^+ 抗性机制的"副产品"。植物介导的合成是利用有机成分及其衍生物中的醛基、羟基、氨基等官能团将 Ag^+ 还原为 Ag^0。

（1）细菌介导的合成。Tanja Klaus 等于 1999 年首次报道了假单胞菌 AG259 中 AgNPs 的聚集现象。根据纳米颗粒分布的位置可分为细胞内合成和细胞外合成两种模式。因为 AgNPs 易于回收，细胞外方法优于细胞内方法。细菌中的多种有机物质均可以用作还原剂，如胞外多糖、肽、还原酶、辅因子、细胞色素 C 和抗银基因等。一些酶也参与了 AgNPs 的合成，如硝酸还原酶和乳酸脱氢酶；而一些肽具有特殊氨基酸，如蛋氨酸、半胱氨酸、赖氨酸和精氨酸，可附着在细胞表面并充当还原剂。硝酸还原酶是一种 NADH（烟酰胺腺嘌呤二核苷酸的还原形式）依赖性酶，在细菌介导的 AgNPs 合成中受到越来越多的关注。硝酸还原酶可以参与电子传输链，随后通过转移氢原子创建微型还原环境。该酶从 NADH 中获得电子，将其氧化为 NAD^+，并将银离子还原为 AgNPs。一些有机物质也可以作为 AgNPs 的稳定剂，以防止颗粒聚集。细菌介导的 AgNPs 合成是一种简单、有效和环境友好的方法，其合成机制仍需进一步探索。

（2）真菌介导的合成。真菌介导 AgNPs 的合成是一种有效且直接的方法。根据纳米颗粒的合成位置，真菌介导的合成也可以分为细胞内合成和细胞外合成两种方式。与细胞内合成相比，优选利用菌丝进行细胞外合成 AgNPs，此法便于收集和下游加工。由于大量真菌独特的金属生物富集能力、对富金属环境的高耐受性、菌丝快速的生长、多种胞外酶的分泌以及经济实用性，被用于 AgNPs 的生物合成，如尖孢镰刀菌、哈茨木霉菌、波兰青霉菌和枫香拟茎点霉等。一些真菌，如尖孢菌具有潜在的致病性，后续应用中可能存在健康风险。使用真菌提取物通过细胞外方法合成的 AgNPs，可以通过洗涤或沉淀去除不必要的真菌成分以使其纯化。真菌的各种有机成分在 AgNPs 的合成中起着重要作用，如硝酸盐依赖性还原酶、木聚糖酶、萘醌和蒽醌，以及萘醌和蒽醌的奎宁衍生物等参与银前体的还原。此外，真菌分泌的一些蛋白质可以用作配体控制 AgNPs 的形状。碳源和氮源的类型、温度和光源等各种培养条件可能会影响 AgNPs 的特性。总之，真菌介导的 AgNPs 合成是一种方便、有效、低成本和节能的生物方法。但是，应考虑减少 AgNPs 表面的潜在病原体以获得更加安全的产品。

（3）藻类介导的合成。藻类作为最有潜力的沿海可再生生物资源之一，近年来，在纳米材料的生物合成中受到了越来越多的关注。藻类含有多种生物活性有机物质，如碳水化合物、多糖、酶、蛋白质、维生素、色素和次生代谢物等，使其成为 AgNPs 生物合成的理想选择。这些活性有机物质可用作还原剂，以合成尺寸和形状受控的 AgNPs，包括球体、三角形、立方体、棒状、丝状、六边形和五边形等纳米颗粒。各种藻类由于其生长迅速、金属富集能力强和有机物含量丰富的独特特性，可被视为 AgNPs 生物合成的理想候选。目前很多研究已证明，包括蓝藻科、绿藻科、褐藻科、红藻科等许多藻类均可以作为生物原合成 AgNPs。藻类提取物中的生物分子，如氨基酸、蛋白质和硫酸多糖，也可以充当 AgNPs 生物合成中的稳定剂或配体。各种参数包括银前体与藻类提取物的比例、混合物 pH、培养时间和温度等对藻类介导的 AgNPs 的合成十分重要。总之，利用藻类提取物生物合成 AgNPs 是一种简便、可持续和生态友好的方法。

（4）植物介导的合成。近年来，植物提取物介导合成 AgNPs 受到了极大的关注。植物不同部位，包括树皮、果皮、愈伤组织、叶子、花、果实、茎、种子和根茎等的提取物均可用于各种大小和形状的 AgNPs 的生物合成。这些提取物含有有机成分（如酶、醇、黄酮、生物碱、奎宁、油、萜类和酚类化合物等），有不同的官能团（如羟基、羰基和酰胺基等），均有助于将 Ag^+ 还原为 Ag^0。各种植物提取物，包括上述成分和植物衍生物，如淀粉、纤维素、甲壳素、葡聚糖和海藻酸盐，还可以同时充当还原剂和稳定剂。如温度、反应时间、pH、植物提取物和前体的浓度等合成参数影响植物介导合成的 AgNPs 的性能。通过改变这些合成参数，可以获得不同尺寸和形状的 AgNPs。此外，植物的不同部位在 AgNPs 的合成中表现出不同的能力。尽管植物介导的 AgNPs 合成机制还需要进一步探索，但因植物提取物易得、无毒、简单、成本效益高和还原潜力高，利用植物提取物合成 AgNPs 成为一种很有前景的方法。

4.1.2 市场规模和行业分析

2020~2027 年，银纳米颗粒市场规模、份额和行业分析报告、区域应用潜力、竞争市场份额和预测如图 4-2 所示。

（1）产业趋势。银纳米颗粒是胶体金属纳米颗粒，直径可达 100 nm，被广泛应用于工程、生物医学和制造业等行业。2020 年，全球银纳米颗粒市场规模超过 20 亿美元，到 2027

年可能以 14.5% 的复合年增长率增长。为了提高治疗药物的有效性，基于微球和聚合物纳米颗粒的新型药物递送系统的需求不断增加；纳米科学技术的不断增长，对银纳米颗粒独特的生物、光学、热学、电学和化学特性以及高导电性的认识将加速行业增长。由于银纳米颗粒高抗病毒、抗酵母、抗真菌和抗菌特性，越来越多的产品与可食用或不可生物降解的聚合物相结合，应用于活性食品包装。

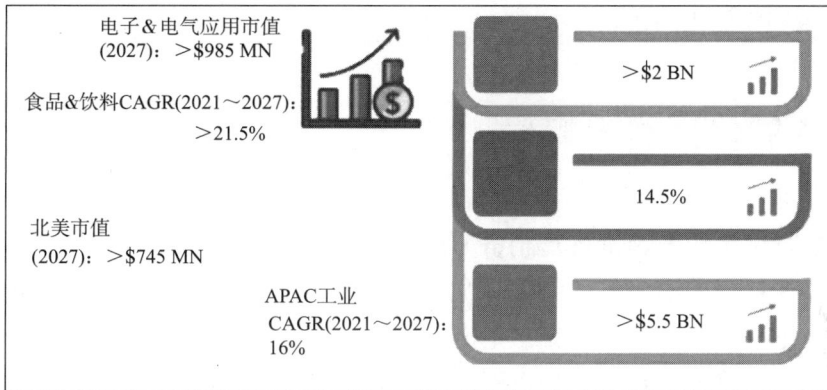

图 4-2　银纳米颗粒市场分析

银纳米粒子由于其高导电性以及能与各种导电聚合物（如聚苯胺、聚噻吩和聚吡咯）混合的能力，越来越多地被应用于电子领域。在有利的政府法规、人们对可穿戴电子设备日益增长的消费需求，以及新冠肺炎病毒大流行后越来越多的居家工作政策等大环境下，将在中短期内推动电子行业中银纳米颗粒市场的扩张。

（2）慢性病发病率的上升刺激了银纳米颗粒的需求。2020 年，在医疗保健和生命科学应用领域中银纳米颗粒的销售额已超过 7.4 亿美元，预计在预测时间段内将以 7.8% 的复合年增长率增长。由于这些产品具有多种生物效应，如伤口修复、增强疫苗免疫原性、骨愈合、抗癌和抗菌作用，以及 2019 年末暴发的新型冠状病毒，促使对银纳米颗粒抗病毒作用的研究日益增多，并表明这些产品具有抑制新冠肺炎病毒感染和传播的能力。

慢性疾病（如肥胖、心脏病和糖尿病）的流行率不断上升，健康保险的普及率不断提高，以及科技进步将刺激医疗保健行业的增长，从而推动银纳米颗粒市场的扩张。全球老年人口的增长，将增加对医疗保健服务的需求。此外由于长期暴露于潜在致癌物环境中、不健康饮食和久坐的生活方式等，导致的癌症发病率不断增加，这也将扩大纳米银作为抗癌药物的应用市场。银纳米颗粒具有强大的诱导凋亡和抗增殖特性，使其成为有效的抗肿瘤药物。

（3）非织造布的需求不断增长，从而推动纺织品市场的增长。到 2027 年，纺织品应用市场将超过 14 亿美元，增长 7.3%。消费者越来越倾向于具有各种功能性的纺织品，如抗菌、抗静电、防紫外线、抗皱和防水等，这将促进纳米银在纺织品中的应用。高性能的纺织品生产将促进纺织行业的发展，并扩大全球纳米银的市场份额。汽车和运输行业的大幅扩张也将显著增加对非织造布的需求。目前，人们的卫生意识不断提高，生活方式不断改善，人口普遍增长，导致人们对卫生产品的需求旺盛，如卫生巾、成人尿失禁产品和婴儿尿布等，进一步推动了非织造布行业的发展。最近的研究表明，银纳米粒子能够赋予织物抗菌性能，而不会对颜色产生不利影响。

不断演变的纺织趋势、不断增加的可支配收入和日益增长的城市化促使对高品质纺织品和纤维的需求不断增长。电子商务产业的增长和蓬勃发展的时尚产业将推动纺织业的增长，这将刺激银纳米颗粒的市场扩张。

4.2 二氧化钛纳米颗粒

4.2.1 二氧化钛纳米颗粒及其制备方法

二氧化钛（TiO_2）具有良好的催化活性、显著的电化学性能、良好的化学稳定性和无毒性等优异性能，已被广泛应用于涂料、化妆品或牙膏中的白色颜料、光催化、催化载体、光伏以及锂离子电池等各种领域。TiO_2 以不同的多晶型存在，如锐钛矿、金红石、褐铁矿和无定形形式，其中锐钛矿 TiO_2 显示出比其他形式更强的光催化活性。本节将介绍几种典型的合成球形 TiO_2 纳米颗粒的方法（图 4-3）。

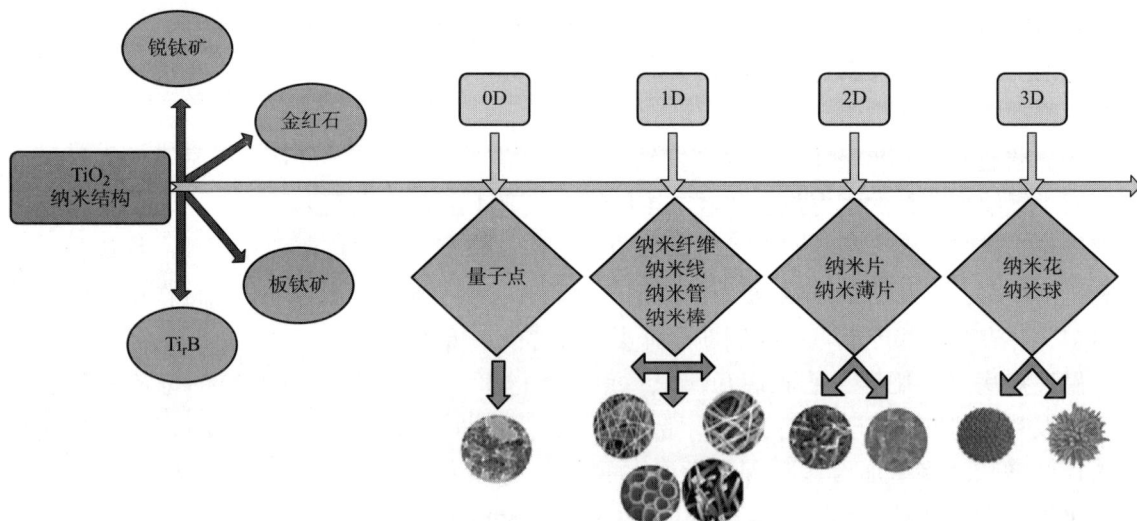

图 4-3 二氧化钛合成方法

4.2.1.1 水热法

通过简单的水热方法，利用钛酸丁酯和二甲酸，通过参数调控纳米颗粒的成长动力学和光散射特性以及一维纳米结构的尺寸限制，可以制备球形或者棒状多级结构 TiO_2 纳米材料。所得 TiO_2 纳米球（TNS）可以用于太阳能电池（SSC）的电极，并显示出高达 10.34% 的功率转化、18.78 mA/cm^2 的光电流密度和 826 mV 的直流电压。与 P25 相比，多级 TNS 的性能显著增强，主要是因为它们具有更大的比表面积、更高的光色散容量、更快速的电子传输和较小的结合速率。

4.2.1.2 溶剂热法

利用正丁醇钛和乙酸基溶剂热反应可以将球形 TiO$_2$ 纳米颗粒转化为椭球形（DTNS）。该 DTNS 的短路电流密度为 17.94 mA/cm^2，填充因子为 0.65，开路电压为 803 mV，光电转换率为 9.35%。与其他结构（如纳米纤维、椭圆体和纳米颗粒）相比，其值分别提高 8.15%、7.93% 和 7.37%。用于染料敏化太阳能电池（DSSC）时，能够显著改善 DSSC 的负载，延长电子寿命，提高电子传输性能等。

溶剂热法和热处理相结合制备 TNS，并用作钠离子电池的阳极。该电极能够提供 208 mAh/g 的优异放电容量，在 50 mA/g 的电流密度下循环 100 次后，仍能够表现出优异的循环效率。该 TNS 的优异性能归因于纳米球具有均匀多孔结构、大的比表面积和大量活性中心，促进了充放电过程中钠离子的渗透和快速扩散。循环伏安法测量表明，该 TNS 具有优异的储存能力和循环能力，并且可以通过假电容行为控制钠储存机制。采用一锅 + 溶剂热法制备具有介孔结构的油酸修饰的新型 TNS，油酸不仅作为配体稳定 TiO$_2$ 与介孔，还拓展了其在可见光区域的光吸收。该新型 TNS 显示出良好的光催化降解效率，180 min 时光催化降解效率为 93%，6 min 时光催化降解效率为 58.5%。

4.2.1.3 电弧法

使用 60 A 的自放电电流可以制备直径约 50 nm、具有多级结构的球形 TiO$_2$ 纳米颗粒。由于电弧放电过程中氧气浓度的变化，制备的 TiO$_2$ 结构由金红石型和锐钛矿型组成。利用氟硼酸（HBF$_4$）和 TiOSO$_4$，通过电弧法与水热法结合可以制备具有 85% 反应性的 {001} 面 TiO$_2$ 空心球。通过改变反应物的浓度，可以控制壳和球的形态。HBF$_4$ 在形成和自组装 TiO$_2$ 纳米片以及构建中空结构方面起着重要作用。这些结构的形成遵循自模板和溶解—再结晶规律。中空结构与纳米片的结合赋予了材料良好的性能，如独特的中空结构，比表面积增加，以及具有大量反应性 {001} 面。

4.2.1.4 限域界面单胶束组装法

使用一种简便的限域界面单胶束组装法可以合成具有中空结构的 TNS。通过改变表面活性剂和水的量，可以在 50~250 nm 的范围内精确调节单分散 TNS 的直径。多级纳米球中，小尺寸纳米 TiO$_2$ 晶体组装起来产生大量有序连接的介孔。约 50 nm 直径的介孔 TNS，比表面积为 1600 m^2/g，孔尺寸为 4~30 nm。当用于锂离子电池时，该 TNS 具有较高的充电/放电能力，显示出良好的循环稳定性，即使在 500 次循环后，充电容量仍保持在 156 mAh/g，无显著下降。

4.2.1.5 模板法

通过简单的化学方法，利用 10 nmTiO$_2$ 纳米晶材料模板可以制备直径 230 nm 且具有丰富介孔结构的 TNS。介孔 TNS 中小尺寸 TiO$_2$ 纳米晶体和大的比表面积（153 m^2/g）改善了颗粒生长反应动力学，从而显著提高了其储锂能力。1C 下的平均放电容量超过 219.2 mAh/g，稳定充放电超过 100 次循环，证明了该 TNS 在锂离子电池应用中具有较高的价值。通过简单的水热法，还可以合成掺有锌和锶的介孔 TiO_2 纳米颗粒，该颗粒表面具有单分散和互连结构的纳米球。被用作 SSC 阳极时，SSC 系统效率约为 4.6%，短路光电流密度为 8.63 mA/cm。当锌、锶共掺杂的介孔 TNS 集成到 SSC 中时，实现了 0.72 V 的无环流电压。与 250 nm TiO_2 纳米颗粒（2.9%）相比，SSC 器件性能得到显著提升。

4.2.1.6 激光催化法

通过激光热解（LP）、湿法浸渍和还原方法可以制备贵金属掺杂的球形 TiO_2 纳米颗粒，如 TiO_2/Pt、TiO_2/Au 和 TiO_2/Ag 等。在紫外和可见光范围内对所制备的纳米复合材料的光转化性能进行研究，结果表明，含贵金属掺杂催化剂的纳米复合物具有较高的光电梯度，紫外线和可见光速率常数分别为 28.74×10^{-3} min^{-1} 和 16.78×10^{-3} min^{-1}。

4.2.1.7 奥斯特瓦尔德成熟法

奥斯特瓦尔德熟化（或奥氏熟化 Ostwald Ripening）是一种可在固溶体或液溶胶中观察到的现象，其描述了一种非均匀结构随时间流逝所发生的变化：溶质中较小型的结晶或溶胶颗粒溶解并再次沉积到较大型的结晶或溶胶颗粒上。奥斯特瓦尔德成熟法是近年来最常用的制备空心纳米结构的方法。通过参数调节，可以形成高度有序的微晶和中空结构 TNS。使用 TiF_4 和 SnF_4 作为前体，采用奥斯特瓦尔德成熟法制备锡掺杂 TNS。使用草酸作为螯合剂，通过奥斯特瓦尔德熟化工艺制备另一种具有锐钛矿—布鲁克石两相的 TNS。所制备的 TNS 在降解苯酚方面表现出优异的光催化活性。表 4-1 列举了一些球形 TiO_2 纳米颗粒的制备方法及应用。

表 4-1 球形 TiO_2 纳米颗粒的制备方法及应用

序号	前体	反应条件	合成方法	晶型	应用
1	TiO_2 微球	NaOH，150℃，24 h	碱性水热法	锐钛矿	光催化
2	异丙氧基钛	盐酸、溴化十六烷基三甲铵、乙二醇和尿素	水热法	金红石	能量储存、能量转换
3	四正丁氧基钛	醋酸，140℃，3~12 h，葡糖糖水溶液、$TiOSO_4$，180℃，7 h	酸热法	锐钛矿	染料敏感电池
4	原硅酸四乙酯	醋酸，120~180℃，1~24 h	溶剂热法	锐钛矿	染料敏感电池
5	钛棒	石墨片，180 s，60 A，20 V	电弧法	锐钛矿/金红石	
6	原硅酸四乙酯	氨、羟丙基纤维素、乙醇、钛酸四丁酯、乙醇，85℃，6 h	模板法	锐钛矿	光催化
7	$TiOSO_4$	HBF_4，180℃，24 h	水热法	锐钛矿	光催化
8	正十二胺	PluronicF127、乙醇、四丁基锡酸盐，60℃，1 h	限域界面单胶束组装法	锐钛矿	锂存储
9	钛酸四丁酯	水、乙醇和亚硝酸盐，180℃，12 h	溶剂热法	锐钛矿	锂离子电池

序号	前体	反应条件	合成方法	晶型	应用
10	钛酸四丁酯	油酸、乙醇、四丁基锡酸盐，150℃，12 h	溶剂热法	锐钛矿	光催化降解
11	四异丙基钛	无水乙醇、硝酸钾溶液，180℃，0.5 h、1.5 h、3 h、5 h	水热法	锐钛矿	光催化氧化
12	异丙醇钛	HAD、氨，160℃，16 h	化学法	锐钛矿	锂存储
13	异丙醇钛酸盐	十六胺、氯化钾、锌、锶，500℃，2 h	水热法	锐钛矿	染料敏感电池
14	异丙醇钛酸盐	HATNs - 二乙烯三胺、2 - 丙醇，200℃，24 h	溶剂热法	锐钛矿	苯加氢速率
15	异丙醇钛酸盐	SiO@ C、PVP、N-SiO，180℃，12 h	水热法	锐钛矿	锂离子电池
16	钛纳米颗粒	$AgNO_3$、$KAuCl_4$、$H_2PtCl_6 \cdot 6H_2O$、$NaBH_4$，450℃，3 h	激光催化法	锐钛矿	光催化

4.2.2　市场规模和行业分析

2020~2026 年，二氧化钛（TiO_2）市场规模、份额和行业分析报告、增长潜力、市场份额和预测如图 4-4 所示。2019 年，全球 TiO_2 市场规模估值超过 170 亿美元，预计 2020~2026 年将以超过 7.5% 的复合年增长率增长。

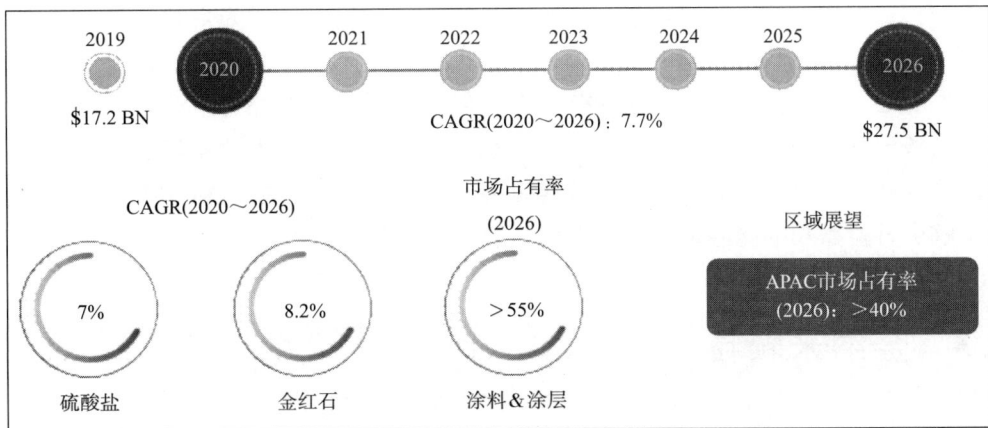

图 4-4　TiO_2 市场分析

（1）繁荣的涂料行业将持续推动 TiO_2 市场增长。该产品广泛用于生产建筑涂料、墙纸涂料、散热器涂料、塑料涂料等。不断扩大的全球涂料和涂料产业可能会在预测期内推动 TiO_2 的市场需求。建筑行业和不断增长的汽车行业将是涂料行业增长的关键因素，这将在未来几

年进一步提高对 TiO_2 的需求。2017 年，美国的油漆和涂料产量超过 50 亿升，预计未来几年将大幅增长。全球越累越多的汽车数量可能会增加油漆和涂料的使用量。另一个促进增长的关键因素是全世界各个终端行业的自清洁技术的持续发展。该产品的一些潜在应用还包括自清洁织物、医院感染的抗菌涂料、自清洁混凝土、聚碳酸酯基材、自清洁涂料等。

制约 TiO_2 市场的关键因素是其价格波动，这可能在预测期内对行业增长构成一定的影响。由于供需关系的巨大波动，该产品的价格波动很大，这将进一步影响未来几年 TiO_2 市场的发展。

（2）金红石型 TiO_2 的优异性能将大大提高市场增长速率。与锐钛矿型 TiO_2 相比，金红石型 TiO_2 具有许多更加优异的性能，其市场份额在预测期内可能以 8.2% 的复合年增长率增长。该晶型具有较高的遮盖力和耐久性，可用于高级户外涂料、乳胶涂料、高级纸涂料等。

（3）中国塑料行业的蓬勃发展将刺激亚太地区对 TiO_2 的需求。未来几年，亚太地区将占整个市场 40% 以上的市场份额。这背后的关键原因是中国塑料、油漆和涂料生产的增长。2016 年，中国占全球塑料产量的 30% 左右，未来几年可能会继续增加其份额。

（4）产能扩张和战略协议收购将成为行业参与者的主要发展策略。TiO_2 行业的主要领跑者包括科慕化学（Chemours Company）、享斯迈（Venator Material Plc）、康诺斯（Kronos）、龙伯集团（Lomon Billions）和特诺（Tronox Holding Plc）。这些行业领跑者中大多数采用战略收购和与客户签订长期承购协议的方式，在世界各地建立生产基地并扩大产能。例如，龙伯集团收购了中国云南冶金新力钛业有限公司，目的是提高其钛渣、海绵和 TiO_2 的生产能力。同样，康诺斯（Kronos）已与德国布伦泰格（Brenntag）签订分销协议，在欧洲市场销售其 TiO_2。

TiO_2 基纳米材料已广泛应用于光伏和光催化领域，并在传感、电化学、制氢等其他领域中继续发挥积极作用。这些材料面临的主要挑战之一是如何降低其光催化活性，从而最大限度地利用太阳能。因此，用合适的材料掺杂开发新型复合材料或新型结构 TiO_2 基纳米材料有望在未来发展起来，并有望解决上述问题。许多创新和低成本的综合策略预计将在未来几年被设计和制备出来。制备低成本材料，具有高稳定性、简单和成本效益好的合成策略，不仅对自然环境友好，还可以大大提高光电转换效率。开发这种光转换材料并将其商业化将在一定程度上解决日益增长的能源需求和当今面临的环境问题。

4.3 金纳米颗粒

4.3.1 金纳米颗粒及其制备方法

近年来，纳米医学领域出现了前所未有的扩张现象，包括开发用于诊断和治疗多种疾病，尤其是治疗癌症的新型纳米颗粒。纳米颗粒在细胞和分子水平上检测、成像和治疗潜在疾病等方面具有独特优势。金纳米颗粒具有许多独特的物理和化学性质，如惰性、生物相容性、低细胞毒性、体内抗氧化和降解稳定性以及与生物分子的结合性；不同表面化学的修饰使其具有高稳定性、高载体容量、结合亲水性和疏水性物质的能力，以及适合于不同给药途径；由于纳米尺寸效应，金纳米颗粒可以穿透渗漏的肿瘤血管且具有良好的肿瘤细胞、组织保留能力。总之较其他纳米颗粒，金纳米颗粒在医学生物学领域具有显著优势。

4.3.1.1　柠檬酸盐还原法

Turkevich 于 1951 年提出了经典的柠檬酸盐还原法制备金纳米颗粒（AuNPs）。影响纳米颗粒尺寸和稳定性的主要参数为 $HAuCl_4$/柠檬酸钠比、pH 和温度等。Polte 认为，颗粒成熟需要经历以下四步（图 4-5）：第一步，高还原速率下形成 1~2 nm 直径的团簇；第二步，还原继续以较低的速率进行，两个或多个液滴、气泡或颗粒在接触过程中合并形成一个液滴、气泡或颗粒，使颗粒数量减少，当颗粒尺寸达到平均直径约 2.5 nm 时，颗粒数量保持不变，但颗粒尺寸继续增长，考虑到多分散性，该颗粒的直径约为 1.5 nm，随后 AuNPs 由于金原子在溶液中的扩散而生长；第三步，扩散生长压缩了颗粒尺寸并进一步降低了多分散性，当颗粒直径达到 4~5 nm 时，生长速率急剧增加，剩余 70%~80% 的金盐迅速减少；第四步，颗粒尺寸增大到最终直径。溶液呈胶体状红宝石色代表溶液中没有任何未反应的金离子。

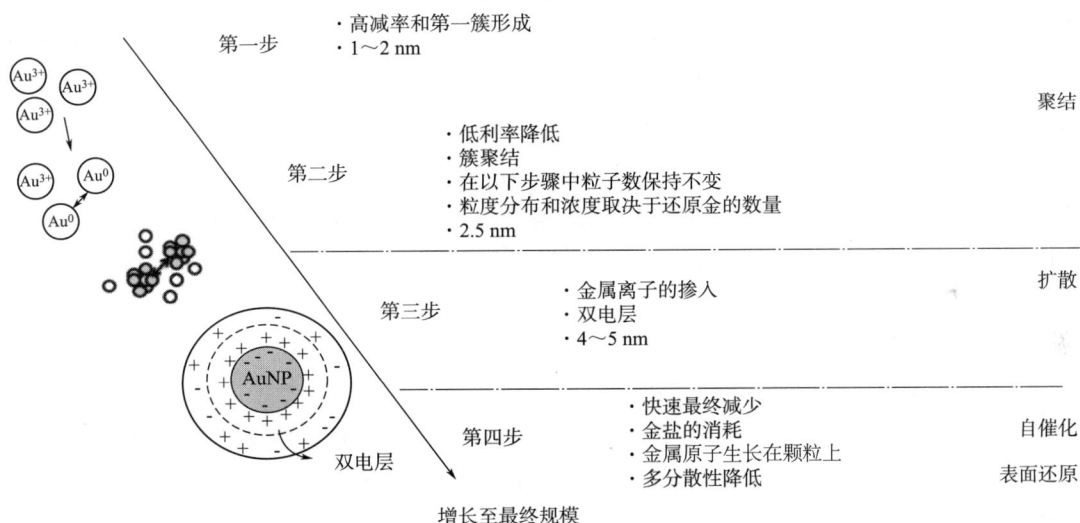

图 4-5　金纳米颗粒成核、生长示意图

4.3.1.2　硼氢化钠还原法

在 Turkevich 方法中加入 $NaBH_4$ 可以减少加热工艺环节，简化合成过程。Kalimuthu 等向 38.8 mM 柠檬酸钠反应体系中加入 1.00 mL 新鲜配制的 0.075% $NaBH_4$，继续避光搅拌 5 min，所得 AuNPs 的直径为 13 nm。Kesik 等为了获得 3.5 nm 的球形 AuNPs。首先，将超纯水、$HAuCl_4$ 和柠檬酸钠均匀混合；随后，加入新制备的冰冷 $NaBH_4$ 溶液，直到观察到溶液呈粉红色；将溶液在室温下继续搅拌 3 h，即可获得直径为 3.5 nm 的球形 AuNPs。

4.3.1.3　Brust-Schiffrin 合成法

Brust-Schiffrin 法是合成可溶于有机溶剂的球形 AuNPs 的最著名方法之一。由于硫醇配体对金表面具有高亲和力，从而限制了纳米颗粒的生长，可以制备小尺寸纳米颗粒（直径< 10 nm）。将 $HAuCl_4$ 水溶液与四辛基溴化铵（TOAB）的甲苯溶液混合；大力搅拌两相混合物，直到所有四氯乙酸盐转移到有机层中，然后将十二烷硫醇添加到有机相中；在剧烈搅拌下缓慢加入新制备的硼氢化钠水溶液；进一步搅拌 3 h 后，分离有机相，在旋转蒸发器中蒸发浓缩，并与乙醇混合以除去硫醇；将混合物在 18℃ 下保持 4 h，滤出暗棕色沉淀物并用乙醇洗涤；将粗产物溶于甲苯中，并再次用乙醇沉淀，即可得到直径为 2.5 nm 的 AuNPs。

4.3.1.4　种子生长法

在种子生长法中，第一阶段，还原剂将金前体还原成 Au^0 纳米晶；第二阶段，使用聚合物分子（通常是阳离子表面活性剂）诱导这些种子生长为金纳米棒，这些聚合物分子优先吸附在高表面能的特定晶体面上。Jana 等详细描述了如何利用种子生长法制备 AuNPs。首先，在锥形烧瓶中将 $HAuCl_4$ 和柠檬酸三钠的水溶液混合；其次，搅拌的同时向溶液中加入预冰的新制备的 $NaBH_4$ 溶液，溶液立即变为粉红色，表明颗粒形成；2~5 h 后，将该溶液中的颗粒用作种子；再次，向 $HAuCl_4$ 溶液中加入固体十六烷基三甲基溴化铵（CTAB），并加热混合物直至溶液变为透明橙色，然后将溶液冷却至室温并用作储备生长溶液；最后，将生长溶液与新鲜制备的抗坏血酸溶液混合，在搅拌的同时加入种子溶液，在溶液变为酒红色后继续搅拌 10 min。以这种方式制备的颗粒为球形，直径为 5.5 nm。

4.3.1.5　抗坏血酸合成法

抗坏血酸（维生素 C，VC）因其抗氧化作用而闻名于世，其环境友好，具有可降解性、生物相容性、低毒性和高水溶性。Firdhouse 等将 $HAuCl_4$ 加入十六烷基三甲基溴化铵（CTAB）和抗坏血酸混合溶液中；然后在 37℃ 下孵育 5 h，将合成的金纳米颗粒以 10000 r/min 的速率离心 15 min，用蒸馏水洗涤三次，得到立方型纳米颗粒，尺寸为 15 nm。Bocaet 等用抗坏血酸还原金盐，用壳聚糖聚合物包覆和稳定颗粒合成了壳聚糖包覆的 AuNPs。首先，在室温下搅拌 $HAuCl_4$ 溶液 5 min；然后加入新制备的抗坏血酸溶液，混合物迅速变为无色，然后变为深蓝色，最后变为粉红色，形成 18 nm 的颗粒；最后加入壳聚糖，继续搅拌 15 min，得到壳聚糖包覆的 AuNPs。

4.3.1.6　绿色合成法

很多文献报道使用植物提取物可以合成金纳米颗粒。不同植物中的氨基酸、酶、黄酮、醛、酮、胺、羧酸、酚、蛋白质和生物碱等可以提供电能，将金盐还原为金纳米颗粒。最终构型取决于植物提取物的浓度、金属盐、反应混合物的 pH、温度和培养时间。Armendariz 等使用燕麦生物质生产 AuNPs。调节新鲜制备的 $KAuCl_4$ 溶液的 pH，转移到含有燕麦生物质的试管中；然后搅拌 1 h，离心分离得到 AuNPs。pH 是影响颗粒大小的重要因素，当 pH 为 3~4 时颗粒直径为 5~29 nm，当 pH 为 2 时颗粒直径为 25~85 nm。

4.3.2　金纳米颗粒表面功能化

有机涂层不仅可以提高 NPs 在溶液中的稳定性，还可以决定这些 NPs 的生物应用。与巯基的高反应性是金原子的最大优点之一，可以使用任何含有巯基的配体稳定 AuNPs。配体交换是稳定金纳米颗粒最常见的方法，通过配体交换，原始表面活性剂被新表面活性剂取代。配体交换不仅可以将油溶性 AuNPs 转换为水溶性 AuNPs，还可以取代有毒表面活性剂配体（如 CTAB）。

通常，聚乙二醇（PEG）修饰的 AuNPs 在生物介质中稳定性高，在体内保留时间长，是金纳米粒子使用最广泛的稳定剂。如今，许多公司可以提供含多种功能侧链的 PEG。使用双功能 PEG 化学修饰 AuNPs，不仅可以提供电荷稳定的 NPs，还可以提供附着分子（如染料、碳水化合物、抗体、肽等）结合位点。其他配体，如二氢硫辛酸、蛋白质（如牛血清白蛋白）或聚合物（聚电解质、PVP 或两亲性聚合物）也可以用于 AuNPs 的稳定和功能化。

使用两亲性聚合物稳定金纳米颗粒可以将 AuNPs 由有机相转移到水相。该技术的优点有很多：修饰后 AuNPs 在高盐浓度和/或蛋白质介质中的稳定性高；涂覆有相同聚合物的 NPs 具有相同的表面化学性质；这些聚合物可以与多种亲水分子反应，用于与分子识别相关的进一步修饰。

4.3.3　市场规模和行业分析

2022~2027 年，金纳米颗粒市场规模、行业分析报告、区域展望、价格趋势和竞争市场份额预测如图 4-6 所示。

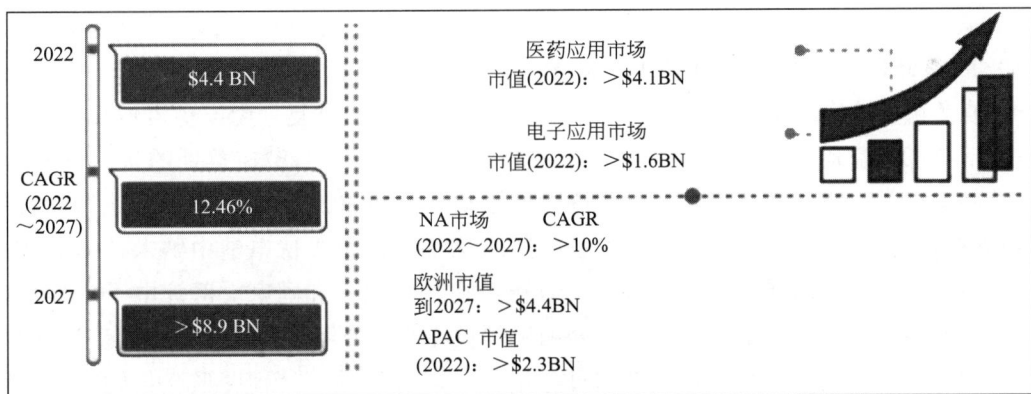

图 4-6　金纳米颗粒市场分析

（1）产业趋势。2022 年，金纳米颗粒的市场规模超过 4.4 亿美元，预计到 2027 年，其消费量将超过 12.46%。随着人均收入的增长，医疗保健和化妆品等产品需求不断增加，将刺激金纳米颗粒市场的不断增长。金纳米颗粒广泛用于电子产品，如电子芯片、可印刷油墨和晶体管等。由于电子器件小型化趋势的不断上升，金纳米颗粒在芯片设计中的应用日益广泛。2026 年，欧洲消费电子产品市场超过 1700 亿美元，人们对最新技术的渴望带动对创新产品的需求，因此对高性能消费电子产品的需求不断增长。

预计到 2027 年，全球金纳米颗粒的消费量将超过 40 吨。这些颗粒在环境温度下具有较高的活性，在氧化还原反应、碳—碳耦合和有机反应中用作催化剂。当被用作掺杂贵金属催化剂时，它们可以明显改善基材的活性，这都会刺激市场的增长。

帕金森氏症、阿尔茨海默症、心血管疾病、神经病变和骨质疏松症等各种疾病的日益流行，正在改变消费者对创新型医药产品的观点。金纳米颗粒可以通过抗氧化作用改善伤口愈合速率，促进真皮成纤维细胞的增殖，从而恢复表皮组织。此外，金纳米颗粒可以保持 β-淀粉样蛋白原纤维结构，可防止智力衰退，有助于阿尔茨海默症的治疗，这可能会刺激产品需求。

金纳米颗粒对人体的细胞毒性、致突变性或遗传毒性可能会阻碍其市场增长。这些纳米颗粒毒理学效应与其高比表面积相关。制造商正试图通过开发新的制备方法来克服这一问题，以减少副作用的影响。此外，制造商正试图通过开发新的纯化和涂覆（表面修饰）技术来降低负面影响，这可能会对市场增长产生积极影响。

（2）金纳米颗粒市场分析。2022 年，金纳米颗粒医学应用价值超过 8.9 亿美元。各种金纳米颗粒被用作光热敏化剂和放射敏化剂。功能化纳米颗粒可通过电离和非电离辐射，在不影响健康组织的情况下提高癌症治疗的有效性。金纳米颗粒还广泛用于抗菌产品、光动力疗法、催化剂、纳米线、生物标志物检测、癌症和心脏病诊断等，这可能会加快市场份额增长。2022 年，信息电子应用领域的金纳米颗粒市场份额超过 2.8 亿美元。消费者对紧凑型和超薄电子产品的偏好增加，可能会增大高质量分辨率屏幕对纳米颗粒的需求。全球倾向于使用高处理能力的紧凑型电子设备，如电子手表、手机和平板计算机，这刺激了对纳米颗粒的需求。

（3）区域分析。在美国的推动下，截至 2022 年，北美金纳米颗粒市场份额增长超过 20%。金纳米颗粒被广泛应用于牙科手术，如牙齿填充和牙冠修复。由于免疫性疾病、过敏、癌症和关节炎的日益流行，消费者对金纳米颗粒在医疗应用中的潜在益处的认识不断提高，这可能会刺激产品需求。在德国、英国和法国的推动下，到 2028 年，欧洲对金纳米颗粒的需求可能超过 8.9 亿美元。快速紧凑存储设备的需求增加，以及光伏电池中纳米技术的使用增加，也可能会增加金纳米颗粒的市场份额。消费者观念的改变和国家对医疗电子产品功效的严格监管可能会促进产品需求。消费者对金纳米颗粒在改善能源方面潜在益处的认识的提高，电子产品的效率和对高质量小工具需求的日益增长，以及增强的处理图形质量的能力，可能会刺激对金纳米颗粒产品的需求。2022 年，以中国、印度和日本为首的亚太地区的金纳米颗粒市场份额超过 3.95 亿美元，并可能在可预见的时间内实现最高增长。不断增长的化学工业和严格的环境可持续性法规可能会刺激金纳米颗粒市场份额的增长。

4.4 铜纳米颗粒

铜纳米颗粒（CuNPs）因其易得性、低成本以及与贵金属相似的性质而备受关注。

CuNPs 可用于传感器、传热系统和电子设备（燃料电池和太阳能电池），还作为许多反应的催化剂以及用于医疗设备涂层的杀菌剂和抗菌剂。

　　许多物理和化学方法，包括激光烧蚀、微波辅助工艺、溶胶—凝胶共沉积、脉冲线放电、真空气相沉积、高能辐照、光刻、机械研磨、光化学还原、电化学、电喷雾合成、水热反应、微乳液和化学还原等可以用于合成 CuNPs（图 4-7）。虽然物理和化学方法可以合成纯 CuNPs，但由于这些方法使用了有毒化学品，故既不经济也不环保。纳米技术最重要的标准之一是开发环保、无毒和清洁的绿色化学工艺。基于绿色化学的方法可以生物合成 CuNPs，该方法使用不同的生物体，如植物、放线菌、真菌、细菌、酵母和病毒。生物实体提供了一种无毒、清洁和环境友好的方法来合成尺寸、物理化学性质、形状和组成范围广泛的 NPs。

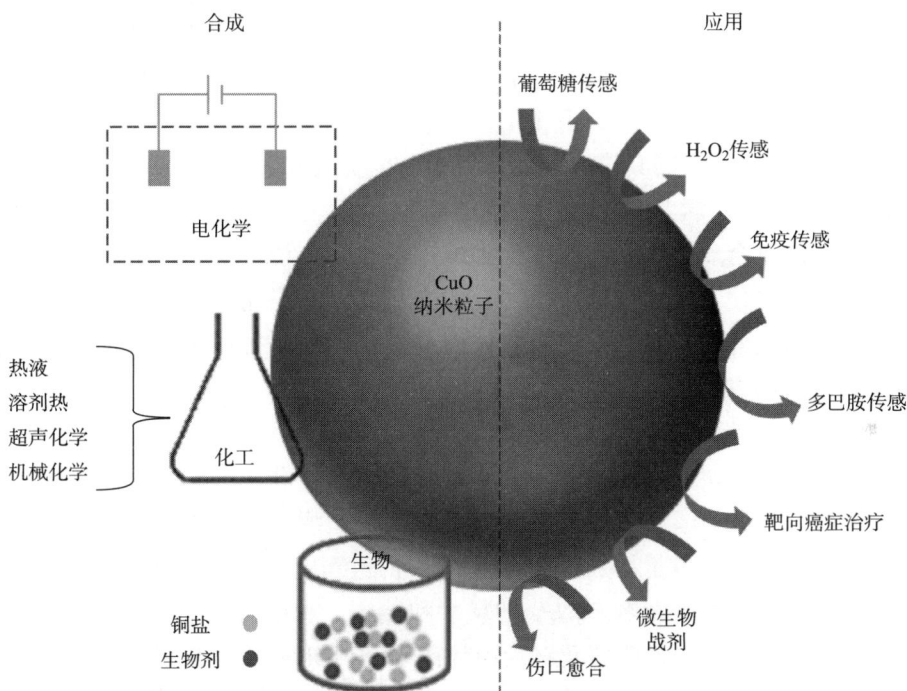

图 4-7　氧化铜纳米材料合成和应用示意图

4.4.1　铜纳米颗粒及其制备方法

4.4.1.1　电化学方法

电化学技术可以用来制备多种形态的纳米颗粒，包括纳米盘、纳米棒、纳米片、纳米球、纳米带、纳米晶须和纳米树状晶体。电化学合成氧化铜纳米颗粒（CuO NPs）的理想过程是：铜材料（如铜板或铜箔）在碱性溶液中溶解形成氢氧化铜，在温度条件改变下氢氧化铜分解为 CuO NPs。电解质浓度、沉积电位、沉积时间、反应温度和添加剂等不同参数对纳米颗粒的形貌和产率起着关键作用。Mancier 团队报道了一种超声增强电化学方法来制备氧化铜纳米粉末的方法，超声机械能导致液体空化，增强特定的化学反应，以提高 CuO NPs 产率。

4.4.1.2　化学方法

化学方法是用于合成金属纳米颗粒最广泛的方法。已经报道了许多用于 CuO NPs 的化学方法，包括水热法、溶剂热法、声化学法、机械力化学法、反向微乳液法和其他一些方法。合成氧化铜微粒最常用的方法是通过有机和无机还原剂对铜盐进行化学还原。在典型的反应中，用还原剂还原盐前体，然后洗涤和煅烧所得沉淀物，以获得具有不同形貌的纳米结构。已经报道用于合成 CuO 纳米颗粒的铜盐前体有硫酸铜、硝酸铜、乙酸铜和氯化铜。前体离子及其浓度是影响 CuO 纳米颗粒形态的关键因素。

利用乙酸铜和硝酸铜作为前体盐可以合成平均尺寸为 60 nm 和 32 nm 的纺锤形 CuO NPs；利用硫酸铜和硝酸铜盐可以获得立方体和球形 CuO NPs。此外，前体的浓度和配体剂的选择也会影响 CuO NPs 的形态，颗粒尺寸会随盐浓度升高而增加，而通过替换配体分子（抗坏血酸、己二酸、富马酸和琥珀酸）可以获得不同的形状（纳米立方体、纳米棒、纳米线和纳米带）。目前微波辅助化学方法因其快速、高效的特点也受到越来越多的关注。

4.4.1.3　生物方法

虽然电化学方法是合成金属和金属氧化物纳米颗粒最传统和最广泛的方法，但该方法非常昂贵，并且涉及含氢化学品的使用。生物合成方法是一种安全、快速、简便、环保的纳米颗粒合成方法，无须任何复杂设备、受控环境和有毒化学品，被认为是替代物理和化学方法的一种非常具有潜力的方法。

（1）反应参数对纳米颗粒性能的影响。

①植物提取物的浓度对 CuNPs 合成效率和稳定性起主要作用。据报道，增加植物提取物的浓度，可以提高颗粒数量。植物提取物的浓度增加，植物化学物质的浓度增加，铜盐的还原量也增加，最终纳米颗粒数量增加。金属盐的还原速度快，纳米颗粒的尺寸减小。

②前体铜盐的种类和浓度影响 CuNPs 的尺寸和结构。利用氯化铜、醋酸铜、硝酸铜或硫酸铜作为前体盐制备 CuNPs，发现氯化铜为前体的 CuNPs 形状为三角形和四面体，醋酸铜为前体的 CuNPs 形状为棒状，硫酸铜为前体的 CuNPs 形状为球形。增加前体盐的浓度，CuNPs 的尺寸也增加。

③反应混合物的 pH 影响 CuNPs 的大小。与在低 pH 下反应获得的纳米颗粒相比，在较高 pH 下获得的纳米颗粒较小。这是由于不同 pH 下，植物提取物对金属盐还原速率的差异。pH 与纳米颗粒大小和形状之间的反比关系表明，增大 pH 能够获得小尺寸的球形纳米颗粒，而降低 pH 会产生大尺寸（棒状和三角形）的纳米颗粒。据报道，向 $CuCl_2$ 溶液中添加植物提取物无 CuNPs 形成，而将反应混合物的 pH 调节为碱性后可以得到 CuNPs。所以 pH 在 CuNPs 的合成中起着重要作用。

（2）生物质还原和稳定金属 NPs。植物不仅可以作为还原剂还可以充当稳定剂，因此不需要外加任何稳定剂。除了诱导金属前体还原外，这些植物化学物质还吸附在合成纳米颗粒的表面，增强其稳定性和表面反应动力学，防止纳米颗粒的团聚和变形。已经报道了多种植物提取物用于 CuO 纳米颗粒的生物合成，包括太阳草、芦荟、山茶花、大叶黄花、胡椒、大叶白桦、木瓜、芦荟、柽柳、巨绿茶花、蛇纹草、百里香和可可豆种子等。

生物合成纳米颗粒的唯一机制是植物提取物中存在的一种或多种还原剂可以还原前体盐。植物提取物的化学成分包括酚类化合物、黄酮类化合物、生物碱、萜类化合物、醌类化合物和叶绿素等，具有还原金属离子的能力。很难准确地指出还原过程中涉及的特定成分，这可能是一种联合作用。

除植物外，还发现了细菌、酵母、真菌和放线菌等微生物可以在细胞外或细胞内产生纳米颗粒。据报道，毛腐菌（一种白腐真菌），可以绿色合成尺寸范围为 5~20 nm 的 CuO 纳米颗粒。三种真菌（金黄色青霉、柠檬青霉和瓦克斯马尼青霉）可以细胞外合成单分散的 CuO 纳米颗粒。

尽管所有这些用于 CuNPs 合成的绿色方法都有其自身的优势和局限性，但与微生物提取物相比，使用植物提取物作为还原剂更为有利，可以快速生产纳米颗粒。

4.4.2　市场规模和行业分析

2016~2024 年，行业分析报告、区域展望、增长潜能、价格趋势、竞争市场份额和预测如图 4-8 所示。

（1）产业趋势。氧化铜市场在 2015 年创造了超过 2.3 亿美元的收入，预计 2016~2024 年复合年增长率将超过 4%。全球人口从 2010 年的约 68.9 亿增加到 2015 年的约 70 亿，而全球可耕地面积从 2010 年的 13.7 亿公顷扩大到 2014 年的 14.2 亿公顷，这意味着全球人口增长了 4.9%，而同期全球可耕地的增长率为 3.4%，耕地不足给农民增加产量带来了巨大压力。通过使用农药（如杀菌剂），可大幅提高产量。因此，预计氧化铜的市场规模将迅速扩大。

由于消费者饮食习惯的改善和对健康食品意识的提高，水果和蔬菜因其富含维生素和矿物质基本营养素，其需求和产量稳步增长。此外，2015 年全球食品和蔬菜产量约为 20 亿吨，预计到 2024 年将超过 23.5 亿吨。全球生产的杀菌剂中有 1/3 以上用于水果和蔬菜，在预测的时间范围内将持续推动氧化铜市场份额的增长。氧化铜过量使用导致表层土壤中铜的积累，同时对周围环境产生不利影响。这可能会对氧铜市场造成负面影响。杜邦生产的 Kocide Blue Xtra 含有用于疾病控制的生物可利用铜比氧化铜更受欢迎，将成为氧化铜产品的替代品。行业领跑者和政府机构正在采取各种措施提高农民的安全意识，这将为氧化铜市场创造新的增长途径。

（2）按区域划分市场。北美地区，尤其是以美国为主导的地区，2015 年氧化铜市场规模超过 5500 万美元。北美粮食需求的增加将促进农作物生产中农药的使用，最终将增加氧化铜的市场销售额。预计到 2024 年，亚太地区的复合年增长率将超过 4%。该地区的增长主要是由消费者饮食习惯的改善推动的，同时快速的工业化（主要在中国和印度）使可耕地迅速减少，这导致水果和蔬菜需求不断上升。

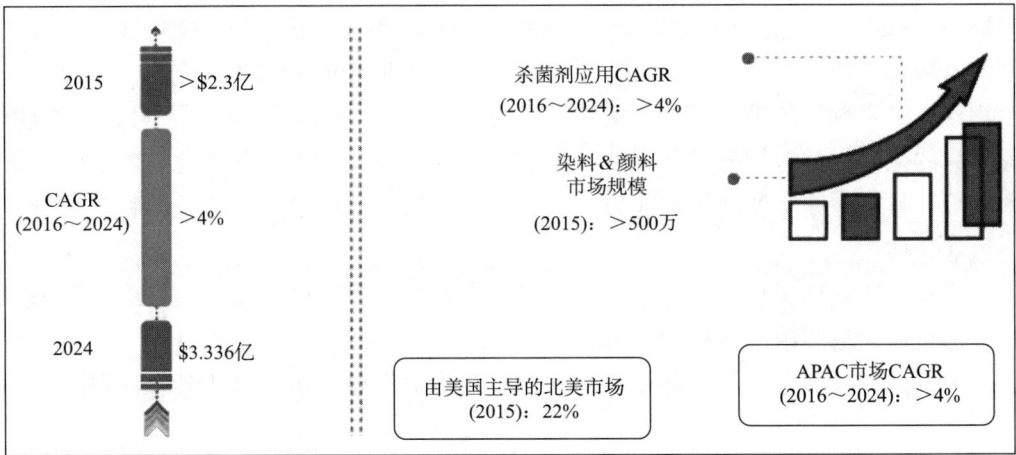

图 4-8　氧化铜市场分析

参考文献

［1］陈敬中. 纳米材料导论［M］. 北京：高等教育出版社，2006.

［2］曹茂盛. 纳米材料导论［M］. 哈尔滨：哈尔滨工业大学出版社，2001.

［3］李倩. 纳米二氧化钛颗粒的制备和性能研究［D］. 曲阜：曲阜师范大学，2014.

［4］朱屹豪. 银/铜纳米颗粒的制备及其在污染物电化学检测上的应用［D］. 南京：南京信息工程大学，2022.

［5］王刚. 植物提取物制备铜纳米颗粒及其在催化方面的应用［D］. 扬州：扬州大学，2021.

［6］RAI M, BIRLA S, INGLE A P, et al. Nanosilver：An inorganic nanoparticle with myriad potential applications［J］. Nanotechnology Reviews, 2014, 3（3）：281-309.

［7］BURDA C, CHEN X, NARAYANAN R, et al. Chemistry and properties of nanocrystals of different shapes［J］. Chemical Reviews, 2005, 105（4）：1025-1102.

［8］AMENDOLA V, POLIZZI S, MENEGHETTI M. Free silver nanoparticles synthesized by laser ablation in organic solvents and their easy functionalization［J］. Langmuir, 2007, 23（12）：6766-6770.

［9］PAL A, SHAH S, DEVI S. Preparation of silver, gold and silver-gold bimetallic nanoparticles in w/o microemulsion containing TritonX-100［J］. Colloids and Surfaces A：Physicochemical and Engineering Aspects, 2007, 302（1-3）：483-487.

［10］MOHAMED SAEED G, RADIMAN S, GASAYMEH S S, et al. Mild hydrothermal synthesis of Ni-Cu nanoparticles［J］. Journal of Nanomaterials, 2010, 2010：184137.

［11］REGHUNATH S, PINHEIRO D, KR S D. A review of hierarchical nanostructures of TiO_2：Advances and applications［J］. Applied Surface Science Advances, 2021, 3：100063.

［12］ZHENG Z, HUANG B, QIN X, et al. Strategic synthesis of hierarchical TiO_2 microspheres with enhanced photocatalytic activity［J］. Chemistry-A European Journal, 2010, 16（37）：11266-11270.

[13] SUN Z, KIM J H, ZHAO Y, et al. Rational design of 3D dendritic TiO$_2$ nanostructures with favorable architectures [J]. Journal of the American Chemical Society, 2011, 133 (48): 19314-19317.

[14] LIAO J Y, HE J W, XU H, et al. Effect of TiO$_2$ morphology on photovoltaic performance of dye-sensitized solar cells: Nanoparticles, nanofibers, hierarchical spheres and ellipsoid spheres [J]. Journal of Materials Chemistry, 2012, 22 (16): 7910-7918.

[15] JOO J B, LEE I, DAHL M, et al. Controllable synthesis of mesoporous TiO$_2$ hollow shells: Toward an efficient photocatalyst [J]. Advanced Functional Materials, 2013, 23 (34): 4246-4254.

[16] ZHU H, SHANG Y, JING Y, et al. Synthesis of monodisperse mesoporousTiO$_2$ nanospheres from a simple double-surfactant assembly-directed method for lithium storage [J]. ACS Applied Materials & Interfaces, 2016, 8 (38): 25586-25594.

[17] CAO J, SONG X Z, KANG X, et al. One-pot synthesis of oleic acid modified monodispersed mesoporous TiO$_2$ nanospheres with enhanced visible light photocatalytic performance [J]. Advanced Powder Technology, 2018, 29 (8): 1925-1932.

[18] GANESH R S, MAMAJIWALA A Y, DURGADEVI E, et al. Zn and Sr co-doped TiO$_2$ mesoporous nanospheres as photoanodes in dye sensitized solar cell [J]. Materials Chemistry and Physics, 2019, 234: 259-267.

[19] JIANG L, ZHOU G. Promoting the performances of Ru on hierarchical TiO$_2$ nanospheres exposed {001} facets in benzene semi-hydrogenation by manipulating the metal-support interfaces [J]. Journal of Catalysis, 2020, 382: 97-108.

[20] SONG H, LIU Z, WANG Y, et al. Template-free synthesis of hollow TiO$_2$ nanospheres supported Pt for selective photocatalytic oxidation of benzyl alcohol to benzaldehyde [J]. Green Energy & Environment, 2019, 4 (3): 278-286.

[21] SORTINO S. Light-responsive nanostructured systems for applications in nanomedicine [M]. Springer, 2016.

[22] LI N, ZHAO P, ASTRUC D. Anisotropic gold nanoparticles: Synthesis, properties, applications, and toxicity [J]. Angewandte Chemie International Edition, 2014, 53 (7): 1756-1789.

[23] BRUST M, WALKER M, BETHELL D, et al. Synthesis of thiol-derivatised gold nanoparticles in a two-phase liquid-liquid system [J]. Journal of the Chemical Society, Chemical Communications, 1994 (7): 801-802.

[24] PÉREZ-JUSTE J, PASTORIZA-SANTOS I, LIZ-MARZÁN L M, et al. Gold nanorods: Synthesis, characterization and applications [J]. Coordination Chemistry Reviews, 2005, 249 (17-18): 1870-1901.

[25] YE X, JIN L, CAGLAYAN H, et al. Improved size-tunable synthesis of monodisperse gold nanorods through the use of aromatic additives [J]. ACS nano, 2012, 6 (3): 2804-2817.

[26] COBLEY C M, CHEN J, CHO E C, et al. Gold nanostructures: A class of multifunctional materials for biomedical applications [J]. Chemical Society Reviews, 2011, 40 (1): 44-56.

[27] ESTROFFA, KRIEBEL J K, NUZZO R G, et al., Self-assembled monolayers of thiolates on metals as a form of nanotechnology [J]. Chem. Rev, 2005, 105: 1103-1169.

[28] YANG J, LEE J Y, YING J Y. Phase transfer and its applications in nanotechnology [J]. Chemical Society Reviews, 2011, 40 (3): 1672-1696.

[29] WEN, TANG, MATTHEW, et al. "Click" reactions: A versatile toolbox for the synthesis of peptide-conjugates [J]. Chemical Society Reviews, 2014, 43: 7013-7039.

[30] MONTENEGRO J M, GRAZU V, SUKHANOVA A, et al. Controlled antibody/ (bio-) conjugation of inor-

ganic nanoparticles for targeted delivery [J]. Advanced Drug Delivery Reviews, 2013, 65 (5): 677-688.

[31] AVVAKUMOVA S, COLOMBO M, TORTORA P, et al. Biotechnological approaches toward nanoparticle bio-functionalization [J]. Trends in Biotechnology, 2014, 32 (1): 11-20.

[32] RAJANAIKA H L K, MANJUNATH K, KUMAR D, et al. Biomimetic Synthesis of Metal Nanoparticles Using Plants and Their Application in Agriculture and Forestry [M] Springer, Singapore, 2015.

[33] JAVAD, KARIMI, SASAN, et al. Rapid, green, and eco-friendly biosynthesis of copper nanoparticles using flower extract of aloe vera [J]. Synthesis and Reactivity in Inorganic, Metal – Organic, and Nano – Metal Chemistry, 2015, 45 (6): 2300-2309.

[34] SHAIKH R R, MIRZA S S, SAWANT M R, et al. Biosynthesis of coppernanoparticles using Vitis vinifera leaf extract and its antimicrobial activity [J]. Int. J. Curr. Microbiol. App. Sci, 2014, 3 (9): 768-774.

[35] SUBBAIYA R, SELVAM M M. Green synthesis of copper nanoparticles from Hibicus rosasinensis and their anti-microbial, antioxidant activities [J]. Research Journal of Pharmaceutical, Biological and Chemical Sciences, 2015, 6 (2): 1183-1190.

[36] DAMLE S, SHARMA K, BINGI G, et al. A comparative study of green synthesis of silver and copper nanoparticles using smithia sensitiva (dabzell), cassia tora (l.) and colocasia esculenta (L.) [J]. 2016.

[37] CAROLING G P M, VINODHINI E, RANJITHAM A M, et al., Biosynthesis of copper nanoparticles using aqueous guava extract [J]. Biological Sciences, 2015 (5): 25-43.

第5章　纳米纺织品在空气处理中的应用

随着人们对全球空气质量问题的日益重视，空气过滤材料（AFMs）逐渐成为研究热点。然而，大多数 AFMs 无法解决高过滤效率和低压降之间的矛盾。纳米纺织材料具有较大的比表面积、可调节的多孔结构和简单的制备工艺，这使其成为过滤材料的最佳候选者。因此，纳米纺织品，尤其是静电纺纳米纤维膜在空气过滤应用中受到越来越多的关注。本章将讨论纳米材料，尤其是纳米纺织材料在空气过滤中的应用、面临的挑战以及未来的发展趋势。

5.1　空气安全问题与解决方案

近年来，随着工业化和城市化的发展，空气污染，特别是以颗粒物（particulate matter，PM）为主的全球雾霾问题，已成为最大的环境问题。研究发现，空气中的细颗粒污染物（$PM_{2.5}$ 和 PM_1）是诱发人们健康问题的主要原因，其中包括癌症、肺纤维化和慢性肺病。此外，空气中的颗粒污染物还含有各种细菌、花粉、真菌、孢子和过敏源，这些物质可能会导致呼吸道疾病和过敏反应，尤其是 $PM_{0.3}$，一种直径小于或等于 $0.3~\mu m$ 的固体颗粒或液滴，可在空气中长距离传播，并携带各种细菌和病毒，穿透支气管，甚至进入血液。

空气传播是感染性疾病（EIDs）的主要传播途径之一。目前，减少空气中 PM 排放和过滤 PM 是缓解空气质量恶化的有效途径，而过滤是保护个人免受 PM 污染物影响的有效方法。

目前，通过纺粘和熔喷技术制备各种空气过滤材料（AFMs）的研究较多。然而，这种纤维过滤器对细小颗粒的去除效率通常是不足的。其孔径相对较大、纤维直径不均匀和力学性能较低是其过滤性能较差的主要原因。因此，制造具有高过滤性能的过滤材料尤为重要。此外，空气中的污染物不仅包括颗粒物，还包括大量传统空气过滤膜无法过滤的微生物。水滴、气溶胶和颗粒可以携带细菌、真菌、孢子和其他病原体在空气中飘浮，从而导致疾病传播。

静电纺纳米纤维膜（EAFMs）因具有大比表面积，可控的纤维直径、孔隙率和相互连接的孔结构等特点而表现出较高的过滤性能。因此，越来越多的研究工作集中在静电纺空气过滤器的开发上。许多聚合物材料，如聚酰亚胺（PI）、聚氨酯（PU）、聚丙烯腈（PAN）、聚酰胺-66（PA-66）、聚酰胺-56（PA-56）和聚砜（PSF）等，已成功制成 EAFMs 并应用于空气过滤领域。

5.2　空气过滤机理

空气过滤过程可分为稳态阶段和非稳态阶段。在稳态阶段，AFMs 的过滤效率和压降仅取决于空气过滤介质的特性、颗粒特性和气流速度。在非稳态阶段下，过滤效率和气流阻力随过滤时间和颗粒在膜上的积聚程度而变化。非稳态过滤过程非常复杂，目前仍缺乏完善的理论模型。通常空气中的颗粒浓度保持在较低水平，在过滤过程中，颗粒的沉积不会显著改变 EAFMs 的厚度。因此，可以认为 EAFMs 是在稳定的过滤阶段工作的。EAFMs 的典型结构和 PM 筛分过程如图 5-1（a）所示。根据经典的过滤理论，在稳态阶段纤维通过拦截、布朗扩散、惯性冲击和静电沉积从气流中去除颗粒 [图 5-1（b）]。

气溶胶颗粒过滤的效率主要取决于纤维直径、气流速度和颗粒大小。不同直径颗粒污染物的各种捕集机制和效率如图 5-1（b）、（c）所示，惯性冲击和直接冲击对粒径大于 0.3 μm 的颗粒的过滤有很大影响，而粒径 0.1 μm 颗粒的主要过滤机理是布朗扩散。不同的粒径范围有不同的过滤机理。使分离膜达到最高效率的粒径通常称为最大穿透粒径，粒径通常约为 0.3 μm 或更小。

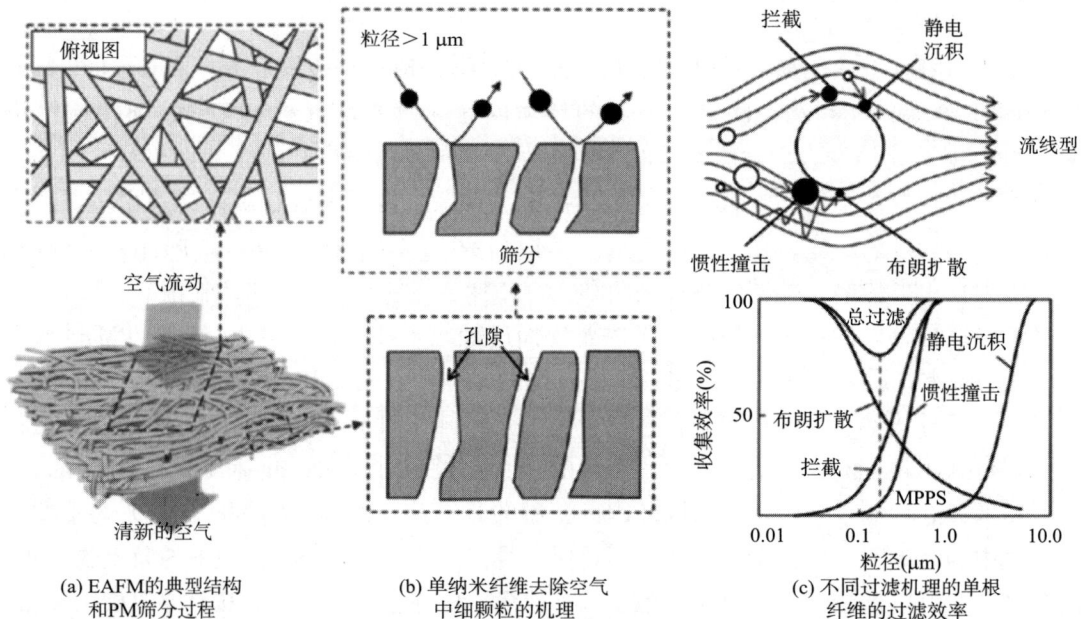

| (a) EAFM的典型结构
和PM筛分过程 | (b) 单纳米纤维去除空气
中细颗粒的机理 | (c) 不同过滤机理的单根
纤维的过滤效率 |

图 5-1　过滤机理

总过滤效率（η）是判断滤膜性能的标准之一，可用库瓦巴拉模型表示为：

$$\eta = 1 - \exp\left[\frac{-4\eta_s \alpha L}{\pi d_f (1 - \alpha)}\right] \tag{5-1}$$

式中：η_s 为单纤维的过滤效率；α 为纤维的体积分数；d_f 为纤维的平均直径；L 为厚度。

值得注意的是，尽管 EAFMs 中纳米纤维受到最初生产阶段高电压影响而具有一定的驻极效果，但如果不特别增加控制工艺，驻入纳米纤维的电荷将在 24 h 内衰减；多级结构膜空气过滤器是指静电效应可以忽略的静电纺丝膜。

通常，质量因子（QF）可以用于评估 AFMs 的综合性能，可用下式表示：

$$QF = -\frac{\ln(1-\eta)}{\Delta P} \tag{5-2}$$

式中：ΔP 为通过过滤器的压降。为了获得更高的 QF，需要平衡 η 和 ΔP 的性能，制备更高性能的 EAFMs。

5.3　纤维结构对空气过滤的影响

理想的静电纺空气过滤器应具有非常小的纤维直径和高孔隙率，这不仅确保其能有效地捕获到颗粒，还能使气流易于通过。最常见的静电纺纳米纤维是平滑且随机沉积的。许多研究通过调整纺丝溶液浓度、施加电压、纺丝时间和环境条件（湿度或温度）来优化其性能。然而，传统方法对改善 EAFMs 过滤性能的效果并不显著。值得注意的是，多级结构膜，如纳米纤维/网络结构、腔结构、多层结构和基于光滑纤维的图案结构等多结构纤维膜，已被证明对提高 QF 值有效。研究人员往往倾向于通过调整纳米纤维的厚度来提高空气过滤效率，而忽略了调整纳米纤维表面结构这种更有效的方法。本节将分别从 EAFMs 中纤维结构和组成方面介绍纳米纤维在空气过滤中的应用。

5.3.1　粗糙表面纤维

5.3.1.1　突起结构表面纤维

通过掺杂 TiO_2 纳米颗粒可以制备具有纳米突起结构的静电纺 PAN 纳米纤维，与裸 PAN 纳米纤维相比，TiO_2/PAN 纳米纤维上高密度分布着大量纳米突起。通过 0 维（0D）TiO_2 纳米粒子（≈ 25 nm）在一维（1D）纳米纤维上（≈ 900 nm）的分别调控构建了多层次结构纤维。结果表明，随着 TiO_2 含量的增加，在纤维表面形成了更多的纳米突起，从而增加了静电纺纤维膜的粗糙度。同时，TiO_2/PAN 膜的过滤效率也得到了显著提高。TiO_2/PAN 膜的过滤效率随着掺杂颗粒的增加先增加后降低，其中掺杂比为 4∶1（≈ 97%）时优于 3∶1（≈ 89.6%）。主要原因是孔径减小和复杂的纤维交叉提高了过滤效率，同时压降增加。到目前为止，已经报道了许多具有纳米突起结构的电纺纳米纤维，如 SiO_2/PMIA、ZnO/PAN、TiO_2/PAN、CNTs/TPU、$BaTiO_3$/PES、C/NiO ZnO 和丝/PEO 纳米纤维等。

5.3.1.2　褶皱结构表面纤维

近年来，褶皱结构的纳米纤维在吸附、捕获或分离应用方面显示出巨大的潜力。与光滑纤维相比，褶皱结构不仅具有更高的比表面积，还增加了纤维之间的平均距离，从而提高了对 PM 的过滤效率。目前，主要有两种表面改性方法可以用来构建起皱的表面结构，即物理（掺杂、热处理和等离子体处理）方法和化学（溶剂蒸汽退火和湿化学沉淀）方法。

（1）物理方法。已有许多通过物理方法制备的起皱电纺纳米纤维的报道，如使用 SiO_2/PAN、GO/PAN 和等离子体处理 PAN 等。Riyadh 等通过掺杂正硅酸乙酯成功制备了一种新型起皱电纺纳米纤维复合膜。在 PAN 纳米纤维中掺杂的二氧化硅增加了纤维表面粗糙度，并为粒子捕获创造了更大的停滞区。褶皱表面结构、高孔隙率和孔隙结构保障了低压降，同时保持了高分离效率。与原始 PAN 纤维膜和商用 AFMs 相比，其褶皱表面和纳米孔结构可以显著改善空气过滤性能。另一项研究中，Kim 等通过用氧等离子体处理对 PAN 静电纺丝纤维表面进行改性，这种物理方法不仅减小了纤维直径，而且增加了纤维的表面粗糙度。此外，处理后的纤维表面会产生静电，这进一步提高了对 PM 的捕获效率。与商用滤膜相比，等离子体处理的纤维膜在过滤 $PM_{2.5}$ 时显示出更高的过滤效率（>94.02%）和更低的压降（18 Pa）。

（2）化学方法。除了无机粒子掺杂这种简单的方法外，溶剂蒸汽退火（SVA）法已被引入纤维制造工艺中，用来制备具有多级结构的纤维材料。Huang 等使用 SVA 法对静电纺聚己内酯/聚环氧乙烷（PCL/PEO）复合膜进行后处理，在纤维表面形成均匀的褶皱结构，有效提高 $PM_{2.5}$ 的去除效率，去除率达到 80.01%。除粉末去除外，具有高比表面积的褶皱结构纤维甚至可以捕获二氧化碳气体。Meng 等使用化学沉淀法对 TiO_2 掺杂静电纺纳米纤维进行后处理，形成褶皱结构，并诱导厚度为 20 nm 的 Ni（OH）$_2$ 纳米片有序生长。高比表面积、褶皱结构提高了电荷分离效率和二氧化碳捕获能力。与裸 TiO_2 光滑纤维相比，在相同的一氧化碳 CO 产率下，掺杂 0.5%（质量分数）Ni（OH）$_2$ 纤维的甲烷产率增加了近两倍。

虽然褶皱纤维可以通过增加与气流的接触面积来提高过滤效率，但它仍然存在一些问题，如纤维直径大、体积密度不均匀和纤维厚度不均匀等。此外，褶皱纤维膜的过滤重复性较差，这归因于褶皱纤维膜的结构复杂且褶皱间距小于气溶胶聚集体，从而容易发生颗粒堵塞和积聚。

5.3.1.3　串珠结构纤维

除了纳米突起，许多研究人员还通过工艺控制，制备了具有串珠结构的静电纺纤维，并将其应用于空气过滤。在静电纺丝过程中，由于瑞利（Rayleigh）不稳定性，聚合物溶液射流被破坏，聚合物分子链之间发生相对滑动，导致纤维表面形成串珠结构。珠子的直径明显大于纤维的平均直径，在纤维表面形成串珠结构，这不仅有助于优化填充密度和降低压降，而且可以增加 EAFMs 的比表面积。然而，关于串珠结构对 EAFMs 厚度、填充密度和空气过滤性能影响的研究报道较少。此外，在双层 EAFMs 中微珠堆叠位置对空气过滤性能的影响仍需进一步研究。

在静电纺丝过程中，最初阶段聚合物射流由喷射到空气中的聚合物和溶剂的混合物组成。由于热力学不稳定，溶剂的快速挥发使得射流表面温度快速下降，导致聚合物发生相分离而形成富聚合物相和贫聚合物相。此外，在静电纺丝射流冷却过程中，水蒸气黏附在射流表面并形成水滴。当聚合物射流进入伸长和固化阶段时，聚合物液滴中的溶剂和表面上的水滴被去除，富聚合物相固化形成纤维基体，贫聚合物相形成孔隙。鉴于聚合物射流的串珠结构及其在静电纺丝过程中的高延伸率，珠粒之间的毛细管连接随着射流的整体拉伸而迅速拉伸成非常细的射流，这促进了纤维表面孔隙的塌缩，形成了纳米孔。因此，串珠结构的形成过程更有利于纳米孔的形成。

通过掺杂 GO 也可以制备微珠结构表面纤维。加入 GO 后，不仅大大增加了 PAN 纤维的表面粗糙度，还形成串珠结构。与纯 PAN 纤维相比，GO/PAN 串珠纤维在过滤过程中气流压降较小，这进一步解释了串珠纤维过滤的低压降主要是由于高比表面积和气流滑移效应导致的。此外，微珠结构表面的高孔隙率进一步降低了压降，提高了空气过滤效率。

研究者对串珠静电纺纤维的技术进行了详细研究和总结。结果表明，串珠纤维的数量和形态受静电纺丝溶液的溶剂种类、质量浓度和盐类添加剂等因素的影响。为了进一步研究串珠纤维对空气过滤性能的影响，李等设计了一系列串珠状 GO/PAN 复合纳米纤维膜，并进一步探索了其在空气过滤中的应用。通过系统研究 PM$_{2.5}$ 的过滤性能发现，与其他具有相同过滤效率的 PAN 纤维膜和商用过滤器相比，GO/PAN 纳米纤维膜过滤器具有高孔隙率而压降仅为 8 Pa。受生物学启发，朱等采用逆扩散合成技术制备了表面具有金属有机框架材料（沸石咪唑酯骨架结构材料，ZIF-8）纳米晶体的 SiO$_2$ 纳米纤维膜，并设计了一种珠状结构的 ZIF-8@SiO$_2$ 静电纺纤维。ZIF-8@SiO$_2$ 静电纺纤维具有高比表面积和丰富的表面官能团，这显著提高了过滤效率和捕获甲醛的能力。合成时间为 0.5 h 的 ZIF-8@SiO$_2$ 静电纺纤维对烟雾有更好的过滤性能，而合成时间为 2 h 的纤维对甲醛有更好的吸附效率。由于 ZIF-8 和静电纺二氧化硅膜的协同作用，所得静电纺纤维具有多功能性。该工作为促进空气过滤材料的发展提供了协同作用的新思路。

最近，许多研究集中于制备具有低压降的双层串珠 EAFMs。例如，Kadam 等制备了一种无珠/无珠双层静电纺纳米纤维膜来过滤 PM$_{0.3}$。与商用一次性口罩相比，双层 ENMs 具有较高的过滤性能（95%，$\Delta P = 112$ Pa）和较小的克重（0.5 g/m^2）。在另一项研究中，Balgis 等综合评估了一步静电纺丝制备两种粒径 PVP/纤维素复合纳米纤维的性能。触变性和高 Zeta 电位决定了静电纺纳米纤维的形态和结构。此外，可以通过调整电压的符号和强度来调节单尺寸或双尺寸纳米纤维的比例。两种尺寸的 PVP/纤维素纳米纤维复合材料均表现出非常好的过滤性能，QF 值为 0.117 Pa^{-1}，明显优于其他类型的过滤器。该研究表明，多尺寸纳米纤维杂化膜具有更好的空气过滤性能，可以使气流更好地通过膜，同时更有效地截留颗粒。在另一项研究中，Cao 等探讨了以聚倍半硅氧烷（PSQ）和聚乳酸（PLA-PSQ）为主要原料来制备串珠结构纤维膜的最佳工艺条件。结果表明，PSQ 掺杂聚乳酸可形成更均匀的串珠结构纤维。均匀的串珠结构增加了纤维之间的距离，使纤维膜具有更大、更均匀的孔隙，从而降低了压降，而串珠结构分布不均匀将导致更多的 PM 聚集在纤维膜孔隙中，无法实现预期的过滤性能。在过滤效率为 100% 的情况下，PLA-PSQ 膜的过滤压降比未固定的 PLA 膜低约 43%。

5.3.1.4　多孔结构纤维

与传统的刚性多孔结构不同，纳米纤维的多孔结构是一个动态系统，其可通过调整工艺参数来改变孔径大小和结构。各种化学（溶剂处理和非溶剂诱导相分离）和物理（激光辐照）方法已被用于制备多孔结构纤维，且已被应用于空气过滤。

（1）物理方法。物理方法是制备多孔结构纤维的相对简单的方法。使用物理方法制备多孔结构纤维的难点在于工艺参数的调整。例如，Dai 等通过将沸石咪唑酸盐骨架-8（ZIF-8）

与聚乳酸（PLA）基质结合来制备多孔静电纺纤维膜。通过调节 ZIF-8 的含量，可以成功地控制多孔纤维的直径和表面形貌。与裸 PLA 膜相比，具有多孔结构和 ZIF-8 颗粒的 ZIF-8/PLA 纤维膜具有更好的 $PM_{2.5}$ 过滤效率。在另一项研究中，王等通过静电纺丝法制备了季铵壳聚糖/聚乙烯醇（HTCC/PVA）复合多孔纳米纤维膜。HTCC 的引入使 PVA 纳米纤维膜的比表面积从 5.46 m^2/g 增加到 8.53 m^2/g。其对 PM_{10}、$PM_{2.5}$ 和 $PM_{1.0}$ 的最大过滤效率分别为 92%、86% 和 82%，与已报道的空气净化材料相当。

为了处理空气中的挥发性有机化合物（VOCs），程等首先尝试通过激光辐照方法制备了对 VOCs 具有良好吸附性能的激光敏感多孔静电纺聚碳酸酯（PC）纤维。然后，通过在空气中用 Nd：YAG 脉冲激光束照射纤维来制备多孔 PC 纤维。在激光照射过程中，纤维表面因熔融、热降解和碳化而收缩塌陷，形成许多直径为 200～300 nm 的孔隙。高比表面积的特性也使该纤维膜在一个循环内对二甲苯的吸附效率提高到 91.6%，这种纤维表面丰富的多孔碳结构可以确保大多数二甲苯气体分子被吸附和保留。可以通过改变电流来控制纤维表面的炭化程度，过度炭化会导致纤维之间的黏附，这可能会阻碍 VOCs 气体分子流动到最深处的孔隙。

（2）化学方法。根据溶剂诱导重结晶理论，Song 等通过丙酮后处理聚乳酸（PLLA）纳米纤维膜制备了多孔 PLLA 纳米纤维膜。得益于多孔结构和高比表面积，得到的 PLLA 纳米纤维膜对粒径为 30～100 nm 的氯化钠（NaCl）超细气溶胶颗粒具有优异的过滤效率（99.99%）和低压降（110～230 Pa）。当气溶胶粒径小于 100 nm 时，QF 随气溶胶粒径的减小而增大，这可能是由于气溶胶粒子表现出随机布朗运动和扩散运动所致。$PM_{2.5}$ 具有高比表面积，所以它可以携带有毒有害物质，如一些可能进入人体的气体和微生物。因此，许多研究人员不仅关注纤维膜对 $PM_{2.5}$ 的高效过滤性，而且也赋予静电纺纤维膜额外的功能，如抗菌和过滤有毒气体。王等通过非溶剂诱导相分离（NIPS）法制备了抗菌和环境友好的壳聚糖/聚乙烯醇（CS/PVA）共混滤膜。在流速为 5.3 cm/s 时，CS/PVA 膜的过滤效率为 95.59%，压降为 633.5 Pa。此外，共混滤膜对大肠杆菌和金黄色葡萄球菌的抗菌率分别达到 94.8% 和 91.3%。尽管获得了较高的过滤效率，但其高压降仍然阻碍了其在空气过滤领域中的实际应用。研究人员还采用 TiO_2/H_2O_2 光催化方法对聚酯非织造布（NWF）进行亲水改性。改性后的纤维膜具有较大的孔径（0.495 μm）和稳定的结构，这改善了纤维膜高压降的弊端。此外，CS/PVA 分子链之间存在氢键与静电相互作用，双（2-乙基己基）癸二酸酯（DEHS）与 CS/PVA/NWF 复合膜之间的偶极相互作用，这大大提高了其过滤效率。由于 NIPS 过程中聚合物和改性 NWF 之间的强烈相互作用，纤维膜在横向和纵向上的收缩都受到抑制，这就证明浸涂过程可以增加纤维膜的孔径，从而增加其透气性。

5.3.2 中空、带状结构纤维

5.3.2.1 中空结构纤维

由于具有较大的比表面积和内外隔离功能，中空结构的静电纺纤维在传感器、催化剂载体、气体储存、能量收集、药物释放、油水分离和空气过滤等领域受到广泛关注。同轴静电纺丝是制备中空纤维的常用方法。同轴静电纺丝法制备中空结构纤维主要有选择性溶解和热分解两种方法。到目前为止，已经通过静电纺丝技术制备了多种具有聚合物基体的中空纳米纤维，如聚醚砜（PES）、聚偏二氟乙烯（PVDF）、聚丙烯（PP）、聚四氟乙烯（PTFE）和聚醚酰亚胺（PEI）等。与核壳结构纳米纤维相比，中空结构纤维孔隙率更高、体积密度更低，也更适合用于空气过滤领域，这能大大提高纤维膜超细颗粒的过滤效率。Duan 等使用 PVP（22%DMF 溶液）作为外壳，矿物油作为内核，通过空气辅助同轴静电纺丝获得的核壳结构纤维，在己烷中浸泡 24 h 去除矿物油，然后干燥制备中空纤维。

而通过同轴静电纺丝制备中空纤维的另一种方法则是在芯溶液中混合牺牲材料，并在纺丝后将其去除。例如，Choi 等以矿物油为核，以钨前体、聚乙烯吡咯烷酮（PVP）和胶体聚苯乙烯（PS）颗粒的混合物为壳，然后煅烧制备了中空 WO_3 纳米管。在另一项研究中，通过对掺杂 SiO_2 的 PVDF 纳米纤维进行 KOH 后处理，成功制备了中空 PVDF 纤维。KOH 处理后的 SiO_2/PVDF 中空纤维表现出较高的过滤性能。其对 NaCl 颗粒和 DEHS 颗粒的过滤效率均为 99.9999%，压降仅为 100 Pa。微孔为气体提供更多的通道，降低了 PVDF 中空纤维的气流阻力。因此，中空纤维的透气性显著增加，穿过膜的压降显著降低。

5.3.2.2　带状结构纤维

由于纤维膜结构紧凑，纤维膜的过滤性能将随着过滤时间的增加而降低。采用静电纺丝技术制备新型纤维如带状纤维、超细纤维及超薄过滤膜以降低气流阻力是一种可行且有效的方法。其中，带状纤维因其独特的织物形态被认为是制备新型长效的空气过滤器的理想材料。例如，可以通过亚稳蛋白质溶液静电纺丝来控制空气过滤器的多孔结构，以形成具有自弯曲行为的带状纤维。尽管这些新型带状纤维空气过滤器过滤效率更高，压降更低，但其制造工艺复杂且成本高，再者很难平衡纤维膜过滤效率和压降的关系。

为了应对上述挑战，Yan 等讨论了相对湿度和电极类型对静电纺纤维形态的影响。结果表明，相对湿度为 40% 时，纤维形态呈带状。在低相对湿度时，溶剂的挥发速率与射流所需电场力的拉伸时间不匹配，这可能导致带状纤维的形成。在另一项研究中，Fan 等利用玉米蛋白制备了一种新型带状结构静电纺纳米纤维膜。通过改变亚稳玉米醇溶蛋白溶液与丙酮/丁醇/去离子水的质量比，可以控制静电纺纤维的结构。玉米蛋白纤维的自弯曲行为赋予纤维膜蓬松的结构和良好的弹性。蓬松的结构可以显著降低过滤过程中的压降，带状结构也大大提高了其捕获颗粒的能力，尤其是捕获小颗粒的能力。此外，该纤维表面有许多官能团，与空气污染物有强烈的相互作用。同时，由于带状结构会产生"多重阻塞效应"，当颗粒或挥发性有机化合物（VOCs）分子在过滤过程中与带状纤维碰撞时，它们逃逸的可能性要小得多。然而，由于缺乏蛋白质功能化纳米粒子，玉米蛋白纤维对挥发性有机化合物的去除效率仍然不足。此外，复杂且昂贵的制造工艺和有害有机溶剂的使用都不能满足绿色制造的要求。为解决这一问题，研究人员首次使用 Pickering 乳液制备了生物基纤维素纳米纤维（CNF）/玉米醇溶蛋白纳米颗粒的复合空气过滤膜。玉米醇溶蛋白的表面官能团与空气中的污染物相互作用，得以提高过滤效率。

另外，高比表面积的纳米颗粒提高了其捕获超细颗粒的能力（对 $PM_{0.3}$ 过滤效率为

78.49%~93.71%）。而该过滤器对 HCHO 和 CO 的过滤效率分别为 88.30% 和 60.71%。此外，使用长微米木浆纤维作为结构框架，可有效改善其多孔结构，与静电纺玉米醇溶蛋白基纳米晶空气过滤器相比，优化后的空气过滤膜的压降降低了 170 倍。

5.3.3 网络结构纤维

5.3.3.1 分支结构纤维

为了获得更好的过滤效果，大量的研究致力于减小其纤维直径。尽管已经发表了许多关于直径小于 1 μm 的静电纺纳米纤维的研究，但关于制备具有特殊形貌、高过滤效率和低压降的纳米纤维的研究却很少。研究人员受到自然界树木树枝和树干组成的多层次结构的启发，制备了具有分支结构的纳米纤维，该纤维因具有显著增大的比表面积而表现出了额外的功能和优异的性能。

例如，Li 等通过控制向静电纺丝溶液中添加一定量的四丁基氯化铵（TBAC），首次成功制备了聚偏氟乙烯（PVDF）支化纳米纤维。PVDF/TBAC 支化纳米纤维的结晶度和机械强度得到了提高。此外，分支结构降低了纤维的平均孔径，提高了其对有机溶剂的耐受性，使其成为分离膜的优良候选材料。在已报道研究的基础上，该小组进一步研究了分支结构对聚偏氟乙烯树状纳米纤维网过滤性能的影响。结果表明，这种结构显著减小了纤维孔径，增加了纤维比表面积。同时，超细直径树枝状纤维增强了纳米纤维与颗粒之间的范德瓦尔斯力，从而显著改善了膜的过滤性能（对于 0.26 μm 颗粒，过滤效率为 99.999%，压降为 124.2 Pa）。

近年来，纤维素、木质素、淀粉、蛋白质和多肽等天然高分子材料因其可持续性和可再生性而受到越来越多的关注。这些天然高分子材料已成为静电纺丝的重要前体材料，并成功应用于许多领域。例如，Li 团队通过将 TBAC 添加到醋酸纤维素溶液中，然后脱乙酰化，制备了一种新的分支结构纤维素纳米纤维膜。当体积密度为 0.81 g/cm^2 时，空气过滤效率为 98.37%，压降为 115 Pa，优于普通纤维素纳米纤维膜。

Burgard 等利用 PS 为核心溶液，N, N', N''-三［1-（甲氧基甲基）丙基］苯-1,3,5-三甲酰胺（BTA）为壳溶液，通过同轴静电纺丝技术制备了分支结构纳米纤维，独特的分支结构赋予其比类似纤维更好的性能。通过空气过滤试验，验证了支化纳米纤维对 $PM_{0.3}$ 具有更好的空气过滤性能，与其他分支结构纳米纤维相比，本研究的压降仅为 22 Pa，对 $PM_{0.3}$ 的过滤效率为 99.8%。将支化纤维应用于空气过滤不仅可以保持较高的过滤效率，而且高孔隙率使其具有较低的压降。因此，具有超分子纤维的分支结构静电纺纳米纤维膜为开发具有独特形态、性能和空气过滤应用的新型静电纺纤维提供了新思路。

5.3.3.2 网状结构纤维

施泰纳最小树问题（Steiner shortest treeproblem）是一类组合优化问题。若在平面上有 n 个点，那么在平面上需增添多少个点，可以使连接这 n 个点和增加的点而得到的树长度最短。这种几何结构引起了材料结构设计和艺术设计领域研究者们的极大兴趣，尤其是作为高维度纤维结构的几何基础。自然界中的许多材料，如蜘蛛网、蜂窝、剑麻纤维，甚至肥皂泡，都显示出施泰纳几何结构，这些材料促进了各个领域新型仿生结构材料的发展。作为纳米技术的前沿，施泰纳几何结构和静电纺丝技术的结合近年来也有报道。

丁等首先使用聚（丙烯酸）（PAA）和尼龙-6，在三维（3D）纤维毡中生成新型的二维（2D）纳米网。这种纳米网络结构由超细纳米纤维构成，具有超细纤维直径（<50 nm）、高孔隙率、高互连性、高比表面积等突出特点，在能源、环境和生物医学领域引起了广泛关注。迄今为止，已经报道了几种基于纳米纤维网的过滤器，包括聚酰胺-6、聚酰胺-56、聚（间苯二甲酰胺）、聚砜、聚乙烯醇、聚氨酯和聚偏二氟乙烯等材料制备成的纤维膜，它们都显著提高了对 $PM_{0.3}$ 的过滤效率。Ding 的团队制造了超轻尼龙 6-聚丙烯腈（N_6-PAN）静电纺纳米纤维网，并用于捕获超细气溶胶颗粒。结果表明，具有网状结构的纳米纤维膜在高气流速度（90 L/min）下仍能保持对 $PM_{0.3}$ 气溶胶颗粒的高过滤性能（99.99%，$QF = 0.1163\ Pa^{-1}$）。

为了构建具有适当纤维直径和厚度的无基材网络纳米纤维膜，Zuo 等提出了一种易于从接收基材上剥离电纺纤维膜的工艺。他们通过优化接收基板的表面结构和吸入离子液体，组装了纳米网络结构和基质光纤。Li 等通过静电纺丝/喷涂技术制备了一种新型网络结构聚偏氟乙烯纳米纤维膜。通过调整前体溶液的电荷状态、施加的电压强度和环境的相对湿度，优化了网络的表面结构形态和结构特征。网状结构的聚偏氟乙烯纳米纤维的成功制备将为新型空气过滤膜的设计和开发提供新的思路。为了适应各种条件下的应用，Li 等首次提出通过掺杂表面活性剂和湿度诱导，利用静电纺丝/网技术制备高效、可渗透的空气 PAN 纳米纤维/网络空气过滤器。通过控制带电液滴的相分离，形成一个具有小孔径和拓扑施泰纳树结构的连续二维纳米网，该纳米网与支架网络中的纳米纤维紧密结合。

虽然已经有许多关于改进静电纺丝/网状技术的研究，但目前网状结构过滤器仍然存在一些缺点，如随机旋转沉积导致的堆叠结构不受控制、相对较大的孔隙和较差的力学性能。张等改进了静电纺丝/网状技术，以生产高效空气过滤膜。通过调节刚柔耦合聚间苯二甲酰胺/聚氨酯（PMIA/PU）液滴的喷雾、变形和相分离过程，实现了二维纳米网络的自组装。

尽管纳米纤维网具有优异的性能，但其覆盖密度的调节和形成机理仍需进一步研究。张等制备了 2D 连续纳米网（孔径 200~300 nm），通过控制液滴注入/相分离和晶体相变进行静电黏附辅助过滤，并基于此提出了纳米网络的形成机理。当将纺丝溶液注入空气中时，随着溶剂的快速挥发，溶液从均匀稳态（Ⅰ）变为亚稳（Ⅱ）和不稳定的两相状态（Ⅲ）。在纺丝溶液中添加十二烷基三甲基溴化铵（DTAB）导致相分离不完全，从而形成富聚合物相和溶剂相，形成施泰纳树结构（Ⅳ）。

他们还研究了纳米纤维（48.3%）相与 β 相（85.3%）的比例对制备二维纳米网的影响。研究表明，这种相分离是由纳米直径、射流拉伸、快速凝固和离子的协同作用引起的偶极子相互作用产生的。与传统静电纺丝过程中形成微/纳米纤维不同，带电液滴从泰勒锥中喷射出来，液滴在空气中受到静电力而变形，并演变为膜/网络结构。所得纳米网显示出两个独有的特征：一是，2D 网络结构纤维膜不仅保持高空气过滤性能（$PM_{0.3}$ 大于 99.99%，压降<90 Pa），而且具有高透射率（>82%）和良好的力学性能；二是，基于风振的自充电 PVDF 纳米线（3.7 kV 电势）允许过滤和黏附的协同效应，以去除纳米网中的 PM。此外，它具有显著的生物保护活性、较强的节能效果以及对病原微生物的长期稳定性，这为设计和开发高性能纤维材料提供了宝贵的理论指导和技术基础。

5.3.4 黏附性表面纤维

5.3.4.1 化学黏附结构纤维

Fan 等报道了一种由蛋白质纳米颗粒功能化的细菌纳米纤维和微纤维素纤维组成，具有黏附捕获功能的纳米突起结构的蛋白质功能化层状复合空气过滤器。具有纳米突起结构的蛋白质功能化纳米纤维素，其表面的官能团可以提高对污染颗粒的捕获效率，并充当复合纤维膜之间的黏合剂，以提高纤维膜的力学性能。此外，长的微纤维素纤维形成大孔，这可以减少压降，提高力学性能。该蛋白质/纳米纤维素/微纤维素复合膜对 $PM_{1\sim2.5}$ 的过滤效率超过 99.5%，压降极低，为 0.194 kPa/g，仅为静电纺丝制备的蛋白质纳米纤维素滤膜的 1% 左右。

在另一项研究中，刘等报道了一种玉米蛋白功能化棉纤维（Z-CoF）空气过滤器，该过滤器可以用于有效捕获 $PM_{2.5}$ 和化学气体。研究结果表明，玉米醇溶蛋白纳米纤维（ZNF）和表面 Z-CoF 纳米突起的协同作用不仅提高了 $PM_{2.5}$ 的过滤效率（>99%），而且显著提高了化学过滤效率（甲醛去除效率>66.2%）。此外，可以通过选择不同的溶剂来调整变性玉米醇溶蛋白颗粒的大小，例如，分别以丙酮和乙醇为溶剂，可得到不同粒径分布（831 nm 和 643 nm）的变性玉米醇溶蛋白颗粒。以丙酮为溶剂的玉米醇溶蛋白颗粒有明显聚集现象，改性后的玉米醇溶蛋白颗粒在 Z/Eth-COF 表面具有更高的比表面积。

与商用滤膜相比，具有黏附型纳米突起的 EAFMs 具有更高的空气过滤效率，原因如下：首先，黏附型纳米粒子通过偶极子—偶极相互作用与 PM 相互作用；其次，纳米突起增加了纤维的表面积和与气流的接触面积；最后，纳米突起的出现使纤维膜的孔道复杂化，从而提高了对 PM 的过滤效率和压降。此外，纳米粒子的均匀分布是优化过滤性能的有效途径之一。可以采用物理搅拌、超声分散、调整溶液浓度、选择合适的溶剂以及溶剂挥蒸温度等方法来减少纳米粒子的团聚，从而平衡压降与过滤效率之间的关系。

5.3.4.2 静电吸附纤维

许多研究表明，核壳结构是一种潜在的驻极体。当 NaCl 气溶胶颗粒穿过纤维时会发生电吸附现象。该结构也为各种粉状催化剂和过滤器的组合提供了一条新的研究途径，可以克服使用初级或中效过滤器进行室内多组分污染物过滤时的困难。

静电纺丝核壳纳米纤维因其具有优异的性能和应用方面的潜能而备受关注。核壳纳米纤维在药物控释、组织工程、超级电容器、吸附材料和过滤领域具有广阔的应用前景。此外，难加工的聚合物纳米纤维可以通过对纤芯进行后处理来生产核壳纤维。

用于室内空气过滤的静电纺纤维膜是过滤、吸附和催化空气过滤领域的研究热点。然而，很少有研究关注膜的结构。为了解决这个问题，许多研究人员开始研究具有核壳结构的纤维对过滤效率的影响。例如，Liu 等提出了一种聚丙烯/聚乙烯（PP/PE）核壳结构双组分纺粘技术，用来制备用于空气过滤的 3D 蓬松材料。通过调整两组分的比例、生产温度、气压和黏合方法，可以控制双组分纺丝黏合纤维膜的结构、孔隙率和力学性能。值得注意的是，当过滤 0.26 μm NaCl 气溶胶颗粒时，双组分纺粘纤维膜的压降为 35.14 Pa，过滤效率为 97.02%。这种材料的成功制备，为新型空气过滤材料的设计和开发提供了新的途径。虽然其过滤效率高，但仍不能满足实际应用要求。为了解决这个问题，Dai 等将电晕充电技术与同轴静电纺丝法相结合，制备了纳米二氧化锰/聚乙烯/聚丙烯多组分纤维。MnO_2/PE/PP 具有良好的 PM 过滤性能 ［$PM_{2.5}$ 为 71.73%，6.02 Pa，$QF = 0.2219\ Pa^{-1}$）］和良好的 HCHO 吸附能力。

工业上 70% 以上的粉尘是可燃的，积聚在过滤器上的可燃粉尘很容易被火焰或静电放电点燃。为了避免这种危险，Liu 等制造了一种具有核壳结构的多功能纳米纤维，不仅在低压降下实现了 $PM_{2.5}$ 的高过滤效率，而且显著提高了材料的耐火性。这种多功能纳米纤维是通过使用极性聚合物尼龙 6 作为外壳和磷酸三苯酯（TPP）作为核心的材料来实现的。因为 TPP 是一种阻燃剂，故可以显著提高纤维的阻燃性。纤维膜对 $PM_{2.5}$ 的过滤效率为 99.00%，当流速为 0.5 m/s 时，压降仅为 0.25 kPa。此外，在直接点火试验中，与未改性尼龙 6（150 s/g）相比，该纤维表现出较强的阻燃性能；过滤后的阻燃纤维几乎立即熄灭（0 s/g）。由于大多数核壳结构纤维的研究仍处于实验室规模，无法实现工业化，相对较低的生产率限制了其广泛的应用。同时，尽管大多数核壳结构纤维具有阻燃、极性吸附、物质释放等多种功能，但它们仍然存在空气过滤性能差的缺点。

5.4　市场规模和行业分析

2021~2027 年，空气净化器市场规模分析、区域前景、价格趋势、竞争市场份额和预测如图 5-2 所示。

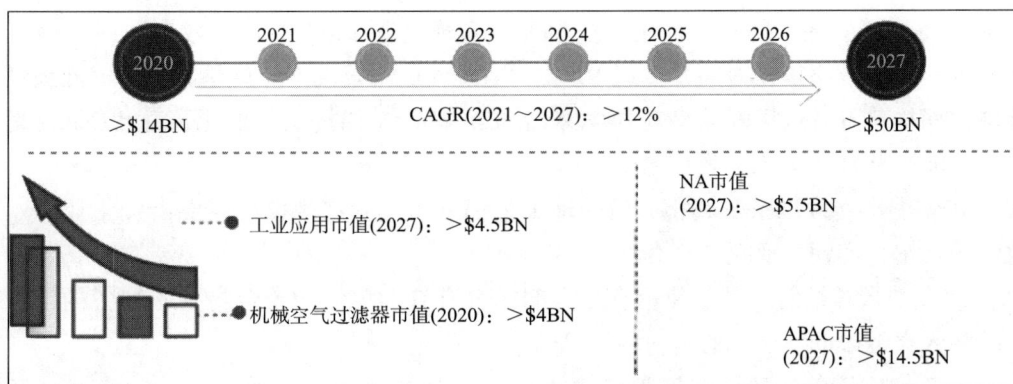

图 5-2　空气过滤市场分析

2020 年，空气净化器的市场规模超过 140 亿美元，预计在 2021~2027 年间以超过 12% 的复合年增长率增长。消费者健康意识的提高，以及住宅和非住宅行业对空气净化器使用需求的增加，可能会推动该行业增长。消费者对与这些过滤器相关的健康益处以及对吸入有害空气相关的副作用认识的不断提高，也可能进一步推动市场扩张。

用于住宅、非住宅和工业应用的机械空气过滤器需求增加，相关业务也随之增长。机械空气过滤器的市场规模在 2020 年超过 40 亿美元，预计到 2027 年将大幅增长。机械空气过滤器可以阻止灰尘颗粒并将其吸引到过滤器表面，将颗粒从环境中去除。由于机械过滤器能够防止灰尘和碎屑沉积在供暖和空调系统的机械部件中，因此需求量增加。为了保障生产设施中的产品质量，生产行业对空气过滤方案的需求不断增加，这促进了制药、食品和饮料行业对聚酯过滤器的需求，耐化学性、耐磨性和热降解性是聚酯过滤器的关键性能。很小的空气污染物也会使整个食品和药品生产受到污染，因此空气过滤器在生产制造设施中有着广泛的应用。严格的卫生法规将刺激人们在未来几年对空气过滤产品的需求。

到 2027 年，住宅应用的空气净化器市场规模预计将超过 70 亿美元。在清新空气众多健康益处的推动下，消费者对与空气污染相关的健康问题的认识不断提高，同时人们对在住宅中使用空气净化系统的关注度的不断提高也在刺激市场需求。

纳米纤维纺织品因其具有高比表面积、高孔隙率和可调节结构而被认为是新一代去除空气污染物的膜材料。多结构纳米纤维膜的构建为制备过滤效率高、压降低、使用寿命长的多功能空气过滤器提供了一种新的策略。

尽管静电纺纳米纤维在环境领域显示出巨大的潜力，但在将其应用于实践之前，仍有一系列的问题需要解决：

（1）进一步探索单根纳米纤维周围的气流状态以及各种表面结构对气流模式的影响。

（2）应建立一个模型来描述不同表面结构的纳米纤维纺织品的过滤效率和压降，以便为空气过滤膜的结构设计提供指导。

（3）为了进一步了解连续工作条件下过滤性能的演变，需要对多结构纳米纤维纺织品的动态过滤过程进行更多的研究。

（4）值得注意的是，目前没有任何技术可以实现真正 100% 的过滤效率，然而由于技术的不断改进，过滤效率正在提高并接近 100%，因此，过滤效率不应该是制备空气滤膜技术的主要标准，而构建具有低压降的多功能纳米纤维纺织品（如抗菌、催化氧化 VOCs、光催化和自愈等功能）将成为未来的发展趋势。

（5）许多静电纺纤维膜及其相关后处理工艺仍处于实验室规模，需要借鉴工业经验，改进静电纺丝技术，实现工业化生产。

（6）许多纳米纤维纺织品是使用有毒溶剂或含有有毒单体的聚合物基质制备的，长期使用对环境和人类健康的影响仍有待进一步研究。

未来的工作应该关注环境友好和多功能静电纺纳米纤维的发展。通过精确控制三维结构的组成、排列和孔隙率，实现过滤效率和压降之间的平衡。同时，有必要简化制造过程并降低成本。最终目标是将静电纺纳米纤维从实验室推向产业应用，从实验台推向商品柜。

参考文献

［1］陈雪微. 静电纺制备纳米金复合材料及在甲醛净化中的应用［D］. 天津：天津工业大学，2020.

［2］李晓. 静电纺丝制备高效去除细微颗粒物的纳米纤维空气滤膜［D］. 青岛：青岛大学，2020.

［3］杨会. 纤维过滤介质多尺度结构参数对细颗粒物过滤性能的影响研究［D］. 上海：东华大学，2022.

［4］曹博文. Voronoi-based 结构纤维过滤介质含尘阶段过滤性能及跨尺度模拟［D］. 马鞍山：安徽工业大学，2021.

［5］潘政源. 纤维滤材结构设计与过滤性能模拟研究［D］. 广州：华南理工大学，2021.

［6］陶然. 静电作用纤维过滤过程中的细颗粒动力学研究［D］. 北京：清华大学，2019.

［7］陈晟. 静电场与流场作用下细颗粒团聚、迁移与沉积动力学研究［D］. 北京：清华大学，2019.

［8］栗娜. 基于多孔纤维结构构建功能性电纺材料［D］. 大连：大连工业大学，2020.

［9］余佳鸿. 基于微量串珠纤维制备的复合滤料及其综合性能研究［D］. 广州：广东工业大学，2019.

［10］TONG D，ZHANG Q，JIANG X. Transboundary health impacts of transported global air pollution and international trade［J］. Nature，2017，543：705-709.

［11］WANG C S，OTANI Y. Removal of nanoparticles from gas streams by fibrous filters：A review［J］. Industrial & Engineering Chemistry Research，2013，52（1）：5-17.

［12］METCALF C，LESSLER J. Opportunities and challenges in modeling emerging infectious diseases［J］. Science，2017，357（6347）：149-152.

［13］LV D，ZHU M，JIANG Z，et al. Green electrospun nanofibers and their application in air filtration［J］. Macromolecular Materials and Engineering，2018，303（12）：1800336.

［14］JIANG W，CHUN-SHUN C，CHAN C K，et al. The aerosol penetration through an electret fibrous filter［J］. Chinese Physics，2006，15（8）：1864.

［15］LI P，WANG C，ZHANG Y，et al. Air filtration in the free molecular flow regime：A review of high-efficiency particulate air filters based on carbon nanotubes［J］. Small，2014，10（22）：4543-4561.

［16］PATANAIK A，JACOBS V，ANANDJIWALA R D. Performance evaluation of electrospun nanofibrous membrane［J］. Journal of Membrane Science，2010，352（1-2）：136-142.

［17］ANDREAS，GREINER，JOACHIMH，et al. Electrospinning：A fascinating method for the preparation of ultrathin fibers［J］. Angewandte Chemie International Edition，2007，46（30）：5633-5633.

［18］XUE J，WU T，DAI Y，et al. Electrospinning and electrospun nanofibers：Methods，materials，and applications［J］. Chemical Reviews，2019，119（8）：5298-5415.

［19］LIU Q，ZHU J，ZHANG L，et al. Recent advances in energy materials by electrospinning［J］. Renewable and Sustainable Energy Reviews，2018，81（2）：1825-1858.

［20］LOU L H，QIN X H，ZHANG H. Preparation and study of low-resistancepolyacrylonitrile nano membranes for gas filtration［J］. Textile Research Journal，2017，87（2）：208-215.

［21］LIU J J，DUNNE F O，FAN X，et al. A protein-functionalized microfiber/protein nanofiber Bi-layered air filter with synergistically enhanced filtration performance by a viable method［J］. Separation & Purification Technology，2019，229（15）：115837.

［22］ZHONG Z X，YAO J F，YAO Z Y. ZIF-8@ SiO₂ composite nanofiber membrane with bioinspired spider web-like structure for efficient air pollution control [J]. Journal of Membrane Science, 2019, 581 (1): 252-262.

[23] KADAM V, KYRATZIS I L, TRUONG Y B, et al. Electrospun bilayer nanomembrane with hierarchical placement of bead-on-string and fibers for low resistance respiratory air filtration [J]. Separation and Purification Technology, 2019, 224: 247-254.

[24] CHOI D Y, HEO K J, KANG J, et al. Washable antimicrobial polyester/aluminum air filter with a high capture efficiency and low pressure drop [J]. Journal of Hazardous Materials, 2018, 351 (JUN. 5): 29.

[25] BAUER J P, GRIM Z B, LI B. Hierarchical polymer blend fibers of high structural regularity prepared by facile solvent vapor annealing treatment [J]. Macromolecular Materials and Engineering, 2017: 1700489.

[26] WANG C, YIN J, WANG R, et al. Facile preparation of self-assembled polydopamine-modified electrospun fibers for highly effective removal of organic dyes [J]. Nanomaterials, 2019, 9 (1): 116.

[27] HUANG X, JIAO T, LIU Q, et al. Hierarchical electrospun nanofibers treated by solvent vapor annealing as air filtration mat for high-efficiency PM2. 5 capture [J]. Science China Materials, 2019, 62 (3): 423-436.

[28] XUE J, XIE J, LIU W, et al. Electrospun nanofibers: New concepts, materials, and applications [J]. Accounts of chemical research, 2017, 50 (8): 1976-1987.

[29] SHUAI W, TONG L, CHEN C, et al. Non-woven PET fabric reinforced and enhanced the performance of ultrafiltration membranes composed of PVDF blended with PVDF-g-PEGMA for industrial applications [J]. Applied Surface Science, 2018, 435: 1071-1079.

[30] WANG C, FAN J, XU R, et al. Quaternary ammonium chitosan/polyvinyl alcohol composites prepared by electrospinning with high antibacterial properties and filtration efficiency [J]. Journal of Materials Science, 2019, 54: 12522-12532.

[31] MIN H A, LY A, NL B, et al. Zeolitic-imidazolate-framework filled hierarchical porous nanofiber membrane for air cleaning [J]. Journal of Membrane Science, 594: 117467-117467.

[32] DOAN Y K, DEMIRURAL A, BAYKARA T. Single-needle electrospinning of PVA hollow nanofibers for core-shell structures [J]. SN Applied Sciences, 2019, 1 (5): 415.

[33] XIN F, YU W, MIN Z, et al. Morphology engineering of protein fabrics for advanced and sustainable filtration [J]. Journal of Materials Chemistry A, 2018, 6 (43): 21585-21595.

[34] WANG C, WU S, JIAN M, et al. Silk nanofibers as high efficient and lightweight air filter [J]. Nano Research, 2016 (9): 2590-2597.

[35] XU J W, LIU C H, LIU P C, et al. Roll-to-roll transfer of electrospun nanofiber film for high-efficiency transparent air filter [J]. Nano Letters, 2016, 16 (2): 1270-1275.

[36] YAN S, YU Y, MA R, et al. The formation of ultrafine polyamide 6 nanofiber membranes with needleless electrospinning for air filtration [J]. Polymers for Advanced Technologies, 2019. 1635-1643.

[37] LI Z, XU Y, FAN L, et al. Fabrication of polyvinylidene fluoride tree-like nanofiber via one-step electrospinning [J]. Materials & Design, 2016, 92 (Feb.): 95-101.

[38] LI Z, KANG W, ZHAO H, et al. Fabrication of a polyvinylidene fluoride tree-like nanofiber web for ultra high performance air filtration [J]. Rsc Advances, 2016, 6,: 91243-91249

[39] ZHANG S, LIU H, TANG N, et al. Highly efficient, transparent, and multifunctional air filters using self-assembled 2d nanoarchitectured fibrous networks [J]. ACS Nano, 2019, 13 (11): 13501-13512.

[40] ZHANG S, LIU H, YIN X, et al. Tailoring mechanically robust poly (m-phenylene isophthalamide) nanofi-

ber/nets for ultrathin high-efficiency air filter ［J］. Scientific Reports，2017，7：40550.

［41］ ZHANG S，LIU H，TANG N，et al. Direct electronetting of high-performance membranes based on self-assembled 2D nanoarchitectured networks ［J］. Nature Communications，2019，10：1458.

第6章　纳米纺织品在水处理中的应用

人类文明的发展伴随着人口增长、城市化和工业化，同时也引发了一系列的问题，如全球变暖、气候变化、环境污染，最重要的是，水质恶化。围绕水安全问题，研究人员做了一系列的研究工作。本章将讨论各种纳米技术在水处理中的应用。

6.1　水安全问题

淡水将成为21世纪继石油之后另一稀缺且昂贵的资源。纳米技术在解决与水资源短缺和水质有关的问题方面发挥重要作用，包括用于水过滤分离、反应介质、水修复和消毒的纳米纤维和纳米颗粒。纳米技术在安全水问题上的应用分为三类，即处理和修复、传感和检测以及污染预防。在处理和修复方面，使用先进的纳米过滤材料，可实现更高效的水再利用、再循环和脱盐；在传感和检测方面，基于纳米技术能够开发新式和增强型传感器，用于检测环境（包括水）中痕量的生物和化学污染物。

地球上只有30%的淡水没有被锁在冰层或冰川中。其中，约20%位于人类无法涉足的偏远地区，剩下的80%中，约3/4出现在错误的时间和地点（季节性降水和洪水），不能及时地被捕获并供人们使用。剩下的水不到地球总水量的0.08%。换句话说，如果地球上所有的淡水都储存在一个5 L的容器中，可用的淡水将不满一茶匙。然而我们并没有很好地管理这个茶匙中的淡水。目前，全球有6亿人面临缺水问题。根据人口增长率推测，到2025年，可能有27亿~32亿人生活在缺水或少水的条件下。

废水有住宅废水和非住宅废水两个主要来源。住宅废水是未经消化的食物和体内排泄废物，也称为污水，其稀释率约为99.90%。除水外，污水中还含有约0.10%的固体颗粒，可分为有机颗粒和无机颗粒。有机污水材料包括碳水化合物、蛋白质和脂质，而无机材料包括沉积物、盐和金属。非住宅废水是指商业、工业和农业作业中排放的废水。不同类型的商业或工业部门所排放污水的成分不同。例如，纺织工业排放物多为染料和合成化学品，食品工业则会排放一些油性物质和有机食品分子，农业部门的废水含有大量杀虫剂和肥料。

6.2　纳米技术废水处理过程

废水处理过程可分为四个阶段：预处理、一级处理、二级处理和三级或深度处理。纳米技术适用于去除废水中的各种污染物。纳米颗粒具有特定的功能，且经过纳米处理后不会残留任何污染物。废水处理中涉及各种纳米颗粒，如 TiO_2、ZnO、陶瓷膜、纳米线膜、聚合物膜、碳纳米管、亚微米纳米粉、金属（氧化物）、磁性纳米颗粒和硼掺杂金刚石等。将纳米技术应用于废水处理是经济高效的，并且纳米颗粒的高比表面积、快速溶解性使其具有高反应性和强吸收性，从而保障了污水的高效净化。一般来说，纳米技术在废水处理中的应用主要通过以下五个步骤进行，如图 6-1 所示

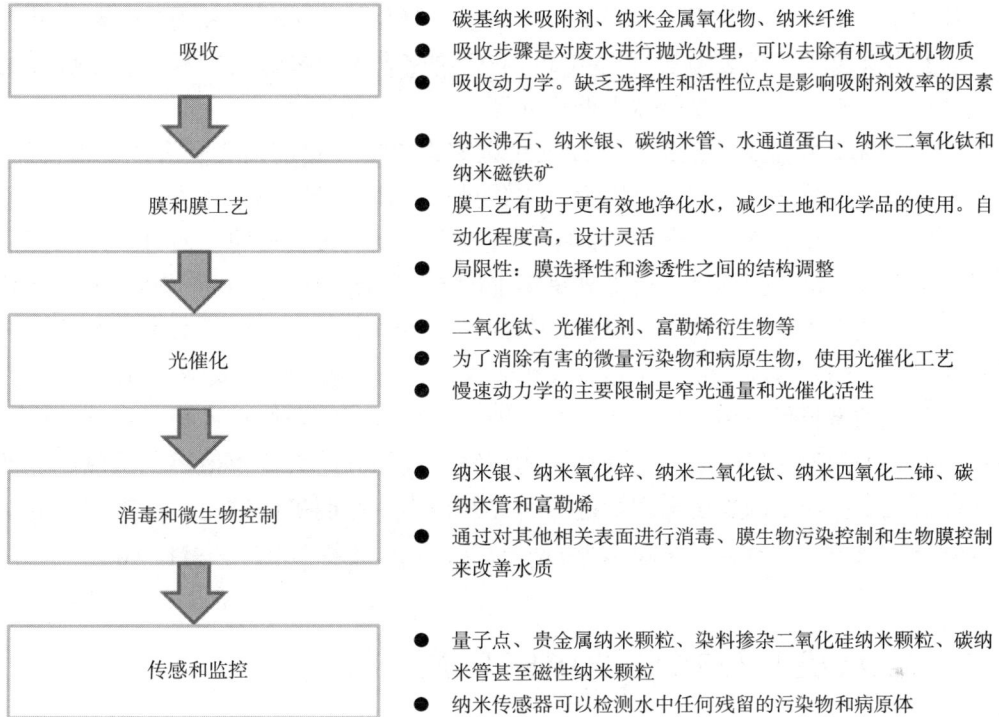

吸收	● 碳基纳米吸附剂、纳米金属氧化物、纳米纤维 ● 吸收步骤是对废水进行抛光处理，可以去除有机或无机物质 ● 吸收动力学。缺乏选择性和活性位点是影响吸附剂效率的因素
膜和膜工艺	● 纳米沸石、纳米银、碳纳米管、水通道蛋白、纳米二氧化钛和纳米磁铁矿 ● 膜工艺有助于更有效地净化水，减少土地和化学品的使用。自动化程度高，设计灵活 ● 局限性：膜选择性和渗透性之间的结构调整
光催化	● 二氧化钛、光催化剂、富勒烯衍生物等 ● 为了消除有害的微量污染物和病原生物，使用光催化工艺 ● 慢速动力学的主要限制是窄光通量和光催化活性
消毒和微生物控制	● 纳米银、纳米氧化锌、纳米二氧化钛、纳米四氧化二铈、碳纳米管和富勒烯 ● 通过对其他相关表面进行消毒、膜生物污染控制和生物膜控制来改善水质
传感和监控	● 量子点、贵金属纳米颗粒、染料掺杂二氧化硅纳米颗粒、碳纳米管甚至磁性纳米颗粒 ● 纳米传感器可以检测水中任何残留的污染物和病原体

图 6-1 废水处理过程

（1）纳米材料用于水过滤。纳米材料和水过滤膜是先进水净化和脱盐过程的关键组成部分。碳纳米管、纳米颗粒和树状大分子等纳米材料有助于开发更高效、更具经济效益的水过滤材料。有两种有效的纳米技术膜：一种是纳米结构过滤器，其中碳纳米管或纳米毛细管阵列为纳滤提供基础；另一种是纳米反应膜，其中功能化纳米粒子有助于过滤过程。研究人员还注意到，树枝状聚合物的合成等大分子化学的进步为膜开发提供了新的的机会，并开发了更为有效的过滤膜材，用于净化受有机溶质和无机阴离子污染的水。

（2）纳米技术用于水资源修复。许多区域，特别是在发展中国家，水资源受到严重污染或破坏，导致自然资源贫乏，严重影响人类健康。污染水的修复（去除、减少或中和威胁人类健康和/或生态系统的水污染物的过程）是近年来备受关注的技术领域。一般来说，修复技术可以分为热、物理化学或生物方法等。当应用于特定类型的污水时，各种技术通常均具有一定的效果，且没有发现任何单一处理方法可以清除所有类型的污染物。由于受污染水体的复杂性，往往需要几种技术相结合，以将污染物浓度降低到可接受的水平。大多数传统技术，如溶剂萃取、活性炭吸附和普通化学氧化，虽然有效，但往往成本高昂且耗时长。生物

降解对环境友好且具有成本效益，但这种方法通常耗时长。因此，将环境中的有毒污染物清除到安全水平，并且在合理成本范围内快速、高效地进行清除的技术非常重要。纳米技术可以在这方面发挥重要作用。

开发对重金属和其他污染物具有更高亲和力和选择性的新型纳米材料是该研究领域新的方向。较块体材料，纳米材料具有更强的反应性、更大的比表面积和固有特性，可适用于工业废水、地下水、地表水和饮用水的修复。可用于水修复的纳米颗粒和纳米材料有沸石、碳纳米管、介孔载体上的自组装单层（SAMMS）、生物聚合物、单酶纳米颗粒、零价铁纳米颗粒、双金属铁纳米颗粒和纳米半导体光催化剂等。

（3）活性纳米颗粒用于水消毒。在发展中国家人口爆炸式增长、城市化进程发展迅速，却没有足够的基础设施来保障饮用水安全，水传播传染病的威胁越来越大。新的污染物、抗生素和病原体等进一步加剧了水资源的污染。过去十年疫情报告表明，通过饮用水传播病原体仍然是一个重大问题。据估计，全世界每年水传播病原体造成 1000 万~2000 万人死亡。研究者认为，纳米技术可能是开发新型无氯杀菌剂的解决方案。最有前景的抗菌纳米材料包括金属和金属氧化物纳米颗粒，尤其是银以及用于光催化消毒的二氧化钛纳米颗粒。

与任何其他纳米技术应用一样，工程纳米颗粒最终有可能残留在各种应用环境中。纳米颗粒对人类和生态的潜在风险尚未得到充分的研究。我们开始大规模使用纳米颗粒之前，最好就纳米颗粒在水应用中的生态毒理学进行研究并得出一些明确的结论。越来越多的基础研究和产业开发，使得纳米材料必将在未来的水安全和废水处理中发挥关键作用。

6.3　纳米技术在水处理中的应用

6.3.1　吸附
6.3.1.1　染料吸附

染料分子可以通过两种不同的机制从污水中去除，分别是物理吸附机理和化学吸附机理。物理吸附是利用吸附剂与染料分子之间的静电相互作用或分子间作用力；而化学吸附主要依赖于吸附剂与染料分子之间稳定的化学相互作用。高比表面积是物理和化学吸附机制从水中有效去除染料的基础。静电纺纳米纤维膜（ENMs）具有高的比表面积和高互连孔隙率，比传统相转化膜具有更好的吸附效率。通过官能团对膜表面进行功能化处理或还原剂对膜表面进行还原处理，可进一步提高 ENMs 对染料的去除效率。然而，吸附效率随环境条件，如 pH 和温度而变化。根据染料分子的电荷，可分为非离子染料和离子染料，离子染料又分为阴离子染料和阳离子染料。

与 ENMs 协同作用，用于去除水中染料的常见功能材料有磁性纳米颗粒、氧化石墨烯（GO）和 β–环糊精（β–CD）等。含 Fe_3O_4 磁性纳米粒子的碳纳米纤维 ENM（CNFs/Fe_3O_4 NPs）具有高的比表面积（1885 m^2/g），孔隙率为 2.325 cm^3/g 的，优良的水中脱除有机染料和磁性分离效率。

Min 等开发了氨基（聚醚砜树脂，PES）和亚氨基（聚醚酰亚胺，PEI）功能化的 PES/PEI ENM 体系，并用于高效吸附去除日落黄 FCF、耐晒绿 FCF 和苋菜红等染料分子。

在另一项研究中，Wang 等制备了 4 种不同类型的海藻酸钠（SA）基 ENMs（SA ENMs），用于去除水中阳离子染料亚甲基蓝（MB）。非交联 SA 和 CaCl$_2$ 交联 SA ENMs 的比表面积分别为 13.97 m^2/g 和 13.56 m^2/g，而三氟乙酸（TFA）交联 ENM 的比表面积增加到 15.2656 m^2/g，戊二醛（GA）交联 ENM 降低到 11.86 m^2/g。CaCl$_2$ 交联 SA ENMs 具有最高吸附能力，对 MB 染料的最大吸附容量为 2230 mg/g，远高于其他文献报道的海藻酸盐等材料基 ENMs 的吸附能力。

Zhao 等通过电纺丝法制备了 β-CD、聚丙烯酸（PAA）和柠檬酸的复合纳米纤维，然后进行热交联，成功制备了 β-CD 功能化的 ENMs 并用于去除水中 MB。由于具有较高的 β-CD 含量和—COOH 基团的存在，ENMs 对 MB 的吸附量达 826 mg/g，比大多数 β-CD 基吸附剂的吸附率高得多。

Yomen Atassi 等开发了一种对甲苯磺酸掺杂聚苯胺包覆聚乳酸 ENMs（p-TSA-PANI/PLLA ENMs），用于甲基橙（MO）阴离子染料的去除。p-TSA-PANI/PLLA ENMs 的比表面积为 8.3 m^2/g。在特定吸附条件下，如温度为 25℃、pH 为 6、染料浓度为 550 mg/kg、接触时间为 24 h，该膜的吸附量为 377 mg/g。

Jang 等成功地将氧化石墨烯（GO）与十六烷基三甲基氯化铵一起分散在 PAN 溶液中，通过静电纺丝获得了 cGO-PAN ENMs，用于去除水中的 MB 和甲基红（MR）。GO 可以通过静电、氢键和 π—π 与染料相互作用，所以 GO 含量越高，染料的去除效率越高。将纳米颗粒作为这些功能材料的载体，不仅避免了这些材料在染料溶液中的团聚，还进一步提高了对染料的吸附性能。

6.3.1.2 金属吸附

有效地去除污染水中的有毒金属离子对人类健康和环境安全是非常重要的。摄入被任何一种重金属污染的水，如铬、氟、汞、镉、铅、砷，对人体健康都是非常有害的。饮用被砷［As（Ⅲ）或 As（Ⅴ）］污染的水可引起神经系统、循环系统和消化系统紊乱。饮用含氟化物浓度超过 1mg/L 的水会引起骨骼疾病（牙齿和骨骼氟化）。

去除水中有毒金属离子的技术有化学降解、电渗析分离、吸附膜过滤、溶剂萃取。与这些方法相比，吸附法具有简单、经济、易于实施等优点。吸附剂去除重金属的效果取决于吸附剂的比表面积、孔隙率和选择性。近年来，ENMs 在去除污染水中有毒金属离子方面受到了广泛的关注。高比表面体积和互穿的孔隙度可以允许更多的目标化合物与纳米纤维表面相互作用（化学和物理相互作用）。醋酸纤维素、壳聚糖、聚丙烯酸、蚕丝等聚合物纳米纤维对金属离子均具有较高的吸附效率。

壳聚糖可以通过氨基与金属离子发生强相互作用，已成为一种非常常见的吸附剂。壳聚糖静电纺纳米纤维（CS-ENMs），较其他形式如层状、珠状、凝胶、海绵或纳米颗粒去除重金属离子更有效。Min 等制备了 CS-ENMs 并用于去除水中 As（Ⅴ）。CS-ENMs 最大吸附容量为 30.8 mg/g（0.5 h，pH 为 3.4），是已经报道壳聚糖基吸附剂去除水中 As（Ⅴ）的最好选择。Sharma 等研究了电纺丝铈（Ⅲ）–壳聚糖/聚乙烯醇复合 ENMs 对水中 As（Ⅲ）离子的去除效果，结果显示，该 ENMs 通过吸附作用，可将水中 As（Ⅲ）清除到 18 mg/g，远远低于 WHO/EPA 规定（达到 1500 mg/L 以下）。此外，为了提高壳聚糖 ENMs 对重金属的去除能力，Ma 等制备了富含氨基的壳聚糖–聚（甲基丙烯酸甘油酯）PGMA/PEI ENMs，并研究了其吸附去除水中 Cr（Ⅵ）、Cu（Ⅱ）和 Co（Ⅱ）等重金属离子的效率。实验结果表明，Cr（Ⅵ）、Cu（Ⅱ）和 Co（Ⅱ）的最佳吸附 pH 分别为 2.0、4.0 和 6.0，处理后的水中 Cr（Ⅵ）、Cu（Ⅱ）和 Co（Ⅱ）含量分别为 138.96 mg/g、69.27 mg/g 和 68.31 mg/g。

虽然 ENMs 吸附技术在高效吸附去除水中重金属离子方面取得了诸多进展，但实际废水系统中存在不同种类的污染物。这可能导致纳米纤维膜污染，从而导致纳米纤维的吸附活性位点失效。因此，有必要进行更多的研究来开发更加高效的吸附剂用于大规模的实际废水处理，如对污垢具有高稳定性、生物降解性、重复使用性、高比表面积和孔隙率等性能的吸附剂。

6.3.2　颗粒过滤

通过静电纺丝方法可以得到孔径均匀、机械强度好和理想厚度的薄膜，可以根据应用的需要，通过调节静电纺丝的参数调控微滤膜的孔径。静电纺微过滤膜的理想孔径小于 0.2 mm，可用于去除微米级和亚微米级污染物，如泥浆和悬浮的微颗粒，重要的是可以去除水中各种类型的微生物（图 6-2）。

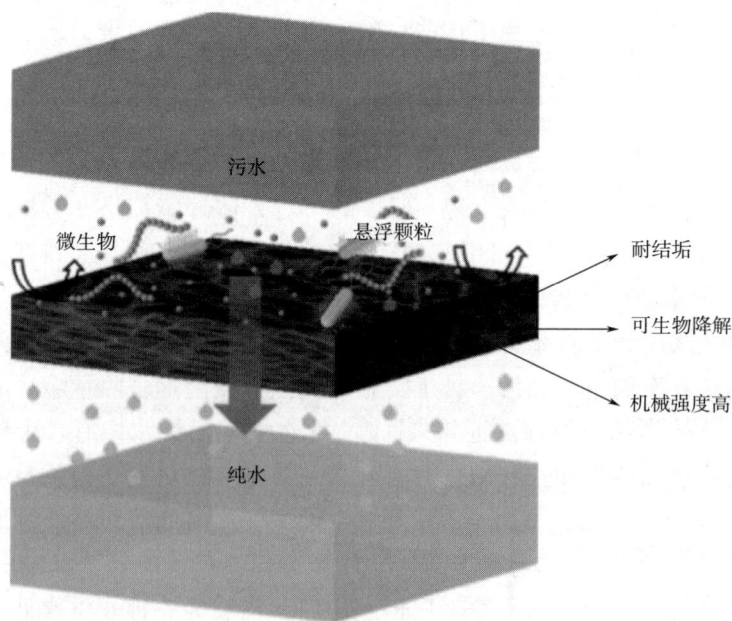

图 6-2　ENMs 过滤去除水中污染物示意图

Liu 等制备了戊二醛交联聚乙烯醇微过滤 ENMs，该 ENMs 过滤效率比 Millipore GSWP 膜（孔径 0.22 μm）高 3~7 倍，对聚羧酸盐微球（尺寸为 0.2 μm）的清除率高达 98%。在另一项研究中，静电纺芳纶膜对 PS 乳胶珠（0.2 μm）的截留率近 100%，显著高于商业 GSWP 膜过滤器对 PS 乳胶珠的去除率（95.91%）。

大多数微过滤膜是利用商品化合成聚合物制备的。这些聚合物不可降解且存在潜在的环境毒性，为了避免化学合成聚合物的环境危害，需要创新绿色材料微过滤 ENMs 来取代不可降解的化学合成聚合物基微过滤膜。

人们开始利用可再生资源中提取的创新环保聚合物制备微过滤膜。例如，Li 等采用热处理改性聚乳酸（PLA）纳米织片制备微滤膜。热处理后，他们观察到 PLA 膜的力学性能和固体微粒子排斥性能都有改善。Lee 等制备了包覆甲壳素纳米晶体的醋酸纤维素（CA）静电纺微滤膜。甲壳素纳米晶体引入醋酸纤维素纳米纤维中，不仅降低了生物污染性，而且赋予 CA 膜超亲水性，使其更适合于高流动的水纯化工艺。

6.3.3　有机物光催化

天然水体中发现的常见有机污染物有氯化和非氯化脂肪族和芳香族分子、染料、洗涤剂、表面活性剂、农药、药品、挥发性有机化合物（VOCs）和天然有机物（NOM）等。有机卤素农药是水中最常见的一类有毒有机污染物，可以诱发多种疾病、慢性损害和癌症。通常采用化学沉淀、化学氧化、粉末活性炭吸附和反渗透等传统方法去除水中的农药。去除效率取决于农药分子的降解或吸附分离。然而，研究显示，人类长期暴露在这些有机污染物环境中，即使在 ppb 范围内，依然存在较大的健康风险。因此继续开发具有高选择性、高效率的脱除技术十分必要。

纳米颗粒尺寸小、比表面积大、反应活性高，可以通过光催化、降解和吸附机制去除有机污染物。化学分析是处理有机化合物的过程中另一项重要任务，以发现可能的毒性更大的次级副产物。因此，理想纳米颗粒不仅可以完全降解初始污染物还可以降解或吸附次级副产物。

6.3.3.1　金纳米颗粒

基于表面增强拉曼（SERS）原理的金纳米颗粒，可以快速选择性检测河水和饮料中的双酚 A。此外，金纳米颗粒还可以检测农药，在某些情况下还可以去除农药。例如，金或银纳米颗粒可以通过分光光度法检测硫丹、毒死蜱和马拉硫磷等农药。通过农药与纳米颗粒表面的相互作用，也可从水中吸附去除农药。事实上，农药分解过程中产生的一些副产物，可能比最初的化合物毒性更大。Bootharaju 和 Pradeep 利用金和银纳米颗粒阐明了农药毒死蜱的降解机制。

金掺杂可以有效提高零价铁纳米粒子去除水中硝酸盐离子和镉的能力。据报道，1% 的金掺杂显著降低了水中亚硝酸盐含量，同时保持高的 Cd^{2+} 去除能力。金纳米颗粒与氢氧化钇氟化纳米管结合能够获得较高 SERS 性能的复合物，其可以定量检测和去除废水中的刚果红染料。包埋金纳米颗粒的聚二甲基硅氧烷多孔泡沫材料具有结合多种有机化合物的特性，可以高效地吸附和去除水中的有机溶剂、溢油和硫代苯甲醚，而且该泡沫材料可以重复利用。

废水中抗生素残留可能会影响水生态系统中的微生物群落稳定性。使用负载 Au-Pd 纳米颗粒树脂材料可以去除水中抗生素氯霉素（CAP）。Au-Pd 纳米颗粒可以破坏 CAP 的碳—卤素键而硝基不受影响，降解 CAP 的同时降低了次级产物的毒性。Wong 等还证明了 Au-Pt 纳米颗粒可以通过加氢脱氯催化去除地下水中的三氯乙烯。纳米材料如 $Fe_3O_4@Au$ 纳米颗粒表面硫醇配体能够与多种有机污染物结合，通过磁性固相萃取机理可以去除水中有机污染物。Au-ZnO 纳米复合材料具有较强的光催化活性，在光照下可以降解阳离子和阴离子染料。

6.3.3.2　二氧化钛纳米材料

二氧化钛纳米颗粒可以通过吸附与多相光催化原理高效降解去除水中的有机污染物。通过金属（如 Au）、非金属（如 N 和 C）掺杂和表面有机改性可以增强 TiO_2 纳米颗粒在可见光区的光催化性。利用溶胶—凝胶法制备的 N 掺杂 TiO_2 纳米颗粒，可以用于水溶液中亚甲基蓝的光催化脱色和铬黑 T 染料的去除。事实上，偶氮染料占纺织工业染料使用量的一半左右，因此，这些有毒有机污染物去除是纺织废水处理的重点，否则就会释放到环境中去，对饮用水安全构成非常大的威胁。基于此，Filice 等研究了 GO 和 TiO_2 纳米颗粒杂化 Nafion 膜对偶氮染料甲基橙的光降解效果。在 TiO_2 纳米带复合膜反应器中，研究吸附、过滤和光催化降解对亚甲基蓝脱色的协同作用。结果表明，与未掺杂的中空纤维复合膜相比，TiO_2 改性聚乙烯醇/聚偏氟乙烯中空纤维复合膜具有更高的染料分离效率和更高的热稳定性。另一项研究集中于硫、氮掺杂和未掺杂的 TiO_2 纳米颗粒在无机阴离子存在下，对罗丹明-B 等染料的降解活性。另有研究发现，用水热法合成的 TiO_2 纳米带不仅对染料孔雀石绿具有分解活性，而且对医药和个人护理产品的降解也有降解活性。采用单壁碳纳米管负载 TiO_2 纳米颗粒，成功地去除了超纯水和废水中超过 22 种有机污染物（碘异酞醇、碘普罗胺、泛影酸、双氯芬酸和三氯生等）。N 掺杂 TiO_2 纳米颗粒在可见光和阳光照射下，可以光催化分解如甲醇、丙酮和苯等挥发性有机化合物（VOCs）。

研究人员比较了几种溶胶—凝胶法（酸法、醇法、表面活性剂法）合成的纳米 TiO_2 对饮用水中混合农药的光催化分解性能。结果表明，表面活性剂法制备的锐钛矿型 TiO_2 纳米颗粒具有最高的催化分解性能；锌掺杂 TiO_2 纳米颗粒同样可以提高偶氮染料的降解效率。

天然有机物（NOM）污染物是植物和动物残体的分解产物。典型 NOM 处理实例是在浸没式膜光催化反应器中，利用纳米和微米尺度 TiO_2 颗粒降解黄腐酸。该过程中，酸性 pH 条件有利于黄腐酸的降解。Abd Elrady 等研究发现，TiO_2 纳米颗粒还可有效地分解另一种酸性化合物——甲酸。钯修饰氟掺杂 TiO_2 纳米颗粒可以在 LED 可见光下高效分解亚甲基蓝。在杂化材料中，钯纳米颗粒降低了带隙，而氟的数量的变化没有改变带隙值。各组分的协同作用是钯—氟掺杂 TiO_2 纳米颗粒高效催化降解 NOM 的原因。

药品和个人护理产品（PPCPs）也是一种有害的水污染物，在废水修复过程中处理不彻底，残留在地表水和地下水中，将会对饮用水构成威胁。事实上，许多饮用水处理厂使用的水源已经受到了废水的影响。Hu 等通过水热法在 Ti 衬底上合成了 TiO_2 纳米线多孔支架材料，这种多孔材料能够有效降解甲氧苄啶等 PPCPs 污染物。最近一项研究报告，与商业化的 TiO_2 纳米颗粒相比，TiO_2 纳米线在降解几种药物方面效果更好。此外，他们还证实锐钛矿型 TiO_2 纳米线对降解大多数药物化合物更有效。但对于部分药物，金红石型 TiO_2 则表现出更好的性能。

地表水中抗生素等药物化合物可能扰乱自然循环，被用作饮用水来源时给人类造成更大的危害。抗生素的处理效率与抗生素恶邻酸的光催化分解有关，受催化剂浓度和水中 pH 影响较大。值得注意的是，抗生素光催化分解的副产物的抗菌活性非常有限。

需要指出的是，TiO_2 纳米颗粒在水处理应用中仍存在效率低和应用工艺不成熟等问题。如上所述，TiO_2 纳米颗粒的光催化电位激活需要外部辐射源或阳光。这种工艺不适合于低日照率国家和地区。另一个严重的问题是纳米颗粒的回收问题。为了避免纳米颗粒扩散到环境中去，TiO_2 等各种纳米颗粒被固定在玻璃、聚合物、陶瓷和金属等具有高比表面积的基板或载体上，如活性炭、氧化石墨烯、二氧化硅、氧化铝、纤维、黏土和沸石等。玻璃基板透明度高，提高了纳米颗粒的光氧化效率。固定化 TiO_2 纳米颗粒的另一个优点是可以避免聚合，以及增加与疏水污染物的接触。然而，由于比表面和传质速率的降低，固定化 TiO_2 纳米颗粒的效率通常低于浆状溶液反应器。

Tu 等将 TiO_2 纳米颗粒固定在胺肟-PAN/PLA 纳米纤维球（TiO_2@NFS）中，用以同时去除苯胺和 Sb（V）。在紫外线照射 6 h 后，TiO_2@NFS 的苯胺和 Sb（V）还原率分别为 86.3% 和 78.5%，均高于普通商用 TiO_2（48.6% 和 6.3%）。这归因于 TiO_2@NFS 中的众多介孔可以在苯胺光降解之前促进"暗反应"吸附，并且丰富的胺肟基团可以增加 Sb（V）的吸附位点。重要的是，TiO_2@NFS 可以在静置 10 min 后很好地沉积，这表明其具有优异的沉降性能。回收实验表明，TiO_2@NFS 具有良好的回收稳定性。这些发现表明，新型 TiO_2@NFS 通过光降解和吸附技术可以同时从纺织废水中去除苯胺和 Sb（V）。

6.3.3.3　铁纳米颗粒

零价铁纳米颗粒（ZVI）因其对特定有机污染物的降解能力而被关注。ZVI 已被广泛用于水中三氯乙烯的脱氯或污染场地的修复，该工艺无氯化中间体残留。ZVI 脱氯速率、脱氯机理、脱氯效率以及在三氯乙烯生物降解中的作用已被广泛研究。

铁、钯双金属纳米颗粒可以降解土壤吸附的三氯乙烯或氯化脂肪烃；Ni/Fe 双金属纳米颗粒可以降解滴滴涕（DDT）及其他氯代化合物，如林丹、阿特拉津、甲草胺、高氯酸盐或氯酚等；ZVI 还可以氧化降解布洛芬和 AB24 染料。

氧化铁纳米颗粒也可以用于去除水中农药，由铁氧化物组成的磁性纳米颗粒对有机氯或有机磷农药、三嗪类除草剂和菠萝碱等具有亲和吸附性。腐殖酸包覆的 Fe_3O_4 纳米颗粒可以有效地去除水中磺胺噻唑。羧甲基-β-环糊精偶联的 Fe_3O_4 纳米颗粒、十六烷基三甲基溴化铵（CTAB）包覆的 Fe_3O_4 纳米颗粒、腐殖酸包覆的 Fe_3O_4 纳米颗粒、壳聚糖包覆的 Fe_3O_4 纳米颗粒与碳偶联可以吸附多种具有代表性的染料。

此外，多种无机纳米颗粒也可通过吸收或吸附除去水中有机污染物，如硫化铁和氧化锆纳米颗粒分别对有机氯和有机磷农药有去除效果。锰氧化物空心纳米结构和 MgO 纳米颗粒可以用于去除染料，而 Mn 掺杂的 ZnO 和 CdS 纳米颗粒则可以光催化去除有机染料。

6.3.4 油水分离

溢油事故和工业含油废水不仅造成了严重的环境污染和巨大的能源损失，还威胁着人类和水生动物的生命健康。因此，采用新技术和新材料有效地控制油/水污染对保障健康生活和保护生态系统是十分必要的。

自然界中的一些材料，如荷叶或香芋叶，具有优良的拒水性能。受到自然界中这类材料的启发，科学家们开发了各种特殊仿生材料，这些材料可选择性地对油和水进行分离。

超声分离、离心、撇脂、凝固—絮凝技术等常规方法也可以分离油和水。然而，这些分离技术涉及物理化学或生物反应，会产生二次污染物，且存在分离效率低、保留性和可重复利用性差等问题。因此，为了实现高效油水分离，科学家们通过化学气相沉积、水热合成、胶体组装、等离子体处理和化学刻蚀等多种物理化学方法，开发了多种可用于高效油水分离的超疏水（水接触角>150°）或超亲水（水接触角<10°）材料。但是由于稳定性差、选择性高、对能量要求高，其中一些技术仍不具备实用性。

在过去的几年里，膜分离法因其简单和经济的优点，被认为是一种很有前途的油水分离方法。然而，渗透性随时间降低、污垢累积、重复性差等问题亟待解决，特别是在微观和超过滤油水分离应用中。为了解决这些问题，具有合适性能（如孔隙率、表面化学和力学性能等特点）的创新型聚合物 ENMs 成为新的解决方案。创新型 ENMs 可消除膜污染、二次污染物的形成且可重复使用。聚苯乙烯（PS）、聚丙烯腈（PAN）、聚偏氯乙烯（PVDF）和聚甲基丙烯酸甲酯（PMMA）等聚合物 ENMs 已成功地应用于油水分离。为了利用低压技术实现油水分离，Tang 等以聚间苯并异邻苯二胺（PMIA）作为超亲水层和氟化聚苯并噁嗪（F-PBZ）负载 SiO_2 纳米颗粒作为超疏水层，开发了 pH 稳定范围宽、分离效率好、拒水性能好的 ENMs。该 ENMs 渗透量为 3311 L/（$m^2 \cdot h$），显著大于商业超滤膜（UF）的 300 L/（$m^2 \cdot h$）。Ahmed 等采用静电纺丝法制备了氟化聚偏二氯乙烯—丙烯（PVDF-HFP）纳米纤维膜，该膜在水下具有超亲水和超疏油性能，油水分离效率约为 99.98%。

为了增强 PVDF-HFP ENMs 的油水分离重力驱动性，Seyed Shahabadi 等通过电喷雾将炭黑纳米颗粒涂在 PVDF-HFP ENMs 上，他们观察到，PVDF-HFP ENMs 在非水溶剂中具有超疏水性，接触角为 160.8°，在重力驱动下渗透量明显增加［从 1275 L/（$m^2 \cdot h$）增加到 2163 L/（$m^2 \cdot h$）］。Yang 等制备了掺杂不同浓度二氧化硅（0.5%~2%，质量分数）的二氧化硅/聚苯并噁嗪（PBZ-CHO）ENMs，用于水微乳液中油的有效脱乳。该膜表现出水下超疏油性能，且具有优异的力学性能、热稳定性和防污性能，并表现出 2237 L/（$m^2 \cdot h$）的分离效率，重力驱动分离程度比商业化压力驱动分离程度更高。

Jing 等研制了一种 PS-Fe_3O_4/PVDF 纳米纤维的磁性复合材料 ENMs。PS 和 PVDF 赋予 ENMs 亲油性和疏水性，增强了机械稳定性。Fe_3O_4 纳米颗粒能较好地从水中回收油，对油的吸附量可达 35~46 g/g。Raza 等成功地在聚丙烯腈/聚乙二醇纳米纤维（x-PEGDA@ PG NF）膜上原位交联聚乙二醇双丙烯酸酯纳米纤维，用于重力驱动分离不溶于水的油水混合物和水包油微乳液。该膜孔径为 1.5~2.6 μm，渗透量为 10975 L/（$m^2 \cdot h$），具有优良的防污性能和高油分离效率。Yu 等使用聚苯乙烯和由溶剂氯苯和非溶剂 DMSO 组成的共溶剂体系进行静电纺丝，得到的 ENMs 具有高孔隙率、超疏水表面，表现出 600~800 g/（min·g）的超高吸油能力。Luo 等制备了一种高渗透的 ENMs，其对油和水的渗透率可切换，用于重力驱动油水分离。他们还制备了对 pH 敏感的嵌段聚甲基丙烯酸甲酯—聚 4-乙烯基吡啶（PMMA-b-P4VP）智能 ENMs。中性条件下，该智能 ENMs 只对油具有渗透性，当将该智能 ENMs 浸入 pH 为 3 的酸性水溶液中，其渗透性则由油变为水。Ma 等制备了一种表面包覆有 SiO_2 纳米颗粒、不含尿素的聚酰亚胺（PI）ENMs，其油水分离效率达 99% 以上，渗透率高 [约 4798 L/（m^2·h）]，具有良好的可重复使用性。

Yi 等用丙烯酸对等离子体处理的聚苯乙烯/聚丙烯腈（PS/PAN）静电纺丝膜的表面进行了研究。他们获得了一种渗透率高达 57509 L/（m^2·h）的油/水分层混合物。金属玻璃涂层在油/水分离 ENMs 中的应用也有报道。Chu 等采用磁控溅射法制备了基于 Zr 薄金属涂层玻璃（TFMG）（$Zr_{53}Cu_{26}Al_{16}Ni_5$）。该涂层可防止化学品和不可逆的内部污垢。他们还研究了十二烷基硫酸钠（SDS）表面活性剂对油水分离效率的影响。不同 SDS 浓度分离效率范围为 95%~100%。为了实现长期的油水分离应用，Zhu 等通过乳液静电纺丝制备了 PSA/PAN ENMs，然后灌注 TiO_2 纳米颗粒。该膜在空气中表现出优异的耐热性（高达 400℃）、强的耐化学性（pH 范围为 1~13）和机械稳定性。在不降低分离效率的前提下，通过煅烧实现油水分离，可以很容易地去除该膜表面的化学污染物。该膜水渗透量为 3000 L/（m^2·h），各种水包油乳剂的废油分离效率达到 99.6%。

虽然静电纺丝技术在油水分离研究方面取得了巨大的进展，但关于吸附剂的回收和可循环性，具有超高吸附或重力驱动分离能力的 ENMs，对污垢的稳定性，油水渗透性可切换的材料，以及可从复杂油水混合物中选择性分离油的材料的报道却很少。因此，仍然需要继续开发新型纳米油水分离材料。

6.3.5　消毒和微生物控制

大量使用商用氯和臭氧消毒剂可能对生物体及其环境有毒副作用，它们会产生有毒副产物，如卤化消毒副产物亚硝胺、溴酸盐等，这些副产物均具有致癌性。因此，开发消毒副作用更小的产品和方法是该领域亟须解决的问题。纳米颗粒如纳米银、纳米 ZnO、纳米 TiO_2、纳米 Ce_2O_4、碳纳米管和富勒烯，具有强氧化抗菌性能，是一种良好的潜在策略。这些纳米颗粒可以用于消毒和膜生物污垢控制。

微滤膜可以截留空气、水体中的微生物以达到微生物控制的目的。Sadasivam 等制备了平均孔径为 0.22~0.01 μm 的 PET 非织造基材微滤膜，具有高污水流动性和 99% 的细菌（大肠杆菌）截留率，该微滤膜的性能明显优于商业微滤膜。在另一项研究中，纤维素纳米晶功能化的 PAN/PET 微滤膜和双乙烯基和三乙烯基单体功能化的 PAN 膜表面均显示出较好的水处理能力，并通过尺寸排阻完全截留大肠杆菌。然而，膜表面形成的微生物层（生物污染）减小了微过滤膜的流动性能。表面带负电荷的微滤膜可用于防止生物污染。利用微生物和膜表面之间的静电斥力，阻止微生物黏附在膜表面上。Liu 等制备了用于水处理的 PVA—聚乙烯（PE）共聚防污微滤膜 ENMs。基底膜先利用三氰原氯化铵（TC）进行活化，然后通过 PEI

嫁接柠檬酸盐包覆银纳米颗粒（AgNPs）。复合膜具有稳定的水流性，可以完全过滤大肠杆菌和金黄色葡萄球菌。此外，该膜对细菌具有良好的灭活性能，抗菌率达99%。

6.4 市场规模和行业分析

2017~2024年，水处理系统市场规模、行业分析报告、区域展望、竞争市场份额和预测如图6-3所示。

U.S.工业CAGR(2017~2024)：>7%

欧洲市场CAGR(2017~2024)：>6%

全球废水处理系统市场(2024)：>$50BN

行业规模(2016)：>$20BN

膜过滤废水回收系统
CAGR(2017~2024)：>9%

医药行业CAGR
(2017~2024)：>7%

食品和饮料应用市场(2016)：
>$5BN

图6-3 水处理市场分析

（1）产业趋势。2016年废水回收系统的市场规模超过200亿美元，预计到2024年年复合增长将超过8%。由于不断增长的水需求和水资源不足的矛盾不断加剧，全球废水处理市场将出现快速增长。人口增长、城市化、消费模式变化、气候变化和工业化导致了全球水资源短缺。根据联合国教科文组织的数据，目前全球2/3以上的人口每年至少有一个月生活在缺水条件下。严格的政府监管制度和强制执行政策不断刺激污水处理市场规模增长。例如，中国环境保护局发布了污水处理指南，作为向地表水和城市污水处理厂排放废物的国家监管标准。普适性废水法规以及加强水资源管理的全球议程将继续促进行业增长。

将废物作为经济和环境资源利用的绿色工业趋势的转变，将推动全球水处理市场的增长。这些系统通过工业共生（主要是在生态工业园区内）的部署正变得越来越突出。不断扩大的工业化，加上不断增加的合规成本，将进一步增加该领域业务。

（2）按技术划分废水回收市场。膜过滤废水回收系统预测，到2024年，该市场将扩增超过9%。膜成本的下降及其运行效率的提高将使该技术能够在各种水处理解决方案中实施。持续的技术进步，加上日益严格的水质标准将进一步刺激这项技术的发展。相对较低的运营成本的离子交换树脂将广泛用于废水回收系统。离子交换树脂技术已广泛应用于核设施、工业过程以及医疗和制药领域，通过去除非必需离子来保持水的纯度。介质过滤技术因其应用范围广、适用性强，其应用范围在废水回收系统市场中将持续增长。

（3）按应用划分废水回收市场。食品和饮料废水回收系统 2016 年市场价值超过 50 亿美元。消费者对加工食品的需求不断增强，加上水的使用量不断增加，将促进该行业的增长。提高措施以满足高水输入需求，同时最大限度地降低这些行业的生产成本，将对业务前景产生积极影响。降低采矿过程有害影响的严格环境规范，将推动金属采矿废水回收系统市场的发展。零液体排放（ZLD）以及在此基础上从废水中提取有用物质的需求不断增加。由于全球性严格的消毒和净化规范的推行，制药废水回收系统市场将出现强劲增长。安装这些系统以获得高效且具有成本效益的供水将促进行业增长。

（4）按地区划分的废水回收市场。预计到 2024 年，美国废水回收系统的市场规模将扩大 7% 以上。不同行业严格的废水标准和排水标准将推动行业增长。例如，《联邦清洁水法》要求公司获得向水流中排放经处理废水的特别许可证。老化的废水处理基础设施以及不断减少的现有水资源将进一步扩大废水回收市场。欧洲市场将因废物处理的综合立法框架而增长。包括《欧盟水框架指令》和《城市废水处理指令》在内的区域法规大大扩展了这些系统的部署前景。加强清洁经济举措，日益重视环境保护和绿色产业，将推动中国市场的发展。

（5）成本竞争力、监管合规性、分销网络和产品差异化是确保整个行业竞争地位的关键战略。制造作业产生的废水，可以在对环境影响最小的情况下跨行业回收利用。新兴经济体不断增长的工业化以及严格的政府排水规范将刺激该行业的增长。

纳米纺织品的净水性能取决于其高比表面积、高孔隙率、高表面粗糙度和表面化学性质（疏水性/亲水性）。这些性能可以通过静电纺丝工艺和所选择的功能材料的性能进行调控。通过静电纺丝的技术创新、设计、开发，实现成本效益和高性能膜技术的运用，纳米纺织品将为解决世界淡水的短缺和污染问题做出巨大贡献。

纳米颗粒在水处理技术中的效率与其比表面积和表面的反应性呈正比，即它们区别于传统块体材料的特性。因此，设计纳米颗粒并将其纳入技术领域的关键任务之一是确保其在存储、处理和使用过程中不发生聚集和保持化学稳定性。然而，高效率是验证纳米颗粒市场竞争力的重要指标。纳米颗粒在各种水处理领域的应用取得了令人鼓舞的成果，未来的研究工作应该更好地面向工程纳米颗粒，在更可靠的现场应用条件下进行评估，以帮助其实现大规模商业化。

参考文献

［1］张文涛．基于钼硫纳米材料的食品工业废水新型处理技术研究［D］．咸阳：西北农林科技大学，2018.
［2］赵涛．纳米吸附材料的制备及其在染料废水处理中的应用［D］．武汉：武汉工业学院，2008.
［3］侯大伟．耐高温聚酰亚胺纳米纤维过滤材料的制备及性能研究［D］．上海：东华大学，2021.
［4］杜多．基于纳米纤维的细颗粒物过滤性能研究［D］．北京：华北电力大学，2020.

［5］孙召霞.碳烟颗粒对纳米纤维复合空气过滤材料容尘性能的影响［D］.广州：华南理工大学，2019.

［6］白利华.纳米金表面等离子体共振增强染料敏化太阳能电池效率的研究［D］.武汉：武汉大学，2017.

［7］郑茹. TiO_2 基光催化剂协同的高级氧化技术对水中有机污染物降解性能研究［D］.上海：上海师范大学，2022.

［8］李志雄.天然有机质与铁纳米颗粒相互作用：选择性吸附与团聚行为研究［D］.北京：中国地质大学，2020.

［9］李坤.静电纺丝法制备 PVDF-PDMS 纳米纤维复合膜及其油水分离性能［D］.长春：长春工业大学，2022.

［10］孔龙.典型纳米材料与环境中重金属/氯消毒剂的复合污染毒性研究［D］.济南：山东大学，2022.

［11］KAWASAKI T, YOSHIKAWA M. Nanofiber membranes from cellulose triacetate for chiral separation［J］. Desalination and Water Treatment, 2013, 51 (25-27)：5080-5088.

［12］LEE M W, AN S, LATTHE S S, et al. Electrospun polystyrene nanofiber membrane with superhydrophobicity and superoleophilicity for selective separation of water and low viscous oil［J］. Applied Materials & Interfaces, 2013, 5 (21)：10597-10604.

［13］GAI J G, GONG X L. Zero internal concentration polarization FO membrane：Functionalized graphene［J］. The Royal Society of Chemistry, 2014 (2)：425-429.

［14］GHASEMI E, ZIYADI H, AFSHAR A M, et al. Iron oxide nanofibers：A new magnetic catalyst for azo dyes degradation in aqueous solution［J］. Chemical Engineering Journal, 2015, 264：146-151.

［15］HALLAJI H, KESHTKAR A R, MOOSAVIAN M A. A novel electrospun PVA/ZnO nanofiber adsorbent for U (Ⅵ), Cu (Ⅱ) and Ni (Ⅱ) removal from aqueous solution［J］. Journal of the Taiwan Institute of Chemical Engineers, 2015, 46：109-118.

［16］MAHAPATRA A, MISHRA B G, HOTA G. Studies on electrospun alumina nanofibers for the removal of chromium (Ⅵ) and fluoride toxic ions from an aqueous system［J］. Industrial & Engineering Chemistry Research, 2013, 52 (4)：1554-1561.

［17］NALBANDIAN M J, GREENSTEIN K E, SHUAI D, et al. Tailored synthesis of photoactive TiO_2 nanofibers and Au/TiO_2 nanofiber composites：Structure and reactivity optimization for water treatment applications［J］. Environmental Science and Technology, 2015, 49 (3)：1654-1663.

［18］TIAN M, QIU C, LIAO Y, et al. Preparation of polyamide thin film composite forward osmosis membranes using electrospun polyvinylidene fluoride (PVDF) nanofibers as substrates［J］. Separation and purification technology, 2013, 118：727-736.

［19］TIAN E L, ZHOU H, REN X N, et al. Novel design of hydrophobic/hydrophilic interpenetrating network composite nanofibers for the support layer of forward osmosis membrane［J］. Desalination：The International Journal on the Science and Technology of Desalting and Water Purification, 2014, 347 (15)：207-214.

［20］ALMASIAN A, OLYA M E, MAHMOODI N M. Synthesis of polyacrylonitrile/polyamidoamine composite nanofibers using electrospinning technique and their dye removal capacity［J］. Journal of the Taiwan Institute of Chemical Engineers, 2015, 49：119-128.

［21］HONG G, SHEN L, WANG M, et al. Nanofibrous polydopamine complex membranes for adsorption of Lanthanum (Ⅲ) ions［J］. Chemical Engineering Journal, 2014, 244：307-316.

［22］ANITHA S, BRABU B, THIRUVADIGAL D J, et al. Optical, bactericidal and water repellent properties of electrospun nano-composite membranes of cellulose acetate and ZnO ［J］. Carbohydrate Polymers, 2013, 97 （2）: 856-863.

［23］ DOLINA J, JIÍEK T, LEDERER T. Membrane modification with nanofiber structures containing silver ［J］. Industrial & Engineering Chemistry Research, 2013, 52 （39）: 13971-13978.

［24］ HUANG L, ARENA J T, MCCUTCHEON J R. Surface modified PVDF nanofiber supported thin film composite membranes for forward osmosis ［J］. Journal of Membrane Science, 2016, 499: 352-360.

［25］ HOMAEIGOHAR S, DAI T, ELBAHRI M. Biofunctionalized nanofibrous membranes as super separators of protein and enzyme from water ［J］. Journal of Colloid & Interface Science, 2013, 406 （18）: 86-93.

［26］ HUANG L, MCCUTCHEON J R. Hydrophilic nylon 6, 6 nanofibers supported thin film composite membranes for engineered osmosis ［J］. Journal of Membrane Science, 2014, 457: 162-169.

［27］ SHEIKH F A, BARAKAT N, LI X, et al. Zinc oxide's hierarchical nanostructure and its photocatalytic proper- ties ［J］. Applied Surface Science, 2012., 258 （8）: 3695-3702.

［28］ LI X, WANG N, FAN G, et al. Electreted polyetherimide-silica fibrous membranes for enhanced filtration of fine particles ［J］. Journal of Colloid and Interface Science, 2015, 439: 12-20.

［29］ LI L, LI Y, YANG C, et al. Chemical filtration of Cr（Ⅵ）with electrospun chitosan nanofiber membranes ［J］. Carbohydrate Polymers: Scientific and Technological Aspects of Industrially Important Polysaccharides, 2016, 140: 299-307.

［30］ SI Y, REN T, DING B, et al. Synthesis of mesoporous magnetic Fe_3O_4 @ carbon nanofibers utilizing in situ polymerized polybenzoxazine for water purification ［J］. Journal of Materials Chemistry, 2012, 22 （11）: 4619-4622.

［31］ FENG Q, WU D, ZHAO Y, et al. Electrospun AOPAN/RC blend nanofiber membrane for efficient removal of heavy metal ions from water ［J］. Journal of Hazardous Materials, 2018, 344: 819-828.

［32］ Sapna, Sharma R, Kumar D. Chitosan-based membranes for wastewater desalination and heavy metal detoxifi- cation ［J］. Nanoscale Materials in Water Purification, 2019: 799-814.

［33］ LAKHDHAR I, MANGIN P, CHABOT B, et al. Copper（Ⅱ）ions adsorption from aqueous solutions using electrospun chitosan/peo nanofibres: Effects of process variables and process optimization ［J］. Journal of Wa- ter Process Engineering, 2015, 7: 295-305.

［34］ ZHOU S, LIU F, ZHANG Q, et al. Preparation of polyacrylonitrile/ferrous chloride composite nanofibers by electrospinning for efficient reduction of Cr（Ⅵ）［J］. Journal of Nanoscienceand Nanotechnology, 2015, 15 （8）: 5823-5832.

［35］ YI Y, TU H, ZHOU X, et al. Acrylic acid-grafted pre-plasma nanofibers for efficient removal of oil pollution from aquatic environment ［J］. Journal of Hazardous Materials, 2019, 371: 165-174.

［36］ ZHU Z, WANG W, QI D, et al. Calcinable polymer membrane with revivability for efficient oily-water reme- diation ［J］. Advanced Materials, 2018, 30 （30）: 1801870. 1-1801870. 8.

第 7 章 　纳米整理及其应用

纳米技术是开发功能纺织品的有效工具。纳米材料在功能性纺织品开发上的应用，主要通过一定的方法包埋到纤维中或整理到织物上，使纺织品具有某些特殊性能，主要包括抗污、抗紫外、抗菌以及导电等。本章将简要介绍纺织品纳米后整理方法、典型的纳米整理纺织品及其应用。

7.1 　纳米整理方法

纺织品纳米整理可以通过如图 7-1 所示的多种方法实现。接下来介绍几种典型的整理技术。

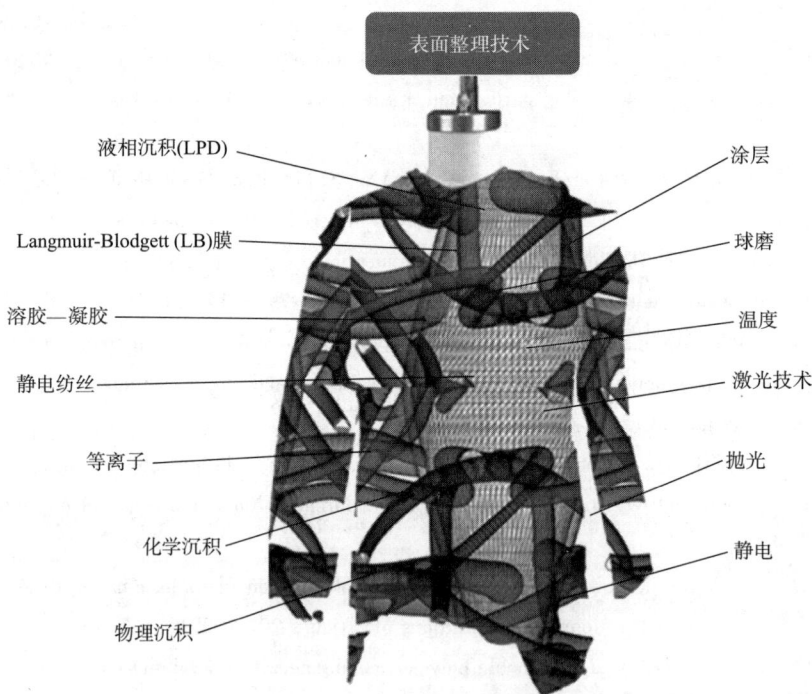

图 7-1 　纳米整理方法

（1）涂层整理。涂层整理是在织物表面单面或双面均匀地涂布一层或多层高分子化合物和纳米材料整理剂，赋予织物正反面不同功能的一种表面整理技术。诸多涂层方法中，浸涂法简单且对纺织品的影响小，其工艺流程是将待整理的纺织品基底浸入低黏性流体中，然后将其以恒定的速度拉出、烘干和固化。与浸涂法相比，喷涂法使用液体量更少，更为环保。泡沫涂层法就是在较高浓度整理工作液中加入发泡剂（一般为表面活性剂），再利用发泡设备使其与空气混合，最终在织物的表面涂覆泡沫胶层。利用该涂膜层使织物具有阻燃和防污性能，并兼具独特的风格、手感和外观，且透气性好、生产成本低。然而泡沫涂层法仍存在一些实际问题，最大的问题是其可重复性问题。

（2）化学沉积整理。化学沉积整理分为电镀和化学镀，两种方法均需要还原剂或其他添加剂。电镀是一种将纳米结构沉积在基底上的技术。一般而言，银、铜、镍或这些纳米金属的组合是通过电镀来实现沉积的。化学镀是由化学反应来沉积金属而不是依靠电能。金属电镀织物可应用于电磁干扰（electromagnetic interference，EMI）屏蔽、自清洁、抗菌和导电等许多领域。

（3）溶胶—凝胶整理。采用溶胶—凝胶法可在纺织品表面形成复杂的三维网络结构，整理过程中将 TiO_2、ZnO、Cu_2O 和 SiO_2 纳米颗粒复合整理到纺织品表面，使用该方法可开发自清洁、阻燃、防水、EMI 屏蔽、抗菌等单功能或多功能纺织品。

7.2　防污整理

7.2.1　基于纳米结构的超疏水防污整理

德国波恩大学的 Barthlott 教授在荷叶和其他具有自清洁功能的植物结构研究基础上首次阐述了纳米结构超疏水的机理。除了荷叶，其他植物和昆虫，如水稻叶、鼠尾草、蝴蝶翅膀、鱼鳞、鲨鱼皮和蚊子眼睛也具有荷叶效应。利用纳米球在纺织品表面构建具有荷叶效应的纳米结构可以赋予纺织品防污、防油和防水等功能性。

润湿行为在很大程度上受纺织品表面形貌的影响，表面形貌是由织物和纱线类型决定的。纺织品纱线类型，如长丝纱或短纤维，决定水滴的滚落程度。Roy 等从硬木中提取纤维素纳米纤维（CNFs），在棉花和涤纶表面构建具有荷叶效应的纳米纤维刷结构，通过简单的浸涂工艺将 CNFs 与 2,2,6,6-四甲基哌啶-1-氧基-氧化物混合涂覆到织物上，以实现超疏水/自清洁效果。所得棉和涤纶织物的平均水接触角（WCA）分别为 $162°±2°$ 和 $152°±3°$。织物上水珠呈圆形表明其具有超疏水性。Jiang 等通过使用锐钛矿型 TiO_2 和聚二甲基硅氧烷（PDMS）的混合物创建了无氟自清洁棉织物。涂层棉织物的 WCA 为 $153.8°$，无氟是该技术的最主要优点。

纺织纤维表面形貌复杂，所以自清洁效果稳定性较差。将织物暴露在紫外线下常常会失去自清洁功能。这是产业开发过程中一个亟待解决的问题。

7.2.2　基于粗糙表面的超疏水防污整理

赵等将含有 SiO_2 纳米颗粒、3-氨基丙基三乙氧基硅烷（APTES）和十六烷基三甲氧基硅烷（HDTMS）的纳米溶胶喷涂在棉、聚酯和棉/聚酯织物上进行整理后。研究发现，该方法整理后织物具有超疏水性，WCA 大于 150°。增加 HDTMS 或 SiO$_2$ 纳米颗粒的浓度，可以提高 WCA 和降低表面能。该织物的超疏水性能稳定性高，经 5 次洗涤之后，棉和聚酯织物仍表现出良好的超疏水性能，600 次磨损循环后仍保持疏水性。Zhang 等在研究中使用无氟有机硅制备了耐用超疏水羊毛织物。他们使用 HDTES 低聚物（HD 低聚物）和 HDTES 改性 SiO$_2$ 纳米颗粒（HD SiO$_2$）组成的纳米复合材料，通过简单的浸渍法将 HD SiO$_2$/HD 低聚物纳米复合材料涂覆在羊毛织物上，随后进行超声处理，发现该羊毛织物具有超疏水性、优异的耐磨性和较高的性能稳定性。

另一项研究中，研究者采用两步法，将 ZnO、Al$_2$O$_3$、TiO$_2$ 和 ZrO$_2$ 纳米颗粒整理到棉织物上，从而构建超疏水织物。该方法首先用 ZnO、Al$_2$O$_3$、TiO$_2$ 和 ZrO$_2$ 纳米颗粒将棉织物表面粗糙化，然后使用六甲基二硅氮烷（HDMS）对其进行疏水改性。结果表明，经 Al$_2$O$_3$ 纳米颗粒和 HDMS 处理的棉织物具有超疏水性能，洗涤后，织物仍然可以保持疏水性。

Zhou 的团队使用浸渍氟烷基硅烷改性的 SiO$_2$ 纳米颗粒、PDMS 和氟烷基硅混合物制备了耐用的超疏水涂层织物。该涂层织物对强酸、强碱具有优异的抗性，对其进行 500 次洗涤循环和严重磨损循环后，涂层仍表现出优异的超疏水性，WCA 高于 160°。Przybylak 等使用双官能含氟聚倍半硅氧烷来修饰棉织物的表面。研究表明，该织物具有超疏水性能，接触角为 151°，可耐 10 次洗涤。薛等通过溶胶—凝胶涂覆工艺，利用 TiO$_2$ 颗粒制备了超疏水棉织物。研究发现，TiO$_2$ 颗粒的使用不仅提高了织物的超疏水性，还提高了其紫外线屏蔽性能。与旧技术相比，该方法不需要使用昂贵的设备。

Merve KüçK 利用溶胶—凝胶和水热合成方法制备了球形 ZnO 纳米颗粒和 ZnO 纳米棒，并涂覆在聚酯织物表面。利用三种不同物质的量浓度的溶胶—凝胶溶液（0.14 M、0.12 M 和 0.08 M）来制备 ZnO 纳米颗粒，使用动态激光粒度仪测试 ZnO 纳米颗粒的粒径分布和多分散指数。第一阶段，溶胶—凝胶溶液（0.08 M）涂覆聚酯织物 ZnO 纳米颗粒，然后浸渍。第二阶段，采用水热合成方法在该涂层上生长出 ZnO 纳米棒结构。通过不同反应条件（0.08 M 和 0.16 M）研究 ZnO 纳米棒在聚酯织物表面上的生长机制。当水温为 98℃ 时，织物表面生长的 ZnO 纳米棒高度均匀、垂直取向且密集分布。ZnO 纳米棒为六方纤锌矿结构。ATR-FTIR 分析证实了 ZnO 和聚酯织物表面之间的结合。与原聚酯织物相比，其在 404 cm^{-1} 处有一个额外的峰，这证实了 ZnO 与织物表面发生键合。织物超疏水性能随 ZnO 纳米棒数量的增加而增加。

7.2.3　基于化学催化的防污整理

香港理工大学研究人员于 21 世纪初提出了光活性自清洁织物的理论。利用溶胶—凝胶法制备的 TiO$_2$ 胶体，使用浸渍垫干固化工艺整理织物。该织物具有光催化活性，可以在模拟阳光下降解咖啡和红酒污渍。经过 50 次洗涤后，TiO$_2$ 纳米颗粒仍稳定在棉织物上。该技术可进一步应用于羊毛等蛋白质纤维的整理，开发耐用型自清洁纺织品。

羊毛表面缺乏游离官能团，需要通过酰化处理，在羊毛表面引入新的官能团，如 —OH、—SH 和 —NH，然后再与 TiO$_2$ 纳米颗粒表面上的 —OH 发生反应。交联处理、酶预处理、超声波处理和等离子体处理等方法可用于提高纳米颗粒与不同基材（如羊毛、棉花和丝绸）的结合性，以提高纳米颗粒在基材表面的稳定性。据报道，在紫外光下，TiO_2/SiO_2 纳米复合材料比纯 TiO_2 纳米材料可更快地降解织物表面的污渍。增加 SiO_2 的浓度可提高纳米复合材料的光催化效率，并赋予织物表面超亲水性。

利用贵金属掺杂纳米颗粒进行防污整理，可将纳米颗粒的活化阈值向可见光区域延伸，改善光催化自清洁性能。将 Ag、Au 和 Pt 等贵金属引入 TiO_2 纳米颗粒中有助于将 TiO_2 纳米颗粒阈值转移到可见光区域。例如，涂有 TiO_2/Au、TiO_2/Ag、TiO_2/Pt 和 $TiO_2/Au/SiO_2$ 的棉织物和羊毛织物在紫外线和可见光下均具有除污渍（红酒和咖啡）能力，且在可见光下效果更佳。另有研究报道，掺杂锰（Mn）和氧化亚铜（Cu_2O）也可以增强 TiO_2 纳米颗粒在棉和聚酯织物上的可见光驱动光催化活性。除了金属掺杂，联合染料光敏化作用也可以进一步增强 TiO_2 纳米颗粒的可见光驱动催化活性。例如，将涂有 TiO_2 胶体的棉织物，浸入含有 4-羧基苯基卟啉（TCPP）和 Cu/TCPP 的染料溶液中，后者在棉织物表面表现出更好的光稳定性，仅照射 30 h，染料浓度即降低 5%。

7.3　抗紫外整理

随着消费者防晒意识的日益增强，对具有紫外线防护功能的纺织品的需求也不断增加。对纺织品进行紫外线防护整理的化学品有两类：有机化学品和无机化学品。在工业上应用较多的有机抗紫外整理剂有苯三嗪、苯水杨酸盐和二苯甲酮等。有机抗紫外整理剂存在耐久性差、活性差，以及最重要的毒性问题。无机抗紫外整理剂因其具有宽光谱阻滞性而被广泛使用。Fouda Amr 利用生物合成的 ZnO 纳米颗粒对棉花进行多功能整理。该成品具有优异的抗菌和抗紫外性能。Seyed 等利用 ZnO 制备了抗紫外和抗菌棉织物。该织物具有良好的耐久性，洗涤和摩擦后仍保持良好的抗紫外和抗菌性能。Nasouri 等利用多壁碳纳米管制备了抗紫外纳米纤维，该纤维除了具备良好的抗紫外性能外，还表现出优异的微波吸收性能。Pandimuru-gan 使用海藻包覆的氧化锌纳米颗粒制备了一种多功能棉织物，该织物的紫外线防护系数（UPF）在 43~45。

7.4　抗菌整理

世界卫生组织（WHO）的新全球抗菌素监测系统（GLASS）在 2018 年的数据表明，22个国家的 50 万名人员感染了耐抗生素菌传染病，对人类健康构成严重威胁。由于耐药菌传染病的流行，纳米粒子在纺织工业、生物医学、美容、自洁、药物输送系统、紫外线防御、杂质去除、水和空气过滤系统等生活领域的应用受到越来越多的关注。纳米颗粒用于纺织品中可减少织物降解、产生有害气味和潜在的健康风险等。例如，天然纤维由于比表面积大、吸水性强等特性容易受到微生物的感染，沾污身体分泌物后为微生物的生长提供了理想的栖息地，因此，各种纺织品都需要进行抗菌整理，以保护穿着者免受感染、刺激和皮肤过敏。纳米颗粒整理能够承受洗涤、干燥和浸出等纺织品使用过程中产生的影响。能够用于纺织品抗菌整理的纳米粒子包括纳米金属（如银、铜、金、钯）；石墨烯纳米粒子；金属氧化物，如氧化锌、氧化钛、氧化铜、氧化石墨烯、氧化钙和氧化镁；碳纳米管和纳米黏土等。

纳米颗粒的抗菌作用取决于颗粒本身以及颗粒与微生物的关系。这些纳米颗粒可以通过以下相互作用使微生物失活，从而使靶向细胞内形成能够造成细胞损伤的成分：第一，通过增加细胞壁的渗透性；第二，细胞的所有基本功能因细胞质膜的相互作用而被破坏；第三，与细胞质内容物相互作用从而使细胞失活（图7-2）。

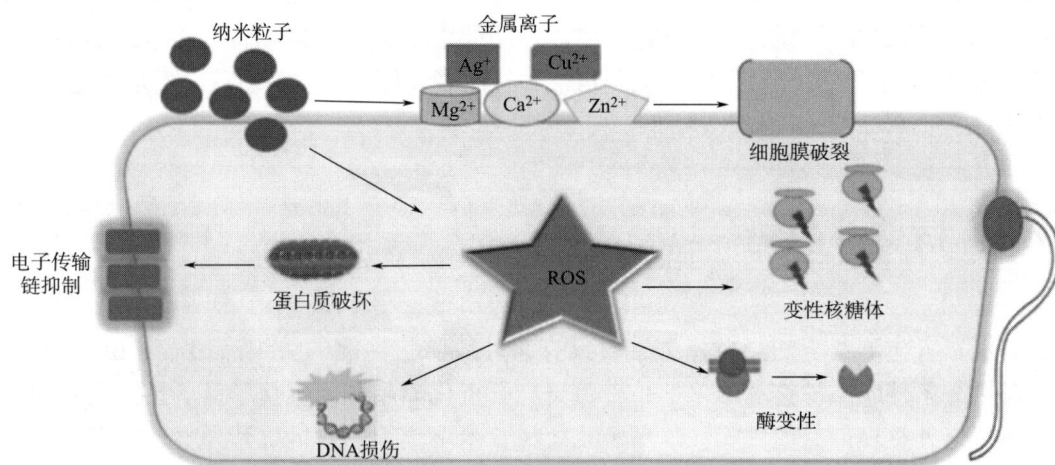

图7-2　各种纳米颗粒的抗菌机制

金纳米粒子在细胞质中会引起氧化应激，从而导致微生物死亡。铜纳米粒子显示出优异的抗真菌活性。氧化铜纳米粒子通过释放触发活性氧物质产生的 Cu^{2+} 离子，对金黄色葡萄球菌具有良好的抗性。将铜引入织物和其他物品中可赋予基底材料杀菌性能。铜纳米材料释放铜离子，铜离子通过酶失活、蛋白质官能团破坏和质膜损伤抑制微生物发育。纳米银具有广谱抗菌性，对多种细菌均具有良好的抗性，如金黄色葡萄球菌、肺炎克雷伯菌、枯草芽孢杆菌、兽疫链球菌、大肠杆菌和产气肠杆菌。细菌的表面带负电，而石墨烯带正电，石墨烯家族纳米材料充当将电荷从石墨烯传输到细菌的桥梁。氧化钙纳米粒子对革兰氏阳性菌、革兰氏阴性菌和酵母菌起作用，被广泛用于对抗食品中的微生物。

7.4.1　基于银纳米颗粒的抗菌整理

银纳米颗粒具有非凡的抗细菌和抗真菌性能，广泛应用于生活中各个领域。尽管我国限制银纳米颗粒在医用纺织品中的使用，其仍广泛应用于防护纺织品以及日常和运动服装中。

使用各向异性银纳米颗粒（AgNPs）处理棉织物制备彩色（红色、蓝色和黄色）超疏水抗菌织物。首先将织物浸入聚（亚乙基胺）（PEI）水溶液中 20 min，使其带正电；然后将织物浸入重量比为 300∶1 的 AgNPs 水溶液中 30 min；最后用氟化癸基多面体低聚倍半硅氧烷（F-POSS）乙醇分散液（5 mg/mL）处理，获得彩色超疏水抗菌织物。AgNPs 的表面等离子体共振（SPR）赋予织物颜色，颜色受纳米颗粒的大小、形状和厚度的影响。超疏水处理在织物上形成了一层保护层，增强了各向异性 AgNPs 的耐久性。织物具有超疏水性，水接触角（WCA）为 169°，并对大肠杆菌和枯草芽孢杆菌具有良好的抗菌作用。

Ag/ZnO 复合物可以改善织物抗菌和抗紫外性能。掺杂量为 2.5% 的 AgNPs 沉积在 ZnON-Ps 表面，并对棉织物进行整理。结果显示，整理后的棉织物具有优异的疏水性、抗紫外、抗菌和防霉等性能。与纯 ZnONPs 相比，负载 3% Ag/ZnONPs 的织物具有较高的疏水性，WCA 为 139°，具有较高的抗紫外性能。随着沉积量的增加，抗菌率提高，而含 3% Ag/ZnO 纳米颗粒的织物对金黄色葡萄球菌、大肠杆菌和白色念珠菌的抗菌率分别为 91%、96% 和 98%。涂覆 Ag/ZnO 纳米颗粒的棉织物的防霉性能最高（特别是防黄曲霉），其防霉效果可能为 0 级。

7.4.2　基于铜纳米颗粒的抗菌整理

铜基纳米颗粒（Cu、Cu_2O、CuO、CuS 及其混合物）的抗菌活性是耐银细菌出现后以及抗菌伤口敷料开发潜能被发掘后才被广泛关注的。合成铜基纳米颗粒所必需的前体盐成本低，甚至比硝酸银更低，这降低了抗菌颗粒的生产成本，使得铜基抗菌纳米复合材料的制造更经济可行。

铜基纳米颗粒是高效的抗菌剂，可以固定在纤维素纤维上，如棉花、黏胶纤维或天丝（Lyocell）。目前，有许多方法可以在纤维素织物上直接制备铜基纳米颗粒。通过在纤维素纤维表面引入特定基团（羧基、氨基）与 Cu 离子结合，再采用化学还原剂、绿色织物提取还原剂等多种还原剂还原 Cu 离子，均可以在纤维上直接制备铜基纳米颗粒。还原剂、稳定剂、合成条件和前体盐等因素影响纳米颗粒的大小、化学形式和聚集性等的重要性能。

不同形式铜基纳米颗粒的抗菌机制并不相同，但对耐药细菌均具有非凡的抗菌活性。尽管对其抗菌作用机制和可能具有的局限性仍缺乏深入研究，但许多基于铜基纳米颗粒的材料已被用于抗菌伤口敷料的开发。

7.4.3　基于氧化锌纳米颗粒的抗菌整理

ZnONPs 具有优异的抗菌性能，其机制涉及光催化、活性氧以及 ZnONPs 与细菌表面之间的相互作用，抗菌活性与颗粒大小有关，对革兰氏阳性细菌的杀菌效果强于对革兰氏阴性细菌的杀菌效果。

Pintarić 等通过溶胶—凝胶法对纺织品表面进行了修饰，研究了超声辐照功率（40～90 kHz）、试剂浓度（纳米颗粒、前体和酸）和时间（15～72 min）对 ZnONPs 涂层的结构、形态和抗菌活性的影响。在最佳条件下制备具有 ZnONPs 涂层的抗菌纺织品，其对金黄色葡萄球菌和大肠杆菌均具有抗菌活性。使用不同浓度的六甲基三乙烯四胺（HMTETA）将 ZnONPs 掺入棉织物中。对涂有 ZnONPs 的棉花进行抗革兰氏阳性大肠杆菌和革兰氏阴性金黄色葡萄球菌的抗菌活性研究，结果显示，两种菌分别减少94.9%和91.5%。ZnONPs表现出优异的抗菌特性、生物相容性、高度稳定性且对人体细胞无害，在纺织品整理领域具有广阔的应用前景。

7.4.4 基于二氧化钛纳米颗粒的抗菌整理

TiO_2纳米颗粒TiO_2 NPs具有高稳定性、持久性和多样性抗菌作用等显著特征，广泛用于自清洁、抗生素、抗紫外、去除杂质、水和空气过滤系统。TiO_2在紫外线下产生活性氧，超氧自由基干扰大肠杆菌膜中的不饱和磷酸盐脂质，导致细胞膜损伤并降低细菌活力。

Khan等使用方便的垫干固化方法开发了一种具有抗紫外、超疏水性和抗菌活性的多功能棉织物。将包含ZnO或TiO_2 NPs和有机、无机黏合剂的配方应用于棉织物，然后评估其功能特性。结果显示，整理后的样品已显示出优异的抗紫外、超疏水性和抗菌性，可持续长达20个洗涤周期。Perelshtein等合成了锐钛矿型和金红石型两种形式的TiO_2 NPs，并通过超声辅助将其沉积在棉织物的表面上，测试了TiO_2-棉复合材料对革兰氏阴性大肠杆菌和革兰氏阳性金黄色葡萄球菌以及白色念珠菌的抗菌活性。结果显示，织物对金黄色葡萄球菌具有显著的抗菌作用。此外，可见光和TiO_2 NPs的结合显示出增强的抗微生物活性。

7.5 传感和导电整理

传感纺织品是传统纺织技术与化学、材料、微电子、信息等技术的深度融合，能够像人类一样对物理刺激和化学刺激的变化及时做出反应的纺织品（图7-3）。典型传感纺织品有智能温控纺织品、形状记忆纺织品、防水透湿纺织品、变色纺织品和电子信息智能纺织品等，本节将主要介绍光感变色、电子信息和能源智能纺织品。

7.5.1 光感变色传感整理

智能变色纺织品会随着外界环境条件的变化而变化，在不同的条件下可以显示出不同的颜色。变色纺织品因其独特的性能，被广泛应用于各个领域。在日常生活中，可用于生产时尚的变色服装和装饰面料；在军用中可用于军事伪装。

光致变色是Hirschberg于1950年提出的，是一种在光下的颜色变化现象。国际纯粹与应用化学联合会（International Union of Pure and Applied Chemistry，IUPAC）将光致变色定义为"光诱导的可逆颜色变化"。光致变色和热致变色有显著差异。光致变色是由电磁辐射引起的，热致变色是由热所导致的。

Zeeshan Khatri等在室温下，利用含有聚乙烯醇（PVA）、光致变色染料的乙醇溶液，在12 kV电压下，进行静电纺丝制备了UV响应的光致变色纳米纤维。该纤维直径范围为307~349 nm。在紫外光照射过程中，纳米纤维呈现可逆的颜色变化。Liu等以3′，3′-三甲基-6-羟基螺环作为光致变色材料制备静电纺丝醋酸纤维素纳米纤维。结果表明，光致变色材料不

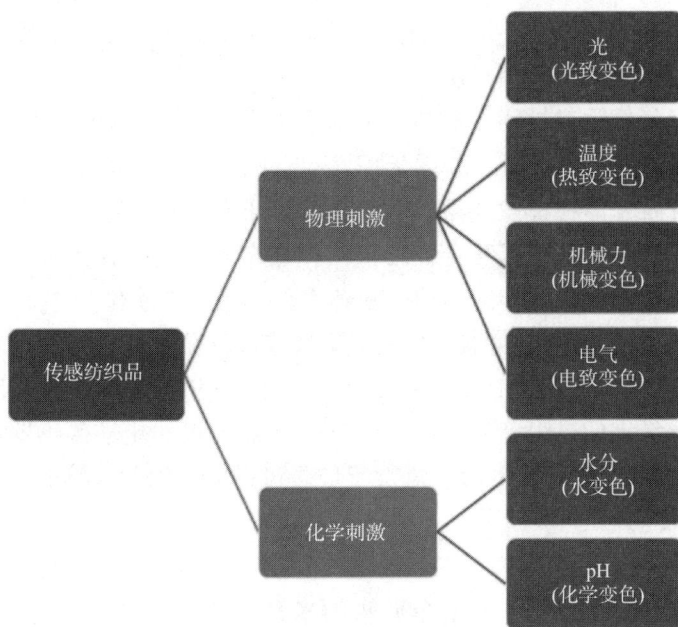

图 7-3 刺激的分类

影响纤维的形态，且赋予纳米纤维良好的光致变色性能，这些光致变色纳米纤维在光学器件或生物传感器应用中具有广阔的应用前景。

7.5.2 导电智能传感整理

在医疗保健应用中，可穿戴式监测设备能够在日常活动中持续监测生理信号，以跟踪和记录生物特征数据。将导电纤维和传感器编织在衣服（智能衬衫）中，用来监测人体的心跳和呼吸。智能服装可以用来提高军队的安全性和有效性，可以提高在危险环境下工作人员的生存能力。

7.5.2.1 生物化学传感器

碳纳米管（CNT）复合静电纺纤维已被用于制备生物传感器，检测多种化学物质和生物分子，如酒精、H_2O_2 和葡萄糖等。使用葡萄糖氧化酶对掺杂 CNT 的静电纺聚丙烯腈纳米纤维进行表面修饰，制备葡萄糖电化学传感器，用于检测葡萄糖含量。研究发现，该纳米复合纤维传感器的葡萄糖传感性能随着 CNT 负载和氧化氟化表面功能化量的增加而提高。使用掺有多壁碳纳米管（MWCNT）的聚二烯丙基二甲基氯化铵和固定有葡萄糖氧化酶的聚（甲基丙烯酸甲酯）PMMA 纳米膜同样可以开发葡萄糖传感器。传感器能够在 20 μM 到 15 mM 的浓度范围检测葡萄糖，检测信号与葡萄糖浓度呈线性关系，检测极限为 1 μM，响应时间为 4 s。

Lee 等开发了一种基于金掺杂石墨烯的半透明可穿戴可伸缩贴片型电化学传感器，用于汗液中葡萄糖定量检测和基于反馈疗法的经皮给药。该电化学传感器在汗糖监测中表现出良好的灵敏度和选择性。该电化学传感器具有葡萄糖、湿度、pH、温度和震动传感功能。监测数据通过蓝牙进行无线通信。工作过程为：吸汗层收集汗液，直到相对湿度达到80%；然后，葡萄糖和pH传感器开始测量，根据汗液中的葡萄糖水平，逐步激活温度诱导的载药生物可吸收微针的运动，以实现基于反馈疗法的给药。

聚合物复合纳米纤维也已被用于有机挥发性化合物的传感。掺有MWCNT的聚甲基丙烯酸甲酯（PMMA）静电纺纳米纤维，暴露于挥发性有机化合物中时，表现出明显的电阻变化。这是由于复合纳米纤维暴露在挥发性物质中，会引起纤维结构的膨胀，从而导致CNT束的分离和导电网络的破坏。将电纺纳米复合纤维毡沉积在多孔膜上，在其上直接印刷电极，以开发有机挥发性化合物传感器。该传感器信号随蒸汽浓度呈线性变化。

掺有MWNT-OH的静电纺尼龙纳米复合纤维暴露于低分子量的醇蒸气中，表现出明显的电阻变化。这是由于乙醇蒸气与MWCNT-OH的—OH和尼龙66的酰胺基团之间形成氢键作用，增加了纳米复合纤维的电阻。基于该纳米复合纤维构建的化学传感器可以检测甲醇、乙醇、1-丙醇和1-丁醇等低分子量的醇。氢键反应是可逆的，因此传感器可重复利用。

7.5.2.2 湿度传感器

人们利用CNT的纳米复合纤维开发了湿度传感器。使用湿法纺丝技术生产了具有高强度（750 MPa）和断裂能量（4300 J/g）的单壁碳纳米管（MWWCNT）掺杂的PVA长丝。纳米复合长丝吸水后有显著的溶胀，从而引起电阻变化。将纳米复合纤维缝合到疏水性纺织材料上构建传感器，喷水后，传感器电阻变化超过220倍。反应时间40 s内，电阻变化超过24倍。这种基于纳米复合纤维的传感器可以用于监测人体出汗和疏水纺织材料的漏水情况。

通过化学点击法在涤/氨纶混纺针织面料表面构建疏水—亲水图案，从而实现功能化材料的精确沉积，以实现灵敏稳定的运动和湿度传感。代表性例子是，将导电银纳米线（AgNW）网络沉积在指定的亲水织物表面上，以实现准确、可重复和稳定的运动传感。这种银纳米线传感器记录了低电阻（低于60 Ω）、稳定的电阻循环响应（超过2000次循环）和对湿度的快速响应时间（0.46 s）。真空辅助的逐层组装技术可以在纺织品上共沉积导电物质，从而开发出具有出色的电磁干扰（EMI）屏蔽性能、超疏水性和高度灵敏的湿度响应的柔性多功能纺织品。形成的叶状纳米结构由作为导电性高的骨架（静脉）的银纳米线（AgNWs）和作为薄片的过渡金属碳化物/碳氮化物（MXene）纳米片组成。MXene的存在可保护AgNWs免受氧化，并增强AgNWs与织物基质的结合，其官能团的转变导致自衍生的疏水性。柔性多功能纺织品的薄层电阻低至0.8 Ω/m^2，在120 μm的小厚度下，在X波段具有出色的EMI屏蔽效率，为54 dB，并具有高度敏感的湿度响应，同时保持良好的孔隙率和渗透性。通过老化处理亲水性MXene涂层的丝线，可以实现大于140°的大接触角的自衍生疏水性。可穿戴多功能纺织品在智能服装、湿度传感器、执行器和EMI屏蔽方面的应用前景非常广阔。

使用Langmuir-Blodgett（LB）技术将MIL-96（Al）MOF薄膜直接沉积到包含纺织电极的织物上，以制造高度选择性的湿度传感器。湿度传感器由两种不同类型的纺织品制成，即亚麻和棉，基于MOF的传感器覆盖范围更广，基于亚麻的传感器可提供最佳响应。在多次测量之后，特克斯泰勒（Textainer，TEX）传感器显示出可再现的响应。储存3周后，传感器显示响应程度有所下降。此外，在存在几种挥发性有机化合物（VOCs）的情况下，TEX传感器对水蒸气的检测显示出很高的选择性。该方法是通用的，可以扩展到检测有毒气体和蒸汽的其他纺织品和涂层材料上。

7.5.2.3　应力应变传感器

近年来，电子皮肤发生了爆炸性发展。高度灵敏的压力感测是电子皮肤的主要功能之一。迄今为止，大多数已报道的类似于皮肤的压力传感器均基于纳米材料和微结构化聚二甲基硅氧烷（PDMS）膜，由于其未知的生物毒性和复杂的制造程序而使其应用受到限制。现在迫切需要一种经济高效且生物相容性好的方法来制造高性能的类似皮肤的压力传感器。丝素蛋白（SF）是一种天然蛋白质，由于其可作为柔性电子产品的基材而受到广泛关注。Wang 等使用源自 SF 的活性材料，演示了类似皮肤的压力传感器的制造过程。可以使用具有成本效益且可大规模使用的方法，使用透明的碳化丝纳米纤维膜（CSilkNM）和非结构化 PDMS 膜来制造柔性和共形的压力传感器。由于 CSilkNM 具有独特的 N 掺杂碳纳米纤维网络结构，因此所获得的压力传感器具有出色的性能，包括适用于宽压力范围的超高灵敏度（34.47 kPa^{-1}）、超低检测极限（0.8 Pa）、快速响应时间（<16.7 ms）和高耐用性（>10000 次循环）。基于其优越的性能，展示了其在监测人体生理信号、感知微妙的触摸以及检测压力的空间分布方面的应用。

基于碳纳米材料的纳米复合材料在机械应力和应变传感方面有很大的应用潜力。通过湿法纺丝技术制备 GO/聚氨酯导电纤维，研究发现，6.9%（质量分数）GO 负载 GO/聚氨酯导电纤维的电导率可达 0.18 S/m。纳米复合纤维具有良好的应变感应能力，拉伸时，纤维的电阻增大；松弛时，电阻减小。这些应变传感器在每个施加的应变下都能表现出稳定的 R/R_0 值，灵敏度系数为 0.4~1。Ryu 等利用碳纳米管纤维，采用干法纺丝制备了一种超高可伸缩性可穿戴设备。该设备具有较高的灵敏度、响应性和稳定性，并且可以拉伸至900%以上。该设备可以集成到各种运动检测系统中。

7.5.3　导电能源整理

7.5.3.1　超级电容

纤维状超级电容器因其具有功率密度高，循环寿命长，充放电速度快等优点，在智能储能纺织品中具有良好的应用前景。然而现有的纤维状超级电容器仍存在能量密度低、电极材料浪费、电化学性能低、安全性、成本高、缺乏规模化制备策略等问题，其性能主要受制于较低的有效电极比表面积和较差的孔径分布。

将电池"缝"进衣物中，是一种很好的储能装置。墨尔本皇家理工学院（RMIT）的科学家们开发出一种可生产"智能织物"的技术方法，就是在其中嵌入超级电容储能装置。科学家们展示的这种激光打印技术可以将石墨烯超级电容器直接嵌入纺织品中，创造出一种可以存储能量并与太阳能电池集成的织物，该技术用于智能织物的应用。该激光打印技术可在短短 3 min 内制成一块 10 cm×10 cm 的布料，布料防水和可拉伸性高达200%，每 1~2 cm 能量密度达到 6.73 MWh。研究人员还展示了将织物与太阳能电池集成并在 20 天内实现稳定性能的概念证明。

研究者将 CVD 法制备的 CNTs，抽拉形成纤维，螺旋式缠绕在尼龙 66 纤维上以形成电极。随后，通过电化学方法在碳纳米管/尼龙复合电极上沉积二氧化锰，最后用 PVA-LiCl 凝胶电解质涂覆，制造超级电容器。该超级电容器最大能量密度 2.6 mWh/cm^2。此外，研究者还制备了其他纳米纤维超级电容器，包括 CNT/石墨烯纱线的超级电容器、介孔碳/碳纳米管纤维超级电容器、聚苯胺（PANI）/金属丝超级电容器和氧化锌纳米线/MnO$_2$ 超级电容器等。

可穿戴设备的研究开发越来越多，其中可发电的衣物虽然暂时不能用于商业化，但是其概念早已较为成熟。

7.5.3.2 纳米发电机

摩擦纳米发电机（triboelectric nanogenerator，TENG）作为一种能量产生单元，在内部电路中，两个电极性的摩擦材料之间会发生电荷转移而使二者之间形成一个电势差；在外部电路中，电子在电势差的驱动下在两个分别粘贴在摩擦电材料层背面的电极之间或者电极与地之间流动来平衡这个电势差。摩擦纳米发电机的动力源既可以是已被人们广泛认识的风力、水力、海浪等大能源，也可以是人们的行走、身体的晃动、手的触摸、下落的雨滴等从没被人们注意的环境中的随机能源，还可以是车轮的转动和机器的轰鸣等。TENG 逐渐形成了自供电和无线移动的发展趋势。

导电纱线和介电丝纤维分别作为芯层和鞘层开发芯—鞘结构纱线摩擦纳米发电机（TENG）。芯—鞘纱线 TENG 可以进一步织成或编成织物，从通过拉伸或敲击获取能量。通过简单的纺纱与纳米整理技术相结合，可以连续生产出集柔韧性、导电性、织造性和 TENG 功能于一体的纱线。进一步和铜电极一起用预拉伸的硅橡胶进行包裹，以开发可拉伸的能量收集器，丝纤维和橡胶的接触和分离可触发外部电路中的电流并产生瞬时电流。

中国科学院北京纳米能源与系统研究所研究人员开发了一种具有类脱氧核糖核酸双翼螺旋结构的 3D 编织可拉伸分级联锁花式纱线 TENG（3D HIFY-TENG），用于多功能能量收集模式和自供电生物力学传感。3D HIFY-TENG，可以通过身体运动产生自驱动摩擦电输出，而无须依赖其他物体。它显示出优异的机械强度、拉伸性（>350%）、可编织性、耐洗性和人体舒适性。此外，从理论上和实验上系统地研究了 3D HIFY-TENG 的几何和机械行为。3D HIFY-TENG 不仅可以收集生物力学能量和监测身体运动，而且表现出独特的可调节孔隙效应，为动态电子纺织品图案设计提供了发展潜力。此外，还开发了一套智能健身系统，用于实时运动检测、频率分析和自供电姿势校正警报的运动管理。

中国的科学家们已经开发出一种智能枕头，其目的是通过头部运动监测休息质量，同时为系统提供动力。这种自我供电的智能枕头源于科学家们在睡眠监测系统方面的早期工作，该系统在夜间通过 TENGs 跟踪运动并收集能量。这些系统将机械能转化为电能，由于它们能够利用运动中身体产生的能量，因此处于可穿戴设备研究的前沿。

在睡眠监测领域，这些发电机已经应用于眼罩和床单。然而，智能枕头的创造者正在开发一种限制性较小且不会影响用户使用舒适度的新方案。该枕头的特点是有几组灵活的、多孔的聚合物三电层，在头部移动时产生电流。这些系统被配置于普通的枕头上，并根据施加的压力大小产生电压。测试表明，该枕头可以跟踪一个假人头的压力分布虽然最初的设计目的是用于跟踪睡眠质量，但科学家设想这种自供电的枕头也具有其他用途，包括监测病人的颈部疾病，或者作为容易掉下床的人的早期预警系统。

参考文献

[1] 黄蓉. 自清洁纳米 TiO₂ 在棉织物上的研究与开发 [D]. 上海：东华大学，2018.

[2] 袁晓彤. 纳米材料抗污复合膜的制备及性能研究 [D]. 天津：天津工业大学，2020.

[3] 李春丽. TiO₂/苯并三唑抗紫外整理剂的合成及对涤纶的应用研究 [D]. 无锡：江南大学，2020.

[4] 徐悦. 聚丙烯腈/聚氨酯/TiO₂ 纤维膜的涂层改性及抗紫外和防水透湿性能研究 [D]. 上海：东华大学，2018.

[5] 潘薇. 吸湿排汗抗紫外复合功能面料的研究与开发 [D]. 杭州：浙江理工大学，2021.

[6] 王硕峰. Cu 纳米颗粒的抗菌性及其在纺织物中的应用研究 [D]. 兰州：兰州大学，2021.

[7] 李波. 基于银基纳米复合生物材料靶向协同抗菌用于骨感染治疗 [D]. 上海：东华大学，2022.

[8] 任彩娟. 用于智能纺织品的电致变形驱动器件的制备与性能研究 [D]. 上海：东华大学，2022.

[9] 齐琨. 基于纳米纤维纺织品的柔性可穿戴多模式力学传感器的构筑与应用 [D]. 无锡：江南大学，2020.

[10] 谷攀. 基于温度线性响应特性温敏聚合物的制备及智能响应性应用 [D]. 杭州：浙江理工大学，2020.

[11] DASTJERDI R，MONTAZER M. A review on the application of inorganic nano-structured materials in the modification of textiles：Focus on anti-microbial properties [J]. Colloids and Surfaces B：Biointerfaces，2010，79（1）：5-18.

[12] YANG K，PERIYASAMY A P，VENKATARAMAN M，et al. Resistance against penetration of electromagnetic radiation for ultra-light Cu/Ni-coated polyester fibrous materials [J]. Polymers，2020，12（9）：2029.

[13] PERIYASAMY A P，VENKATARAMAN M，KREMENAKOVA D，et al. Progress in sol-gel technology for the coatings of fabrics [J]. Materials，2020，13（8）：1838.

[14] ZHANG M，FENG S，WANG L，et al. Lotus effect in wetting and self-cleaning [J]. Biotribology，2016，5：31-43.

[15] ROY S，ZHAI L，KIM J W，et al. A novel approach of developing sustainable cellulose coating for self-cleaning-healing fabric [J]. Progress in Organic Coatings，2020，140：105500.

[16] JIANG C，LIU W，YANG M，et al. Facile fabrication of robust fluorine-free self-cleaning cotton textiles with superhydrophobicity，photocatalytic activity，and UV durability [J]. Colloids and Surfaces A：Physicochemical and Engineering Aspects，2018，559：235-242.

[17] DAOUD W A，LEUNG S，TUNG W S，et al. Self-cleaning keratins [J]. Chemistry of Materials，2008，20（4）：1242-1244.

[18] BOZZI A，YURANOVA T，KIWI J. Self-cleaning of wool-polyamide and polyester textiles by TiO₂-rutile modification under daylight irradiation at ambient temperature [J]. Journal of Photochemistry and Photobiology A：Chemistry，2005，172（1）：27-34.

[19] PAKDEL E，DAOUD W A，WANG X. Assimilating the photo-induced functions of TiO₂-based compounds in textiles：Emphasis on the sol-gel process [J]. Textile Research Journal，2015，85（13）：1404-1428.

［20］ PAKDEL E, DAOUD W A, SUN L, et al. Visible and UV functionality of TiO$_2$ ternary nanocomposites on cotton ［J］. Applied Surface Science, 2014, 321: 447-456.

［21］ ZAHID M, PAPADOPOULOU E L, SUARATO G, et al. Fabrication of visible light-induced antibacterial and self-cleaning cotton fabrics using manganese doped TiO$_2$ nanoparticles ［J］. ACS Applied Bio Materials, 2018, 1 (4): 1154-1164.

［22］ GAMINIAN H, MONTAZER M. Enhanced self-cleaning properties on polyester fabric under visible light through single-step synthesis of cuprous oxide doped nano-TiO$_2$ ［J］. Photochemistry and Photobiology, 2015, 91 (5): 1078-1087.

［23］ AFZAL S, DAOUD W A, LANGFORD S J. Photostable self-cleaning cotton by a copper (Ⅱ) porphyrin/TiO$_2$ visible-light photocatalytic system ［J］. ACS Applied Materials & Interfaces, 2013, 5 (11): 4753-4759.

［24］ PAKDEL E, DAOUD W A, WANG X. Self-cleaning and superhydrophilic wool by TiO$_2$/SiO$_2$ nanocomposite ［J］. Applied Surface Science, 2013, 275: 397-402.

［25］ ZHAO Q, WU L Y L, HUANG H, et al. Ambient-curable superhydrophobic fabric coating prepared by water-based non-fluorinated formulation ［J］. Materials & Design, 2016, 92: 541-545.

［26］ ZHANG J, LI B, WU L, et al. Facile preparation of durable and robust superhydrophobic textiles by dip coating in nanocomposite solution of organosilanes ［J］. Chemical Communications, 2013, 49 (98): 11509-11511.

［27］ NURHAN O, GÜLFEM M. Development of water repellent cotton fabric with application of ZnO, Al$_2$O$_3$, TiO$_2$ and ZrO$_2$ nanoparticles modified with ormosils ［J］. Textile and Apparel, 2016, 26 (3): 295-302.

［28］ ZHOU H, WANG H, NIU H, et al. Fluoroalkyl silane modified silicone rubber/nanoparticle composite: A super durable, robust superhydrophobic fabric coating ［J］. Advanced Materials, 2012, 24 (18):2409-2412.

［29］ NOORIAN S A, HEMMATINEJAD N, NAVARRO J A. Ligand modified cellulose fabrics as support of zinc oxide nanoparticles for UV protection and antimicrobial activities ［J］. International Journal of Biological Macromolecules, 2020, 154: 1215-1226.

［30］ ZHENG Z, GU Z, HUO R, et al. Superhydrophobicity of polyvinylidene fluoride membrane fabricated by chemical vapor deposition from solution ［J］. Applied Surface Science, 2009, 255 (16): 7263-7267.

［31］ NOLAN N T, SEERY M K, HINDER S J, et al. A systematic study of the effect of silver on the chelation of formic acid to a titanium precursor and the resulting effect on the anatase to rutile transformation of TiO$_2$ ［J］. The Journal of Physical Chemistry C, 2010, 114 (30): 13026-13034.

［32］ GAO D, LIU J, LYU L, et al. Construct the multifunction of cottonfabric by synergism between nano ZnO and Ag ［J］. Fibers and Polymers, 2020, 21 (3): 505-512.

［33］ KÜÇÜK M, ÖVEÇOLU M L. Surface modification and characterization of polyester fabric by coating with low temperature synthesized ZnO nanorods ［J］. Journal of Sol-Gel Science and Technology, 2018, 88 (2): 345-358.

［34］ YU A, PU X, WEN R, et al. Core-shell-yarn-based triboelectric nanogenerator textiles as power cloths ［J］. ACS Nano, 2017, 11 (12): 12764-12771.

第8章 纳米材料及纳米纺织品在组织再生中的应用

再生医学旨在基于组织工程、分子生物学、生物材料和干细胞生物学的综合策略，开发再生、修复或替换受损或患病细胞、组织或器官的方法。组织再生材料可以通过刺激身体的修复机制来实现组织再生，特别是通过缓释能够刺激干细胞发挥生物功能的因子和能够起到促进细胞增殖的支架材料。与传统材料相比，纳米纺织品的仿生特征和优异的物理化学性质在促进细胞生长以及引导组织再生方面起着关键作用。本章将介绍纳米材料在再生医学中应用的独特物理化学性质。此外，将讨论基于纳米纺织品的再生医学策略，用于多种类型的组织再生，包括骨骼、肌肉、血管和神经组织。

8.1 人体组织的纳米尺度特征

由于人体多种组织具有纳米级多尺度结构（图8-1），例如，在神经组织中，纳米级组织结构在纵向上周期性排列、径向分层排列，轴突起始段负责在神经元中产生动作电位。这种纳米结构对神经元功能的实现至关重要。致密骨组织由骨单元（100 μm）组成，骨单元由三螺旋 I 型胶原和羟基磷灰石纳米颗粒形成的增强纤维组成。在肌肉组织中，肌原纤维平行排列，由肌节组成。肌节由肌球蛋白组成的蛋白丝组成，排列方向与肌球蛋白聚集体组成的粗丝平行。肌原纤维、肌节和肌球蛋白均具有纳米尺寸。在肌腱组织中，肌腱纤维由肌腱纤维束和纳米级胶原原纤维（50~500 nm）的分级结构组成。

纳米技术能够在纳米级模拟人体组织和器官的组成和结构，其进步加速了再生医学的发展（图8-2）。心脏组织由细长且排列紧密的心肌细胞组成，这些细胞与纳米结构的细胞外基质（ECM）耦合以形成各向异性合胞体，并在基质上形成纳米沟槽结构，以促进心脏组织工程中心肌细胞的有序排列。肝组织由 ECM、管腔和极化上皮细胞组成，这种组织极性可以通过纳米纤维上表面修饰来仿生，以增强细胞黏附。骨组织由胶原和羟基磷灰石（HAP）纳米晶体的复合物组成，因此由 HAP 组成的仿骨支架可以促进成骨和骨形成。

此外，许多功能性纳米材料已被用于输送药物、蛋白质和组织再生基因。再生医学的目的是将细胞载入合成或天然支架中，以产生功能性组织器官。在体内，细胞与纳米结构的仿细胞外基质相互作用，这些纳米尺度的形貌特征、力学性能和物理化学性质可以指导细胞生长、黏附、运动和分化。

细胞还可以通过其纳米级受体（如整合素和钙粘蛋白）连接到位于纳米纤维 ECM 中的蛋白质，如层粘连蛋白和纤维连接蛋白。科学家们已经开发了多种纳米材料（如纳米颗粒、纳米纤维和纳米薄膜）用于改善组织再生的仿生支架，以在纳米尺度模拟组织的组成和结

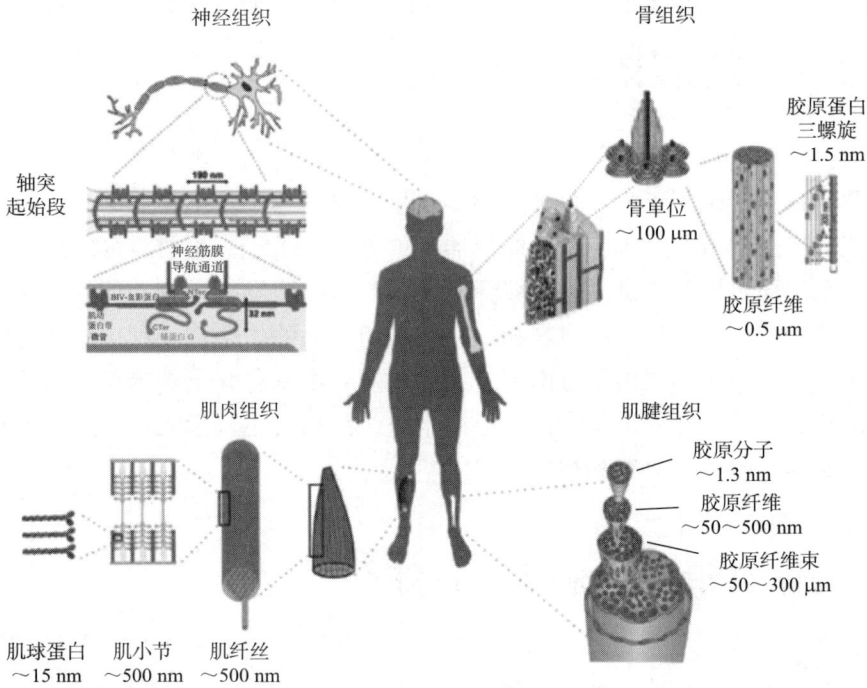

图 8-1　人体组织的纳米级特征

构。这些纳米材料与它们对应的块体材料相比具有独特的物理化学、光学、磁性和电学性质。接下来，我们将讨论纳米材料的特性及其在组织再生中的应用。

8.2　纳米纺织品在组织再生中的应用

8.2.1　创面修复应用

伤口愈合是一个复杂的过程，理想的伤口敷料应具有生物相容性、可防止伤口脱水、保护伤口免受灰尘和细菌的侵袭并允许气体渗透。ECM 骨架结构由胶原纳米纤维构成，因此基于纳米纤维仿 ECM 的伤口敷料研究较多。丝素蛋白（SF）基纳米纤维可用于模拟皮肤微环境，降低炎症反应、减轻疤痕。研究者制备了具有特定结构或表面性质 SF 纳米纤维支架，或者将其与表皮生长因子（EGF）、银纳米颗粒和表皮生长因子/磺胺嘧啶银组合物复合，该支架可以通过加速细胞增殖（即肉芽组织形成）和新生血管的再生、减少炎症和防止感染风险等来促进伤口愈合过程。

此外，在 SF 纳米纤维中加入葡萄籽提取物、姜黄素和维生素 C 等抗氧化剂成分，在皮肤再生应用方面也取得良好效果。例如，科学家利用大鼠全层切除伤口模型，研究了 SF 纳米纤维与胡芦巴复合物的伤口愈合效率。结果表明，SF 纳米纤维与胡芦巴复合物不仅提高了支

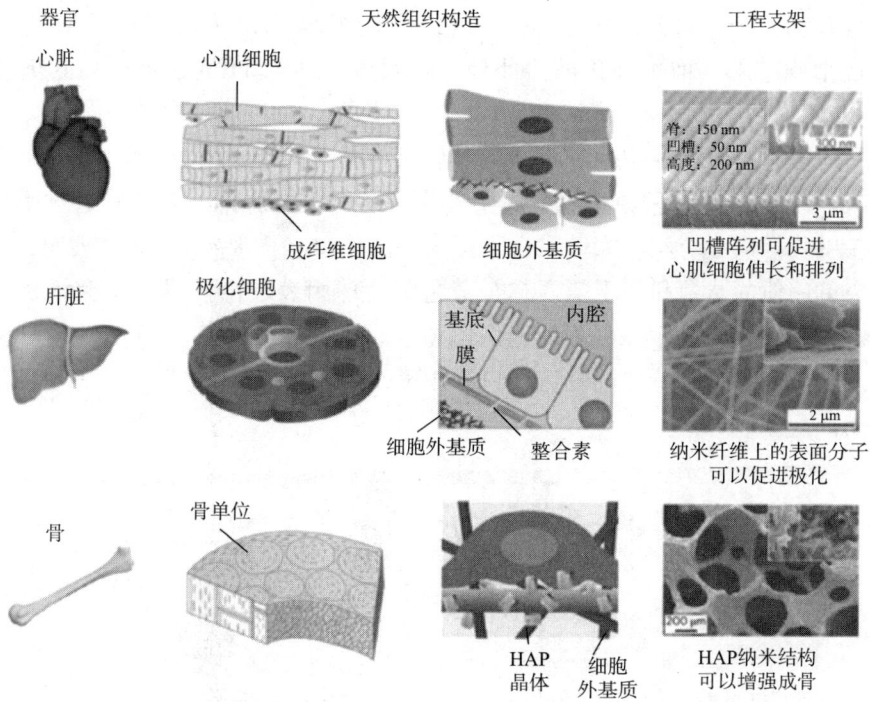

图 8-2　用于人体组织的工程纳米结构支架

架的力学和抗氧化性能，而且提高了创面愈合和胶原沉积的速度。麦卢卡蜂蜜可以调节 SF 纳米纤维支架的保湿性，体内伤口愈合实验表明麦卢卡蜂蜜的加入可以提高伤口愈合速率。通过硫醇-马来酰亚胺偶联将抗菌肽基序（Cys-KR12）固定在静电纺 SF 纳米纤维膜上，该膜表现出对四种病原菌的抗菌活性，而且能促进角质形成细胞和成纤维细胞增殖，促进角质形成细胞的分化，提高细胞的贴壁率，从而可促进伤口愈合。

　　为了突破静电纺丝薄膜的厚度限制和小孔尺寸，Ju 等采用改进的静电纺丝方法与氯化钠晶体相结合，制备了具有大孔结构的三维 SF 膜，用以评价大鼠深二度烧伤动物模型创面愈合效率。研究发现，与医用纱布对照组相比，大孔径三维 SF 膜促进了烧伤创面中生长因子的基因表达，加速了创面愈合。为了优化 SF 支架的结构以增强其伤口愈合能力，Hodgkinson 等比较研究了从纳米到微米尺度的 SF 纳米纤维支架，研究发现，随着 SF 纳米纤维直径的减小，ECM 基因、Ⅰ型和Ⅲ型胶原蛋白的表达增高。李等报道了一种新型促进细胞浸润的方法，首先在 SF 纳米纤维支架中诱导大孔径结构，然后通过在旋转收集器上方滴加两种不同尺寸的 NaCl 晶体来促进细胞浸润，并将其与脱细胞真皮基质对全层皮肤缺损的伤口愈合效果进行比较。结果表明，两种支架的真皮再生效果相当，均优于脱细胞真皮基质。Song 等将抗菌肽固定在丝素蛋白纳米纤维膜上制备抗菌敷料，结果证实了具有抗菌肽的丝素蛋白纳米纤维膜在伤口愈合过程中发挥多方面的作用，包括促进细胞增殖和角质形成细胞分化以及抑制炎症细胞因子表达等。为了模仿皮肤的表皮层和真皮层，Miguel 等制备了一种不对称膜，其顶层由

105

SF 和 PCL 组成，仿生表皮具有致密性和防水性；而真皮样底层由 SF 和载有百里酚（THY）的透明质酸（HA）制成。结果表明，双层膜的结构组织和力学性能均类似于人类天然皮肤，可以促进细胞黏附、增殖和扩散。此外，在膜底层加入 THY 还可提高其抗氧化和抗菌性能。

针对不同的患者、不同部位或者不同创面，个性化定制组织再生材料一直是研究者们关注的热点。Dong 等报道了一种原位沉积和个性化的纳米纤维敷料，它可以通过手持式静电纺丝装置直接在皮肤伤口上纺丝，完美贴合不同大小的伤口（图 8-3）。研究表明，原位静电纺纳米纤维对金黄色葡萄球菌和耐甲氧西林金黄色葡萄球菌表现出优异的抗菌活性。这些抗菌纳米纤维敷料可有效减轻炎症并显著加速伤口愈合。这种原位生产的抗菌敷料有望用于紧急情况的治疗，包括治疗患者特定的临床伤口和军事伤害。

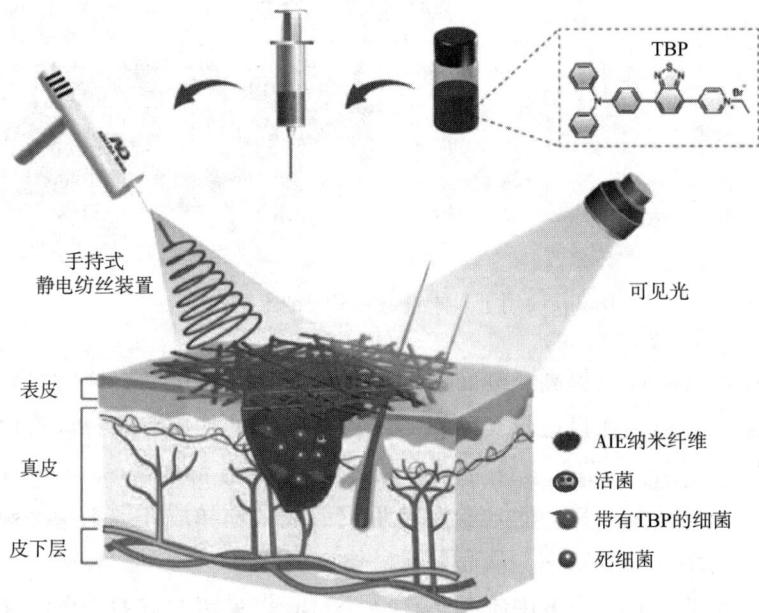

图 8-3　原位纳米纤维敷料的抗菌过程

8.2.2　神经再生应用

神经组织分布于整个人体，其功能是传输和接收外部和内部刺激信号，如体温和光，并引发动作电位形式。人类神经系统由中枢神经系统（CNS）和外周神经系统（PNS）组成。CNS 包括大脑和脊髓，PNS 由与 CNS 相连的神经（自主神经、脑神经和脊髓神经）组成。与骨等硬组织不同，神经组织是软组织，容易受损。

8.2.2.1　中枢神经修复

药物治疗患病或受损的中枢神经系统的主要障碍是药物难以通过血脑屏障（BBB）。然而，基于纳米技术的药物递送技术可克服这种障碍。例如，利伐斯的明可以减轻阿尔茨海默病（AD），这是一种慢性进行性神经退行性疾病。为了增强该药物的效力，可以使用具有聚山梨酯涂层的聚正丁基氰基丙烯酸酯（PBCA）纳米颗粒作为纳米载体。PBCA 是一种生物相容性和可生物降解的聚合物，可包裹药物以防止其释放过快。用聚山梨酯包覆 PBCA 纳米颗粒可以有效地穿过 BBB，因为聚山梨酸可以吸附载脂蛋白 B/E 等蛋白质，从而通过受体介导的内吞作用而被脑毛细血管上皮细胞摄取。在大鼠静脉注射后，大脑中的利瓦斯丁胺浓度可以增加三倍以上。

8.2.2.2　周围神经修复

PNS 由连接中枢神经系统的神经组成，中枢神经系统延伸到人体的所有区域。周围神经的损伤会干扰中枢神经系统与受损组织之间的通信，从而导致神经性疼痛和组织功能丧失。自体神经移植是修复受损周围神经的方法，此方法免疫排斥风险低，且含有丰富的神经营养因子。然而，使用自体移植的局限性包括自体神经移植的不足以及供体部位的发病率。

研究者以 SF 为原料，采用改进的静电纺丝法制造了一种新型 3D 结构神经导管（Silk-Bridge™）（图 8-4），该导管由两层电纺层（内层和外层）和一层纺织层（中间层）组成，在结构和功能层面上完美融合。新型制造技术赋予了支架很高的抗压强度，从而满足生理和病理性压应力的临床要求。将神经胶质 RT4-D6P2T 细胞、神经鞘瘤细胞系和小鼠运动神经元 NSC-34 细胞系直接接种于 SilkBridge™ 支架表面，进行体外细胞相互作用研究。结果表明，该材料能够维持细胞增殖，促进神经胶质 RT4-D6P2T 细胞密度增加并以神经胶质样形态组织起来，NSC-34 运动神经元相对于对照基质表现出更大的神经元长度。在成年雌性 Wistar 大鼠上进行体内实验，用 12 mm 长 SilkBridge™ 修复 10 mm 坐骨神经缺损。术后两周，几种细胞类型迁移至管腔中，在导管壁的不同层之间也可以看到细胞和新生血管。此外，观察到再生的髓鞘纤维在近端具有较薄的髓鞘。这些结果表明，SilkBridge™ 可达到生物力学和生物学特性之间的平衡，能够维持导管的细胞增殖和再生神经纤维的逐步生长。

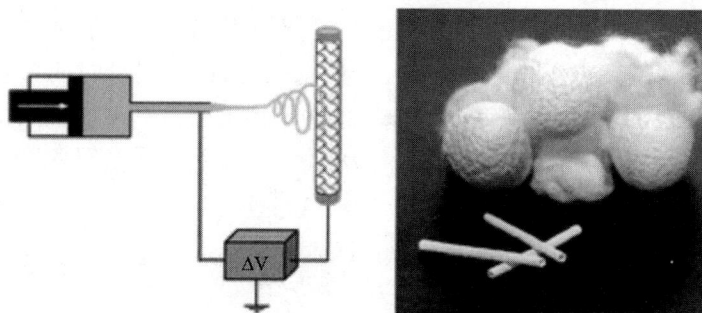

图 8-4　SilkBridge™ 制备示意图及蚕茧神经导管图片

具有取向性和导电性的仿生神经组织纤维，可以有效诱导神经组织再生。静电纺取向 SF 纤维支架作为神经引导导管植入大鼠坐骨神经 10 mm 缺损处，可以引导再生轴突和减少神经损伤后的神经性疼痛来促进功能恢复。王等制备了 SF/P（LLA-CL）纳米纤维薄膜支架，然后卷成神经引导导管以促进周围神经再生。结果表明，将 SF 与 P（LLA-CL）混合可以显著促进神经组织再生。与 P（LLA-CL）组相比，在 SF/（LLA-CL）组中检测到更多具备组织排列特征的神经纤维。田等制备了 PLA/SF 纳米纤维支架和载神经生长因子（NGF）核壳型支架。PC12 细胞可以在经等离子体处理过的核壳型支架上分化成长度为 95 μm 的细长神经突起。

刘等对负载有脑源性神经营养因子（BDNF）和血管内皮生长因子（VEGF）双重因子的 SF 纳米纤维支架进行缓释，并将其植入小鼠模型，以研究其在体内神经再生和血管生成的情况。结果显示，与对照组相比，负载双因子的 SF 支架可显著促进神经再生，在周围神经修复中具有很大的潜力。

Kou 等开发了一种同轴湿法纺丝方法，可以连续制备聚电解质包裹的石墨烯/碳纳米管芯鞘纤维，这些纤维可以用作双层纱线脊髓电刺激疗法（SCs）中的电极。在液体和固体电解质中，电容分别为 269 mF·cm^2 和 177 mF·cm^2，能量密度分别为 5.91 mWhcm^2 和 3.84 mWhcm^2。

聚苯胺、石墨烯和单壁碳纳米管结合的电活性植入物已经被证明可以降低 SF 等电绝缘材料的电阻。通过（PLLACL）/SF 负载 NGF 和聚苯胺的同轴静电纺丝纳米纤维支架，通过电刺激与神经电刺激的协同效应，研究 NGF 对神经元生长的影响，结果显示，该体系有效地支持了 PC12 神经突起的生长，增加了神经突起细胞的比例和中位神经突起的长度。通过静电纺丝技术制备取向聚乳酸（polylactic acid，PLA）纳米纤维支架。当神经干细胞（NSCs）接种到该支架上后，沿 PLA 纳米纤维取向方向生长。重要的是，相对于非取向纤维支架，取向纳米纤维支架上的神经干细胞的神经元分化率显著提高，这表明纳米取向环境可以有效诱导神经干细胞的分化行为。

开发功能性神经导管来替代自体移植仍然是一项重大挑战，特别是考虑到天然周围神经组成的复杂性和结构层次。Wang 等研究中，采用了多尺度策略利用柞蚕丝丝素/［聚（L-乳酸-共己内酯）］/氧化石墨烯（Ap F/PLCL/GO）纳米纤维，通过纳米纤维分散、模板成型、冷冻干燥和交联等工艺构筑具有平行贯穿孔结构的导管直接材料。与没有 GO 的支架相比，该方法所得的导管具有平行的多通道结构。体外研究表明，此类多尺度仿生神经支架能够为神经元细胞生长提供有效界面指导的能力。基于一系列分析（行走轨迹、三头肌重量、形态发生、血管生成、轴突再生和髓鞘形成），导管组与自体移植体内修复坐骨神经缺损的修复效果相似，导管在 12 周内几乎完全降解。这些发现表明，具有束状结构的 3D 分层神经引导导管（NGC）具有修复周围神经的巨大潜力。

8.2.3　血管再生应用

8.2.3.1　机织管状支架

心血管组织在血液循环中起着重要作用，用于输送氧气、二氧化碳、营养物质、血细胞和生长因子等，以维持人体内基本生理过程。血管是维持生命的重要器官，血管组织疾病或损伤会导致严重的健康问题甚至死亡。可替代受损血管的人工血管支架已被广泛用于治疗这些血管疾病。Joseph 等利用低强度纳米纤维束纤维机织制成的管状纳米纺织品应用于人工血管（图 8-5）。研究人员开发了一种创新的机器人系统，可以在纵向和横向上精细地交织纳米纱线，从而生产出柔软且坚固的机织产品。纳米织物的孔隙率和力学性能可以通过改变单位

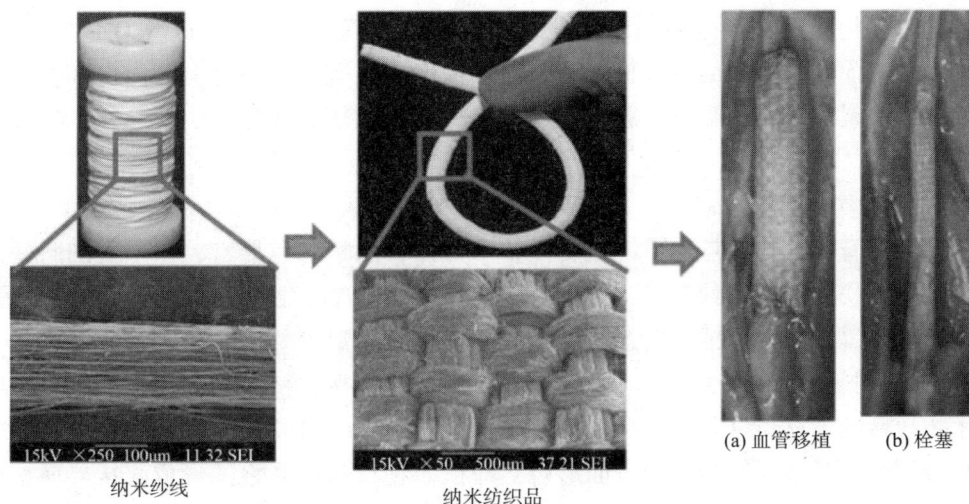

纳米纱线 　　　　　　　　　　　　纳米纺织品 　　　　　　　(a) 血管移植　(b) 栓塞

图 8-5　利用纳米纤维机织纳米纺织品用于血管修复

面积的纳米纱的数量来调整。

　　研究表明，机织纳米纺织品的物理和生物学特性与其非织造纳米纤维形式和常规纺织品相比，存在显著的差异。材料性能的提高归因于机织纳米纺织品中大量分层排列的纳米纤维。这种图案化的机织纳米纺织结构能够使疏水性材料表现出超亲水性行为，进而有助于增强蛋白质的吸附以及随之而来的细胞附着和扩散。研究人员使用该材料进行了短期体内测试，证明了纳米纺织导管具有坚固、可缝合、抗扭结且无血栓形成等性能，当其植入动脉中时可作为栓塞剂，反过来又有助于增强蛋白质的吸附以及细胞附着和扩散。

8.2.3.2　非织管状支架

　　周等用 SF 纳米纤维制备无缝和多孔管状结构血管移植支架，该支架具有 80% 孔隙率。马雷利等制备了 SF 管状支架（内径 6 mm），其顺应性值高于 Dacron 和 Goretex 假体，低于人类大静脉。卡托等制备了小口径人工血管（~1.5 mm）并研究了其顺应性，结果显示，其顺应性等于或高于天然大鼠主动脉和 Goretex 假体的顺应性。利用热塑性聚氨酯（PU）和 SF 混合原料，通过静电纺丝法制备血管支架，该支架具有天然血管的弹性特征，植入大鼠腹主动脉后，支架可以诱导动脉再生。于等开发了一种新型的旋转收集器，可以制备具有沿圆周方向的波浪—扁平交替结构的 SF/ PU 纳米纤维小口径支架（~3 mm），该支架具有天然血管的弹性特征。丝素蛋白可以提高支架圆周和纵向的拉伸强度、弹性模量以及水渗透性。

　　无法在管腔表面形成均匀内皮层是人工血管支架移植的主要问题，这可能是由于松散附着的内皮细胞容易引起血栓导致的。针对这一问题，刘等制备了硫酸化 SF 纳米纤维支架，以提高支架的抗血栓形成能力，并研究了支架材料的抗凝活性和细胞相容性。结果表明，硫酸化改善了支架的抗凝活性，且促进内皮细胞和平滑肌细胞（SMC）的黏附和增殖。与普通 SF 相比，一些表型相关的标记基因和蛋白质如平滑肌肌球蛋白重链 2（SM-MHC）和 α 平滑肌肌动蛋白（α-SM 肌动蛋白）的表达更高。

具有纳米结构的血管移植物可以促进细胞黏附和增殖。例如，通过 NaOH 蚀刻在 PLGA 血管移植物的表面形成纳米结构，提高其表面粗糙度。该血管移植物上的内皮细胞和平滑肌细胞（SMC）的黏附和增值显著增强，与体内组织整合度显著提高。

8.2.4 骨再生应用

骨组织构成脊椎动物的骨骼系统，支撑整个身体，保护内脏器官，产生血细胞并储存矿物质。骨细胞损伤以及各种骨疾病，如骨折、骨关节炎、骨质疏松症、骨癌都会导致骨缺损。通常使用植入物（支架材料或含骨矿物质的支架材料）来治疗骨缺损。

钛基植入材料的力学性能类似于骨，但其生物惰性使得在植入后与周围组织分离而不融合。用生物活性纳米材料（如 HAP 纳米颗粒）涂层可以增强成骨细胞的附着和生长，促进骨整合和骨再生。骨植入物的纳米表面形貌，即植入物材料和骨之间形成直接界面，可以改善骨再生。例如，通过光刻技术，在钛氧化物表面构建 60nm 的聚苯乙烯半球形突起图案化结构，以增加骨植入物的接触面积。将该纳米结构植入大鼠胫骨骨缺损模型中，结果显示，与非图案化对照组相比，该骨植入物接触和骨再生性能明显提高。

骨是一种复杂的结缔组织，在细胞外基质中含有有机和无机元素且具有独特组合结构。李等研究了人骨髓间充质干细胞（hMSC）在载有骨形态发生蛋白 2（BMP-2）和 HAp 纳米颗粒的 SF 纳米纤维上骨分化情况。通过矿化和基因表达研究，揭示了含有 BMP-2 和 HAp 的 SF 纳米纤维支架相对于普通 SF 纳米纤维支架成骨性能显著增强。杜等指出，重组人 BMP-2 可以提高 SF 纳米纤维支架的锁水能力和骨诱导能力。Wu 等将名为 P24 的 BMP-2 多肽嫁接到氧化石墨烯（GO）上，再通过静电相互作用将功能化的 GO 键合到壳聚糖涂层的 SF 静电纺纳米纤维支架上。结果显示，复合材料的生物相容性及其成骨分化性能明显提高，实现了更多的骨组织修复和再生，进一步说明了 SF 纳米纤维复合支架具有优异的成骨能力。袁等制备了 SF/PCL 取向的纤维支架，纤维取向可以引导细胞沿纤维方向伸长，从而影响细胞运动方向。壳聚糖有利于成骨分化，Chen 等制备了不同壳聚糖含量的静电纺 SF/壳聚糖复合材料。人胎儿成骨细胞（hFOB）增殖和成骨分化研究结果表明，SF 可以促进细胞增殖，壳聚糖通过升高的碱性磷酸酶（ALP）分泌增强成骨分化。因此，通过调节复合材料中每种成分的比例，SF/壳聚糖复合材料可作为骨组织工程支架。

Kim 等还提出了可定制的引导性骨再生（GBR）和膜引导性组织再生（GTR）支架混合结构，以进行精确的骨组织修复（图 8-6）。基于计算机模拟，利用 3D 生物打印机将静电纺丝和热熔聚合物打印成所需的 SF 纳米纤维膜和聚乙醇酸（PGA）精准支架。体内兔颅骨缺损再生 8 周后，对照组和 SF-PGA 符合支架的再生骨体积分别为 14.8% 和 21.4%。SF-PGA 混合支架组比对照组和 PGA 支架组表现出更高的骨组织再生能力。

牙槽骨吸收是导致牙齿脱落的主要原因，这会危害种植体的骨结合，极大地影响患者的生活质量和健康。由于其有限的生物活性和再生潜力，通过传统的 GBR 膜完全再生牙槽骨缺损仍然是一个巨大的挑战。He 等通过简单的模板辅助静电纺丝技术和原位矿化方法制造了一

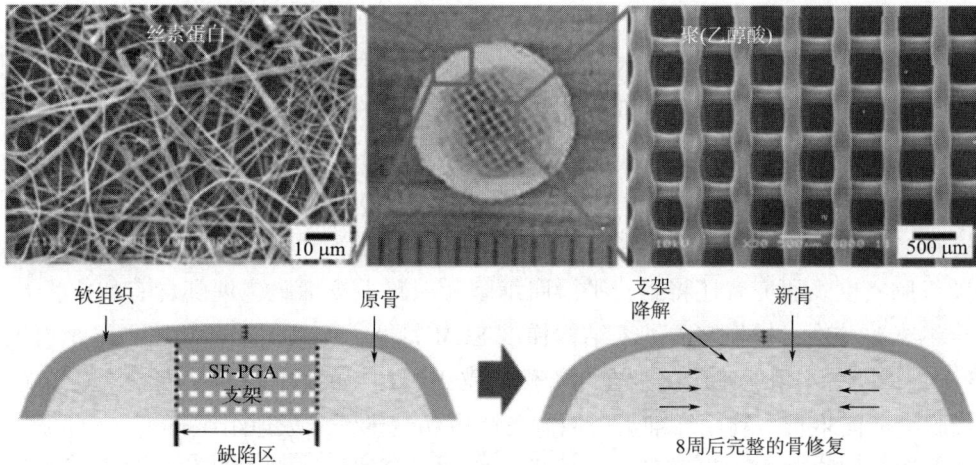

图 8-6　使用 SF 纳米纤维和聚乙醇酸混合支架诱导兔颅骨缺损再生

种具有新的分层结构的矿化纳米纤维（HMF）支架，该支架结合了各向异性和各向同性纳米纤维的表面形貌和矿化颗粒。这种 HMF 支架不仅可以直接诱导骨间充质干细胞的成骨分化（骨诱导），还可以刺激巨噬细胞向促愈合（M2）表型极化，促愈合细胞因子分泌升高，最终增强成骨（骨免疫调节）能力。体内大鼠牙槽骨缺损修复实验表明，与市售的 Bio-Gide 和 Bio-Oss 组合相比，单一 HMF 支架表现出相当甚至更优的骨修复效果，具有更好的组织整合和更合适的降解性能。

　　由于其独特的梯度结构，腱—骨界面的愈合在临床实践中仍然是一个巨大的挑战。尽管研究者们在从矿化组织转变为非矿化组织的过渡结构方面已经做出了巨大努力，但通过组织工程学方法成功地再生肌腱到骨的界面的研究仍然很少。为了最大限度地模拟腱—骨界面的四个不同区域，通过静电纺丝和传统纺织制造相结合的方法，实现了具有空间矿物分布的新型三维羟基磷灰石（HA）梯度支架。结果表明，该支架可以使钙离子以梯度方式从每个片段持续释放。此外，该支架为各向异性结构且具有优异的力学性能。体外研究表明，矿化片段促进了小鼠胚胎成骨前体细胞（MC3T3-E1）的增殖，并促进了大鼠骨髓干细胞（rBMSCs）的成骨分化，而非矿化片段则改善了 rBMSCs 的肌腱细胞分化。此外，HA 梯度支架能够在空间上指导 rBMSCs 的分化，从而导致新组织的形成，其生化和生物力学特性与腱—骨插入位点相似。总的来说，这项研究引入了一种诱导针对组织工程应用的靶向和局部干细胞分化的方法，并且发现 HA 梯度支架具有从肌腱到骨组织再生的巨大潜力。

8.2.5　肌肉组织再生应用

　　根据体内的功能和位置，肌肉组织可分为三种类型：骨骼肌组织、平滑肌组织和心肌组织。骨骼肌负责运动和保持身体的姿势。平滑肌可支持中空器官收缩，如胃肠道、膀胱和血管。心肌是心脏的肌肉，它在生物体的整个生命周期中以特定节奏自主收缩。临床上，严重的肌肉组织丢失，需要通过额外的手术重建肌肉组织。组织移植是临床上广泛采用的手段，即将从供体特定区域（如皮肤、骨骼、肌腱、肌肉和筋膜）获得的活组织转移到受体受损区域，以促进复杂缺陷组织的重建。然而，组织移植存在非常大的局限性。纳米技术可以仿生ECM 的纳米级特征，以替代受损的肌肉组织。

静电纺丝是一种制造微纳米纤维的技术，可以同步构建复杂的 2D 和 3D 结构。Harrington 等在传统 PGA 支架上涂覆了一系列含有细胞黏合肽 RGD 的支链或线性自组装肽两亲性纳米纤维。培养 17 天后，含支链 PGA 纳米复合物上的人膀胱平滑肌细胞密度明显大于未涂覆的PGA 上的细胞密度。研究者还将膀胱平滑肌细胞和尿路上皮细胞包埋到含有特定生长因子的PGA 复合纳米凝胶中，模拟定向纳米结构梯度 ECM 特性，将其用于膀胱肌肉组织再生。

Baker 等将膀胱平滑肌细胞接种在与天然膀胱组织相似的取向聚苯乙烯支架上，结果显示平滑肌细胞沿取向生长。利用纤维蛋白原制备静电纺纳米纤维尿道组织再生支架，研究表明，人类膀胱平滑肌细胞迅速迁移到三维纤维蛋白原纳米纤维上，并在其上增殖和重塑。Haber-stroh 等制备了一种具有优异生物相容性的其他纳米结构的聚合物，并用于膀胱组织的再生。例如，该研究小组使用 PLGA 纳米织物和聚氨酯（PU）膜成功增强膀胱平滑肌细胞的功能。

通过化学蚀刻技术，在 PLGA 和 PU 光滑表面上构建纳米级结构以增加表面粗糙度。该研究表明，纳米级粗糙度在促进膀胱平滑肌细胞增殖方面起着关键作用。最近，Pattison 等还证明，与传统的纳米平滑聚合物相比，通过溶剂浇铸和盐浸法制备的纳米结构 PLGA 和 PU 3D 支架在体外可显著增强膀胱平滑肌细胞功能和 CM 蛋白合成。此外，体内初步研究表明，纳米结构聚合物支架在大鼠膀胱中几乎不形成草酸钙结石（结石形成是膀胱置换过程中的常见问题）。

器官或组织的损伤对人类生活质量有重要的影响。由于供体短缺、免疫问题和感染风险等缺陷，传统外科移植治疗受到限制。在这种背景下，纳米纤维材料在组织再生应用中受到极大的关注，它们能够在组织中产生类似于天然 ECM 的纤维支架。静电纺丝技术操作简单、成本低、材料兼容性高，可以一步法制备复杂的 2D 和 3D 仿生结构。此外，纳米纤维可产生大的比表面积、高孔隙率和相互连接的孔，进一步促进细胞黏附、增殖、迁移和分化。纳米纺织品还可通过掺入生物活性物质或将基础材料与其他聚合物或纳米颗粒混合来改变纳米纤维的化学和力学性能。这些优势使生物医用纳米纺织品成为组织再生支架的候选者。

参考文献

[1] PETIT-ZEMAN S. Regenerative medicine [J]. Nature Biotechnology, 2001, 19 (3): 201-206.
[2] LETERRIER C, POTIER J, CAILLOL G, et al. Nanoscale architecture of the axon initial segment reveals an organized and robust scaffold [J]. Cell Reports, 2015, 13 (12): 2781-2793.
[3] WEGST U G K, BAI H, SAIZ E, et al. Bioinspired structural materials [J]. Nature Materials, 2015, 14 (1): 23-36.
[4] ENGEL E, MICHIARDI A, NAVARRO M, et al. Nanotechnology in regenerative medicine: The materials side

[J]. Trends in Biotechnology, 2008, 26 (1): 39-47.

[5] SIMS N A, MARTIN T J. Coupling the activities of bone formation and resorption: A multitude of signals within the basic multicellular unit [J]. BoneKEy reports, 2014, 3: 481.

[6] GEULI O, METOKI N, ELIAZ N, et al. Electrochemically driven hydroxyapatite nanoparticles coating of medical implants [J]. Advanced Functional Materials, 2016, 26 (44): 8003-8010.

[7] BASSEL-DUBY R, OLSON E N. Signaling pathways in skeletal muscle remodeling [J]. Annual Review of Biochemistry, 2006, 75: 19-37.

[8] FEINBERG A W, ALFORD P W, JIN H W, et al. Controlling the contractile strength of engineered cardiac muscle by hierarchal tissue architecture [J]. Biomaterials, 2012, 33 (23): 5732-5741.

[9] SINHA M, JANG Y C, OH J, et al. Restoring systemic GDF11 levels reverses age-related dysfunction in mouse skeletal muscle [J]. Science, 2014, 344 (6184): 649-652.

[10] BACH A D, BEIER J P, STERN-STAETER J, et al. Skeletal muscle tissue engineering [J]. Journal of Cellular and Molecular Medicine, 2004, 8 (4): 413-422.

[11] GILMORE K J, KITA M, HAN Y, et al. Skeletal muscle cell proliferation and differentiation on polypyrrole substrates doped with extracellular matrix components [J]. Biomaterials, 2009, 30 (29): 5292-5304.

[12] MILLER D C, THAPA A, HABERSTROH K M, et al. Endothelial and vascular smooth muscle cell function on poly (lactic-co-glycolic acid) with nano-structured surface features [J]. Biomaterials, 2004, 25 (1): 53-61.

[13] LIANG C Y, HU Y C, WANG H S, et al. Biomimetic cardiovascular stents for in vivo re-endothelialization [J]. Biomaterials, 2016, 103: 170-182.

[14] LEE C C, MACKAY J A, FRECHET J M J, et al. Designing dendrimers for biological applications [J]. Nature Biotechnology, 2005, 23 (12): 1517-1526.

[15] GILLIES E R, FRECHET J M J. Dendrimers and dendritic polymers in drug delivery [J]. Drug Discovery Today, 2005, 10 (1): 35-43.

[16] STUART G, SPRUSTON N, SAKMANN B, et al. Action potential initiation and backpropagation in neurons of the mammalian CNS [J]. Trends in Neurosciences, 1997, 20 (3): 125-131.

[17] SRIKANTH M, KESSLER J A. Nanotechnology-novel therapeutics for CNS disorders [J]. Nature Reviews Neurology, 2012, 8 (6): 307-318.

[18] SILVA G A. Neuroscience nanotechnology: Progress, opportunities and challenges [J]. Nature Reviews Neuroscience, 2006, 7 (1): 65-74.

[19] BELLAMKONDA R V. Peripheral nerve regeneration: An opinion on channels, scaffolds and anisotropy [J]. Biomaterials, 2006, 27 (19): 3515-3518.

[20] YANG F, MURUGAN R, WANG S, et al. Electrospinning of nano/micro scale poly (L-lactic acid) aligned fibers and their potential in neural tissue engineering [J]. Biomaterials, 2005, 26 (15): 2603-2610.

[21] KOH H S, YONG T, CHAN C K, et al. Enhancement of neurite outgrowth using nano-structured scaffolds coupled with laminin [J]. Biomaterials, 2008, 29 (26): 3574-3582.

[22] HUEY D J, HU J C, ATHANASIOU K A. Unlike bone, cartilage regeneration remains elusive [J]. Science, 2012, 338 (6109): 917-921.

[23] SHAH R N, SHAH N A, LIM M M D, et al. Supramolecular design of self-assembling nanofibers for cartilage

regeneration [J]. Proceedings of the National Academy of Sciences of the United States of America, 2010, 107 (8): 3293-3298.

[24] BAINBRIDGE P. Wound healing and the role of fibroblasts [J]. Journal of Wound Care, 2013, 22 (8): 407-412.

[25] PACK D W, HOFFMAN A S, PUN S, et al. Design and development of polymers for gene delivery [J]. Nature Reviews Drug Discovery, 2005, 4 (7): 581-593.

[26] BONAB M M, ALIMOGHADDAM K, TALEBIAN F, et al. Aging of mesenchymal stem cell in vitro [J]. Bmc Cell Biology, 2006, 7: 14.

[27] NOURISSAT G, BERENBAUM F, DUPREZ D. Tendon injury: From biology to tendon repair [J]. Nature Reviews Rheumatology, 2015, 11 (4): 223-233.

[28] JIN H J, CHEN J S, KARAGEORGIOU V, et al. Human bone marrow stromal cell responses on electrospun silk fibroin mats [J]. Biomaterials, 2004, 25 (6): 1039-1047.

[29] KIM K H, JEONG L, PARK H N, et al. Biological efficacy of silk fibroin nanofiber membranes for guided bone regeneration [J]. Journal of Biotechnology, 2005, 120 (3): 327-339.

[30] YANG S Y, HWANG T H, CHE L, et al. Membrane-reinforced three-dimensional electrospun silk fibroin scaffolds for bone tissue engineering [J]. Biomedical Materials, 2015, 10 (3): 035011.

[31] LI C M, VEPARI C, JIN H J, et al. Electrospun silk-BMP-2 scaffolds for bone tissue engineering [J]. Biomaterials, 2006, 27 (16): 3115-3124.

[32] CHEN J P, CHEN S H, LAI G J. Preparation and characterization of biomimetic silk fibroin/chitosan composite nanofibers by electrospinning for osteoblasts culture [J]. Nanoscale Research Letters, 2012, 7: 1-11.

[33] SOFFER L, WANG X Y, ZHANG X H, et al. Silk-based electrospun tubular scaffolds for tissue-engineered vascular grafts [J]. Journal of Biomaterials Science-Polymer Edition, 2008, 19 (5): 653-664.

[34] ZHOU J, CAO C B, MA X L. A novel three-dimensional tubular scaffold prepared from silk fibroin by electrospinning [J]. International Journal of Biological Macromolecules, 2009, 45 (5): 504-510.

[35] LIU H, LI X, ZHOU G, et al. Electrospun sulfated silk fibroin nanofibrous scaffolds for vascular tissue engineering [J]. Biomaterials, 2011, 32 (15): 3784-3793.

[36] SATO M, NAKAZAWA Y, TAKAHASHI R, et al. Small-diameter vascular grafts of Bombyx mori silk fibroin prepared by a combination of electrospinning and sponge coating [J]. Materials Letters, 2010, 64 (16): 1786-1788.

[37] PARK S Y, KI C S, PARK Y H, et al. Functional recovery guided by an electrospun silk fibroin conduit after sciatic nerve injury in rats [J]. Journal of Tissue Engineering and Regenerative Medicine, 2015, 9 (1): 66-76.

[38] WANG C Y, ZHANG K H, FAN C Y, et al. Aligned natural-synthetic polyblend nanofibers for peripheral nerve regeneration [J]. Acta Biomaterialia, 2011, 7 (2): 634-643.

[39] MADDURI S, PAPALOIZOS M, GANDER B. Trophically and topographically functionalized silk fibroin nerve conduits for guided peripheral nerve regeneration [J]. Biomaterials, 2010, 31 (8): 2323-2334.

[40] MOTTAGHITALAB F, FAROKHI M, ZAMINY A, et al. A biosynthetic nerve guide conduit based on silk/ SWNT/fibronectin nanocomposite for peripheral nerve regeneration [J]. Plos One, 2013, 8 (9): 0074417.

[41] SCHNEIDER A, WANG X Y, KAPLAN D L, et al. Biofunctionalized electrospun silk mats as a topical bioac-

114

tive dressing for accelerated wound heating [J]. Acta Biomaterialia, 2009, 5 (7): 2570-2578.

[42] FAROKHI M, MOTTAGHITALAB F, FATAHI Y, et al. Overview of silk fibroin use in wound dressings [J]. Trends in Biotechnology, 2018, 36 (9): 907-922.

[43] GIL E S, PANILAITIS B, BELLAS E, et al. Functionalized silk biomaterials for wound healing [J]. Advanced Healthcare Materials, 2013, 2 (1): 206-217.

[44] SELVARAJ S, FATHIMA N N. Fenugreek incorporated silk fibroin nanofibers: A potential antioxidant scaffold for enhanced wound healing [J]. Acs Applied Materials & Interfaces, 2017, 9 (7): 5916-5926.

[45] YANG X X, FAN L P, MA L L, et al. Green electrospun Manuka honey/silk fibroin fibrous matrices as potential wound dressing [J]. Materials & Design, 2017, 119: 76-84.

[46] SONG D W, KIM S H, KIM H H, et al. Multi-biofunction of antimicrobial peptide-immobilized silk fibroin nanofiber membrane: Implications for wound healing [J]. Acta Biomaterialia, 2016, 39: 146-155.

[47] HODGKINSON T, YUAN X F, BAYAT A. Electrospun silk fibroin fiber diameter influences in vitro dermal fibroblast behavior and promotes healing of ex vivo wound models [J]. J Tissue Eng, 2014, 5: 2041731414551661.

[48] MIGUEL S P, SIMOES D, MOREIRA A F, et al. Production and characterization of electrospun silk fibroin based asymmetric membranes for wound dressing applications [J]. International Journal of Biological Macromolecules, 2019, 121: 524-535.

[49] HARRINGTON D A, CHENG E Y, GULER M O, et al. Branched peptide-amphiphiles as self-assembling coatings for tissue engineering scaffolds [J]. Journal of Biomedical Materials Research Part A: An Official Journal of The Society for Biomaterials, The Japanese Society for Biomaterials, and The Australian Society for Biomaterials and the Korean Society for Biomaterials, 2006, 78 (1): 157-167.

[50] HARRINGTON D A, SHARMA A K, ERICKSON B A, et al. Bladder tissue engineering through nanotechnology [J]. World Journal of Urology, 2008, 26 (4): 315-322.

[51] BAKER S C, ATKIN N, GUNNING P A, et al. Characterisation of electrospun polystyrene scaffolds for three-dimensional in vitro biological studies [J]. Biomaterials, 2006, 27 (16): 3136-3146.

[52] MCMANUS M, BOLAND E, SELL S, et al. Electrospun nanofibre fibrinogen for urinary tract tissue reconstruction [J]. Biomedical Materials, 2007, 2 (4): 257-262.

[53] BHARADWAJ S S, NEKRASOV V, VISHNUBHOTLA R, et al. Commensal E. colistrains uniquely alter the ECM topography independent of colonic epithelial cells [J]. Biomaterials and Nanotechnology, 2012, 3 (1): 70-78.

[54] PATTISON M, WEBSTER T J, LESLIE J, et al. Evaluating the in vitro and in vivo efficacy of nano-structured polymers for bladder tissue replacement applications [J]. Macromolecular Bioscience, 2007, 7 (5): 690-700.

第9章　纺织品中的纳米材料表征方法

大多数纳米材料太小，肉眼甚至用传统光学显微镜都看不见，因此，需要特殊的仪器和工具来表征和分析。本章将简要介绍广泛用于纳米材料表征的工具和技术，包括扫描电子显微镜（SEM）、透射电子显微镜（TEM）、傅里叶变换红外光谱（FTIR）、紫外—可见光谱（UV—Vis）、X射线衍射（XRD）、能量色散X射线光谱（EDX）、热重（TG）分析、动态光散射（DLS）分析、Zeta电位和表面接触角分析等。

9.1　形貌分析

9.1.1　扫描电子显微镜（SEM）形貌分析

扫描电子显微镜（scanning electron microscope，SEM），简称扫描电镜，是利用细聚焦电子束在样品表面扫描时激发出来的各种物理信号来调制成像的一种常用的显微分析仪器。电子显微镜是使用电子束来形成图像，而不是像光学显微镜那样使用光。显微镜分辨率为所用光源波长的一半，即$\frac{1}{2}\lambda$，由于电子束波长小，在分辨率方面比光学显微镜具有更好的图像质量。SEM可从较广的视角获得试样的表面形貌和化学成分。SEM仪器及结构原理示意图如图9-1所示。SEM仪器有以下基本部件：电子枪（热离子阴极、阳极），透镜系统（电磁透镜、电磁偏转），样品室，探测器（光栅扫描发生器、SE探测器、真空泵）。

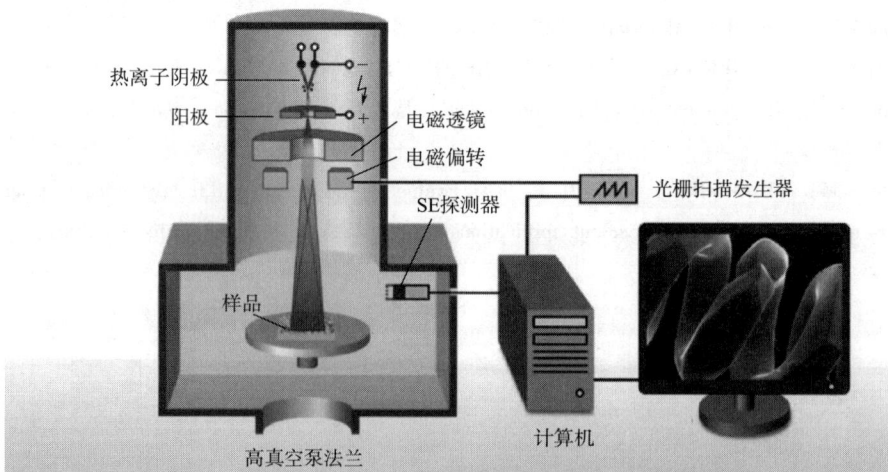

图9-1　SEM仪器及结构原理示意图

在 SEM 中，电子枪产生的电子束经过电磁透镜聚焦，扫描线圈控制电子束对样品进行扫描，与样品相互作用产生各种物理信号，探测器将物理信号转换成图像信息。样品不同的形貌表现出不同的衬度（图像不同部位之间的亮度差异），因此扫描电子显微镜可以观察到样品的表面形貌。当电子的能量束照射样品时，会产生不同类型的信号，如二次电子（SE）、背散射电子（BSE）、俄歇电子（AE）、特征 X 射线（EDX）等。各种物理信号的空间分辨率不同（SE：5~10 nm；BSE：50~200 nm；AE：0.5~2 nm；特征 X 射线；100~1000 nm），二次电子和背散射电子是扫描电子显微镜的主要成像信号（图 9-2）。然后，这些信号由专用检测器检测，并产生计算机屏幕上显示的电子图像或光谱。SE 信号用于生成表面形态图像，而 BSE 和 EDX 信号用于获取样本的化学和结构信息。

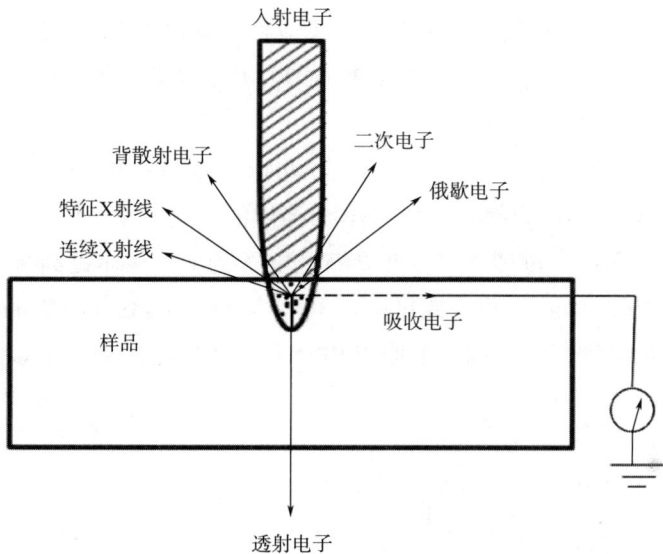

图 9-2 电子枪产生的电子束轰击样品时产生的主要信号

突出的尖棱或小颗粒与平滑区域相比，SE 图像中的颜色更暗，而 BSE 图像中某些区域的明亮对比度意味着与样本的其他元素相比，存在原子数更高的元素，反之亦然。两种类型的图像可以为我们提供不同类型的信息，例如，关于表面形态的信息，以及关于样本中元素的化学性质（原子序数）的信息。在 EDX 光谱中，每种元素在具有比能量（x 轴）和强度（y 轴）的光谱中均显示为峰值。元素的性质通过光谱分析确定。EDX 峰的强度越高意味着化合物中该特定元素的含量越高。

SEM 制样方法：在 SEM 制样时，针对不同的样品、形态、导电性能、观测要求，会采用不同的方法制样。粉末样品可以通过双面碳胶将少量粉末黏附到金属台上并转移到 SEM 室中进行检查来制备；对于液体介质中的纳米颗粒（或任何生物实体，如细菌或孢子），将粉末/生物分散液液滴直接沉积在预清洁的 SE 硅片或铜片上（无须胶带），并在清洁环境下干燥，然后再将其用于 SEM；如果样品不导电，如聚合物、塑料、陶瓷等或生物样品，在检查样品之前，将一薄层金溅射到样品上，使其适合（导电）成像。

9.1.2　透射电子显微镜（TEM）形貌分析

透射电子显微镜（transmission electron microscope，TEM），简称透射电镜，是把经加速和聚集的电子束投射到非常薄的样品上，电子与样品中的原子碰撞而改变方向，从而产生立体角散射。散射角的大小与样品的密度、厚度相关，因此可以形成明暗不同的影像，影像将在放大、聚焦后在成像器件（如荧光屏、胶片以及感光耦合组件）上显示出来。透射电子显微镜（TEM）是获得高质量纳米材料数据的有力工具。一般来说，进行 TEM 是为了获得超出 SEM 极限的样本的详细形态和结构。

SEM 和 TEM 的主要区别在于，在 TEM 中，电子束穿过一个薄样本，而在 SEM 中，电子束扫描样本表面，而不是穿过。另一个重要的区别是，显微镜的功率（加速电压），通常，TEM 在 80~300 kV 下运行，该加速电压远高于 SEM（最大值在：30 kV），因此，在分辨率方面，TEM 可以产生比 SEM 更好的图像。

值得注意的是，电子的波长（λ）与 V 有关，可以根据关系式 $\lambda = h / [(2m_0 eV) 1/2]$ 变化，其中 h 为普朗克常数；m_0 为静止质量；eV 为提供的电子能量。λ 和 V 之间的倒数关系引入了一个非常重要的概念：通过增加 V，可以缩短电子的 λ，从而提高分辨率。TEM 中电子的 λ 与原子的大小（约 0.1 nm）相当或更小（300 kV 时，$\lambda = 0.00197$ nm），这有助于 TEM 揭示样品内部结构的最精细细节，如单个原子和分子。TEM 的主要单元以及电子与样品的基本相互作用如图 9-3 所示。

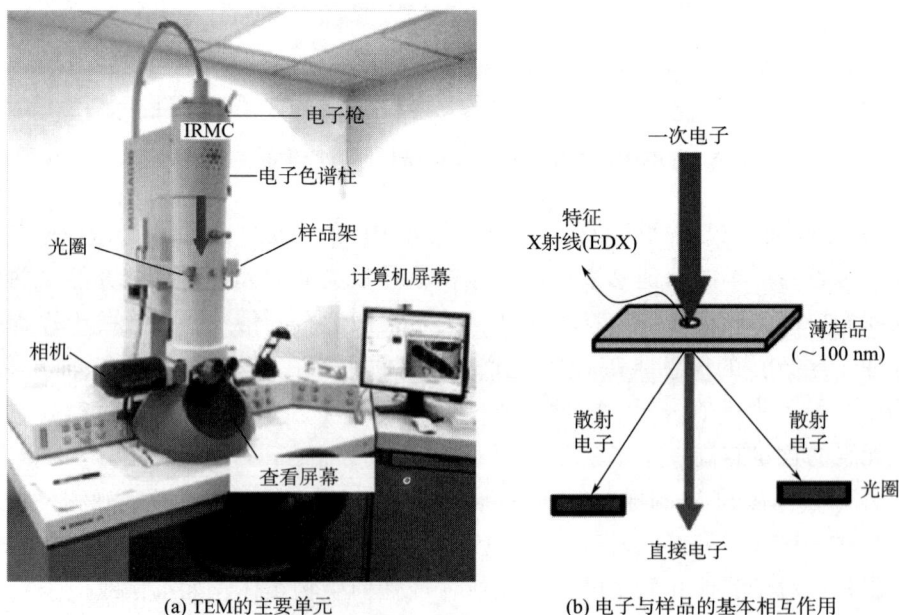

(a) TEM的主要单元　　　(b) 电子与样品的基本相互作用

图 9-3　TEM 的主要单元以及电子与样品的基本相互作用

TEM 有以下主要单元：电子枪（顶部）、电子色谱柱、样品架、相机（荧光屏）、真空泵。TEM 有多种数据收集模式，主要的成像模式有明场吸收（BF）、暗场衍射（DF）和高分辨率相位（HR）成像，分别称为 BF-TEM、DF-TEM 和 HR-TEM。

9.1.2.1　成像类型

（1）吸收像。当电子射到质量、密度大的样品时，主要的成像作用是散射作用。样品上质量、密度大的地方对电子的散射角大，通过的电子较少，像的亮度较暗。早期的透射电子显微镜都是基于这种原理。

（2）衍射像。电子束被样品衍射后，样品不同位置的衍射波振幅分布对应于样品中晶体各部分不同的衍射能力，当出现晶体缺陷时，缺陷部分的衍射能力与完整区域不同，从而使衍射钵的振幅分布不均匀，反映出晶体缺陷的分布。

（3）相位像。当样品薄至 100A 以下时，电子可以穿过样品，波的振幅变化可以忽略，成像来自于相位的变化。

此外，EDX 也可以在 TEM 中进行，用于化学分析。可以在 TEM 中进行电子衍射，以获得样品的晶体信息并验证 X 射线衍射（XRD）数据。

9.1.2.2　样品制备方法

样品制备是 TEM 表征过程中一个非常重要的步骤。一般来说，TEM 样品可以用以下不同的方法制备。

（1）粉末样品的制备。取适量的粉末和乙醇分别加入小烧杯，进行超声振荡 10~30 min，结束 3~5 min 后，用玻璃毛细管吸取粉末和乙醇的均匀混合液，然后滴 2~3 滴该混合液体到微栅网上，静置 15 min 以上，以使乙醇尽量挥发，否则将影响电镜的真空效果。

（2）块状样品的制备。

①用于金属和合金试样的电解减薄方法：块状样切成约 0.3 mm 厚的均匀薄片；用金刚砂纸机械研磨到 120~150 μm 厚；抛光研磨到约 100 μm 厚；冲成 Φ3 mm 的圆片；选择合适的电解液和双喷电解仪的工作条件，将 Φ3 mm 的圆片中心减薄出小孔；迅速取出减薄试样并放入无水乙醇中漂洗干净。

②用于陶瓷、半导体以及多层膜截面等材料试样的离子减薄方法：块状样切成约 0.3 mm 厚的均匀薄片；均匀薄片用石蜡粘贴于超声波切割机样品座上的载玻片上；用超声波切割机冲成 Φ3 mm 的圆片；用金刚砂纸机械研磨到约 100 μm 厚；用磨坑仪在圆片中央部位磨成一个凹坑，凹坑深度 50~70 μm，凹坑的目的主要是减少后序离子减薄过程的时间，以提高最终减薄效率；将洁净的、已凹坑的 Φ3 mm 的圆片小心放入离子减薄仪中，根据试样材料的特性，选择合适的离子减薄参数进行减薄。通常，陶瓷样品离子减薄需 2~3 天，整个过程约 5 天。

此外，FIB/SEM 程序也可以应用于经过修改的生物样品。生物样品在转移到 cryo-FIB/SEM 之前需要在液氮中快速冷冻，其中 cryo-FIB/SEM 意味着在液氮中进行 FIB/SEM 操作。生物样本也可以使用传统的制备方法，即使用化学品和超薄切片机。该程序的主要步骤为：化学固定，嵌入，修整，超薄切片，将切片转移到 TEM 网格并用对比增强剂染色。

9.2　光谱分析

9.2.1　傅里叶变换红外光谱（FTIR）分析

傅里叶变换红外光谱（Fourier transform infrared spectrometer，FTIR）是一种研究有机/无机材料分子键合的光谱技术。IR 是波长为 700 nm 至 1 mm 的可见光谱红边之间的电磁辐射区域，即 IR 波比可见光长，而比无线电波短。

在 FTIR 期间，将样品暴露于 IR 辐射，以产生样品的光谱。一部分辐射逃逸，而其余辐射则被试样吸收，具体取决于材料中的化学键性质。物种的分子指纹是在分子水平上透过和吸收的结果，可通过 FTIR 光谱提取混合物中单个成分的数量或比例。红外光谱法实质上是一种根据分子内部原子间的相对振动和分子转动等信息来确定物质分子结构和鉴别化合物的分析方法。

9.2.1.1　FTIR 主要部件

（1）光源。以光束形式发射红外能量的源。

（2）干涉仪。产生包含所有红外频率的独特信号（干涉图）；干涉图信号是由于两个光束的干涉而产生的，并且包含每个 IR 频率的信息。测量干涉图意味着同时测量所有 IR 频率。

（3）样品室。将样品装入样品室，红外光束进入腔室与样品相互作用，根据样本的性质，仅吸收或传输特定频率的红外信号。

（4）探测器。一般可分为热检测器和光检测器两大类。热检测器的工作原理是：把某些热点材料的晶体放在两块金属板中，当光照射到晶体上时，晶体表面电荷分布变化，由此可以测量红外辐射的功率。

（5）计算机。为了分析信号并进行识别，需要绘制每个 IR 频率的图。因此，在计算机中使用数学公式（称为傅里叶变换）将干涉图解码为各个频率。

9.2.1.2　FTIR 的原理

FTIR 仪器的工作原理如图 9-4 所示。在 FTIR 仪器中，辐射由红外光源以光束的形式产生，然后能量束通过干涉仪进行光谱编码，干涉图是光谱编码的结果。

干涉仪的工作和 FTIR 图的创建原理如下：首先，干涉仪的分束器（部分反射镜）将入射辐射分成两束；然后，这两个光束从两个单独的镜子反射，其中一个镜子是固定的，另一个是可移动的，在从各自的反射镜反射后，两束光束在分束器处集合；红外光束进入样品室，来自干涉仪的信号是这两个光束干涉的结果，称为"干涉图"，干涉图包含从光源射在样品上的每个 IR 频率的信息，光束要么穿过试样表面，要么从试样表面反弹，同时样品吸收代表样品独特特性的 IR 频率的光；干涉图信号由专用检测器检测，并在计算机中解码，以使用傅里叶变转换为光谱数据；信号转换后，光谱形式的 FTIR 信号可用于定性分析分子中的官能团，也可以用于定量分析。

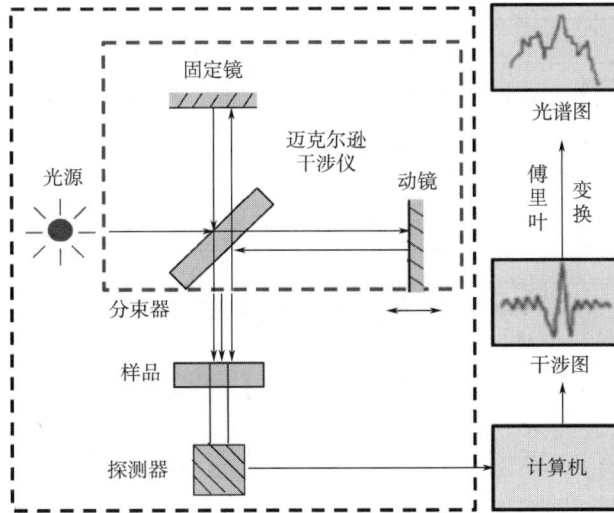

图 9-4 FTIR 仪器的工作原理示意图

9.2.2 紫外—可见光谱（UV—Vis）分析

Duboscq 和 Nessler 等在 1854 年将朗伯—比尔（Lambert—Beer）定律应用于定量分析化学领域，并且设计了第一台比色计。到 1918 年，美国国家标准局制成了第一台紫外—可见分光光度计。紫外—可见光谱法是一种用于量化样品吸收和散射的光的技术（称为消光的量，定义为吸收和散射光的总和）。在最简单的形式中，将样品放置在光源和光电探测器之间，并在穿过样品前后测量紫外—可见光束的强度。在每个波长下比较这些测量值，以量化样品的波长相关消光光谱。数据通常绘制为消光作为波长的函数。使用缓冲空白对每个光谱进行背景校正，以确保来自缓冲区的光谱特征不包括在样品消光光谱中。金和银等离子体基元纳米颗粒具有对纳米颗粒表面附近的尺寸、形状、浓度、聚集状态和折射率敏感的光学性质，这使得紫外—可见光谱成为识别、表征和研究纳米材料的一个实用的工具。测量的光谱可以与基于数值模型的预测光谱进行比较。非等离子体纳米颗粒也具有与尺寸和浓度相关的光学特性，然而，它们的光谱对色散特性的敏感性不如等离子体纳米颗粒。

9.2.2.1 紫外—可见分光光度计主要部件

一般地，紫外—可见分光光度计主要由光源系统、单色器系统、样品室、检测系统组成，如图 9-5 所示。光源发出的复合光通过单色器被分解成单色光，当单色光通过样品室时，一部分被样品吸收，其余未被吸收的光到达检测器，被转变为电信号，经电子电路的放大和数据处理后，通过显示系统给出测量结果。

（1）光源。发出所需波长范围内的连续光谱，有足够的光强度且稳定。可见光区光源为钨灯和碘钨灯（320~2500 nm）；紫外区光源为氢灯和氘灯（180~375 nm）；氙灯可作为紫外区、可见光区光源。

（2）单色器。将光源发出的连续光谱分解为单色光。

121

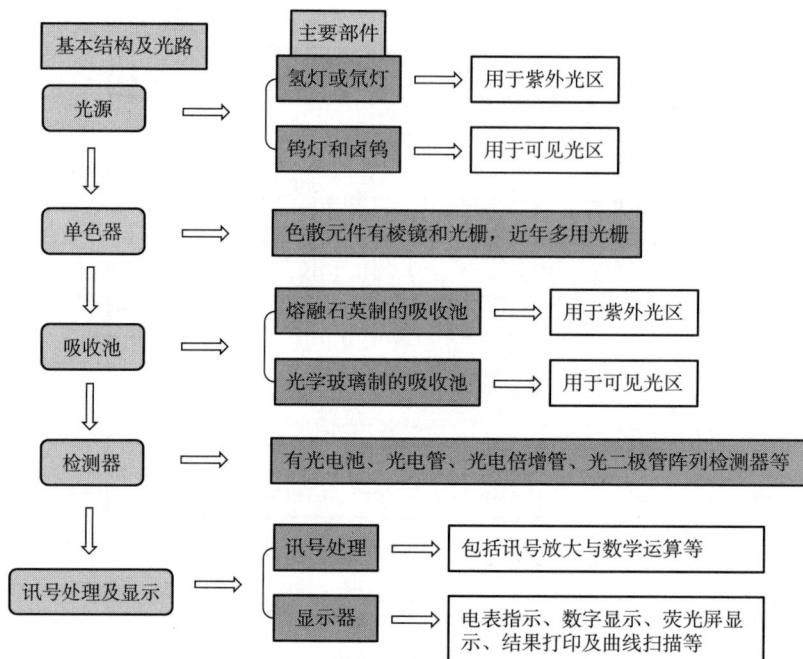

图 9-5　紫外—可见分光光度计光路示意图

（3）棱镜。不同波长光通过棱镜时折射率不同。

（4）光栅。在镀铝的玻璃表面刻有数量很大的等宽度等间距条痕（600 条/mm、1200 条/mm、2400 条/mm）。利用光通过光栅时发生衍射和干涉现象而分光。

（5）吸收池。用于盛待测及参比溶液。可见光区为光学玻璃池；紫外区为石英池。

（6）检测器。利用光电效应，将光能转换成电流信号。

（7）检流计（指示器）。刻度显示或数字显示、自动扫描记录。

9.2.2.2　紫外—可见分光光度计的原理

物质的吸收光谱本质上就是物质中的分子和原子吸收入射光中的某些特定波长的光能量，相应地发生分子振动能级跃迁和电子能级跃迁。由于各种物质具有各自不同的分子、原子和不同的分子空间结构，其吸收光能量的情况也就不同，因此，每种物质就有其特有的、固定的吸收光谱曲线，可根据吸收光谱上某些特征波长处的吸光度的高低判别或测定该物质的含量，这是分光光度定性和定量分析的基础。

分光光度分析就是根据物质的吸收光谱研究物质的成分、结构和物质间的相互作用。紫外—可见分光光度法的定量分析基础是朗伯—比尔（Lambert—Beer）定律，即物质在一定浓度时的吸光度与其吸收介质的厚度呈正比，其关系式如下：

$$A = abc$$

式中：A 为吸光度；a 为摩尔吸光系数；b 为吸收介质的厚度；c 为吸光物质的浓度。

一般而言，光学扩散片在小心使用下，可降低测量时因探测器上的入射光源不均匀分布或光束偏移所造成的微小误差，因此可以提高测量的准确性。但是在精密测量时，必须使用积分球作为光学扩散器以使上述误差最小。

积分球的基本原理是：光通过采样口被积分球收集，如图 9-6 所示，在积分球内部经过多次反射后非常均匀地散射在积分球内部。

使用积分球来测量光通量时，可使测量结果更为可靠，积分球可降低并除去由光线的形状、发散角度以及探测器上不同位置的响应度差异所造成的测量误差。

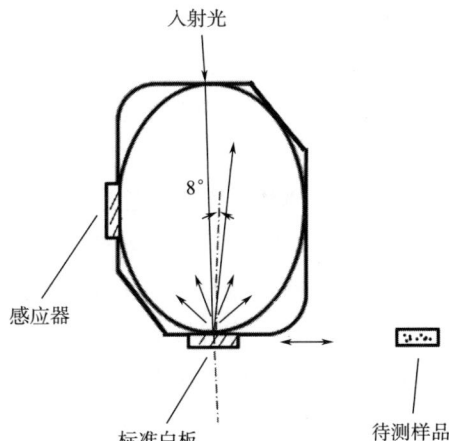

入射光

8°

感应器

标准白板

待测样品

图 9-6 积分球示意图

（1）理想积分球的条件。积分球的内表面为一完整的几何球面，半径处处相等；球内壁是中性均匀漫射面，对各种波长的入射光线具有相同的漫反射比；球内没有任何物体，光源也看作只发光而没有实物的抽象光源。

（2）理想积分球的原理。入射光 S 直接在球内任一点 A 建立的照度为 E_A，在球内的另一点 M 处的照度为 E_A，在 M 处 dS 发生第一次漫射照度为：

$$M = \rho E_A \tag{9-1}$$

故由朗伯定律可知 dS 面的光亮度为：

$$L_0 = \frac{\rho E_A}{\pi} \tag{9-2}$$

A 处 dS 发生漫射在 M 处产生的二次照度为：

$$dE_2 = \frac{L}{(M)^2} \cdot \cos^2\theta dS = \frac{L \cdot dS}{(M)^2} \cdot \frac{(M/2)^2}{r^2} = \frac{L \cdot dS}{4r^2} \tag{9-3}$$

（3）影响积分球测量精度的因素。球内壁是均匀的理想漫射层，服从朗伯定律；球内壁各点的反射率相等；球内壁白色涂层的漫射是中性的；球半径处处相等，球内除灯外无其他物体存在；窗口材料是中性的，其 E 符合照度的余弦定率。实际情况与理想条件不符合会造成测量误差，故需进行修正。

9.3 结构分析

9.3.1 X 射线衍射（XRD）分析

X 射线衍射（X-ray diffraction，XRD）是一种在分子和原子水平上研究材料结构的非破坏性方法。XRD 是研究结晶、多晶和非结晶（非晶）材料的最佳方法。X 射线的波长（λ）在纳米范围内，XRD 是材料原子对 X 射线的弹性散射（碰撞期间没有能量损失），其原理是基于散射波的干涉。散射波的合成振幅（强度）取决于波传播的距离，即路径差（相位或角度）。如果两个波以同相的方式叠加（相同的波峰和波谷），则合成强度是两个强度的总和，这种现象称为相长干涉。在破坏性干涉中，两个异相波合并，合成强度为两个强度之差。XRD 分析仪绘制了强度（以任意单位）和散射角 2θ（度）之间的 x—y 图（XRD 图）。通过布拉格定律分析 XRD 图案，并可获得材料性质、原子排列、微晶尺寸、化学成分等信息。

9.3.1.1　XRD 仪器的主要部件

（1）X 射线管。快速移动的电子束与金属靶（铜）的原子碰撞，在管中产生 X 射线。

（2）准直器。准直器用于使射线在照射到样品之前平行。

（3）样品台。放置样品。

（4）探测器。衍射的 X 射线束由计数器检测，收集的数据随后在计算机上以 XRD 图案（2θ 对反射强度）的形式绘制。

9.3.1.2　XRD 仪器工作原理

图 9-7 所示为 XRD 仪器的工作原理以及 XRD 图形。在 XRD 中，X 射线的准直光束（细平行光束）指向样品。入射光线与样品的原子相互作用，向外散射。入射光束与试样表面的夹角为 θ，那么衍射光束的夹角为 2θ；θ 取决于原子的排列和原子的类型等。然后，衍射光束由探测器检测并发送到计算机以制作 XRD 图谱。

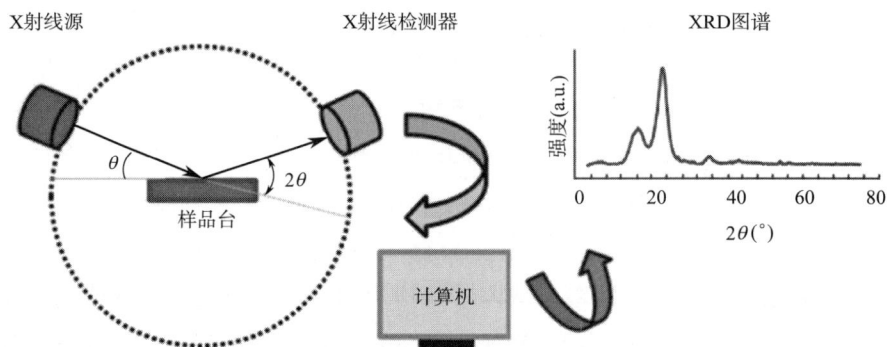

图 9-7　XRD 仪器的工作原理以及 XRD 图形

9.3.1.3　样品的制备

（1）粉末样品的制备。研磨（球磨）和过筛。对固体颗粒采用研钵（球磨机）进行研磨，一般对粉末进行持续的研磨，直至粉末低于 360 目，手摸无颗粒感，则认为晶粒大小已经符合要求。

（2）制片。制片的主要方法为涂片法和压片法。

①涂片法。把粉末撒在一片大小约为 25 mm×35 mm×1 mm 的显微镜载片上（撒粉的位置要相当于制样框窗孔位置），然后加上足够量的丙酮或酒精（样品在其中不溶解），使粉末成为薄层浆液状，均匀地涂布开来，粉末的量只需能够形成一个单颗粒层的厚度即可，待丙酮挥发后，粉末黏附在玻璃片上，可供衍射仪使用，若样品试片需要永久保存，可滴上一滴稀的胶黏剂。

②压片法。把样品粉末尽可能均匀地洒入（最好是用细筛子，如 360 目筛入）制样框的窗口中，再用小抹刀的刀口轻轻剁紧，使粉末在窗孔内摊匀堆好，然后用小抹刀把粉末轻轻压紧，最后用保险刀片（或载玻片的断口）把多余凸出的粉末削去，然后，小心地把制样框从玻璃平面上拿起，便能得到一个平整的样品粉末平面。

涂片法采用样品粉末量最少，需根据实际粉末量的多少选择不同的方法。

9.3.2　能量色散 X 射线光谱（EDX）分析

能量色散 X 射线光谱（energy dispersive x-ray spectroscopy，EDS 或 EDX）是用于识别和量化材料元素组成的标准技术。通常，EDX 配合 SEM 进行。在 EDX 中，样品的表面原子由高能电子束激发。样品的每个组成元素都具有独特的原子结构，并在其发射光谱中产生一组特征峰。然后用固态探测器（通常称为能量色散探测器）分析该光谱，这个探测器可以区分不同的能量。根据能量的大小判定样品表面原子的组成。因此，该程序被称为能量色散 X 射线光谱法（EDS），允许识别元素及其相对比例，如重量和原子百分比。在 EDS 光谱中，能量（以电子伏特为单位）绘制在 x 轴上，与任意单位的峰值强度（y 轴）相对应。

9.3.2.1　EDX 系统的主要组件

（1）电子源。

（2）样品保持器。

（3）X 射线探测器。

（4）脉冲处理器分析仪。

（5）计算机。

9.3.2.2　EDX 系统的工作原理

EDX 系统为了从样品中产生特征 X 射线，将高能电子束（由电子源产生）聚焦到样品上（图 9-8）。在正常状态下，样品中的原子包含基态（未激发）离散能级或电子壳层中的电子。入射光束可能激发内壳中的电子，将其从壳中弹出，同时产生电子空穴（空位）。然后，

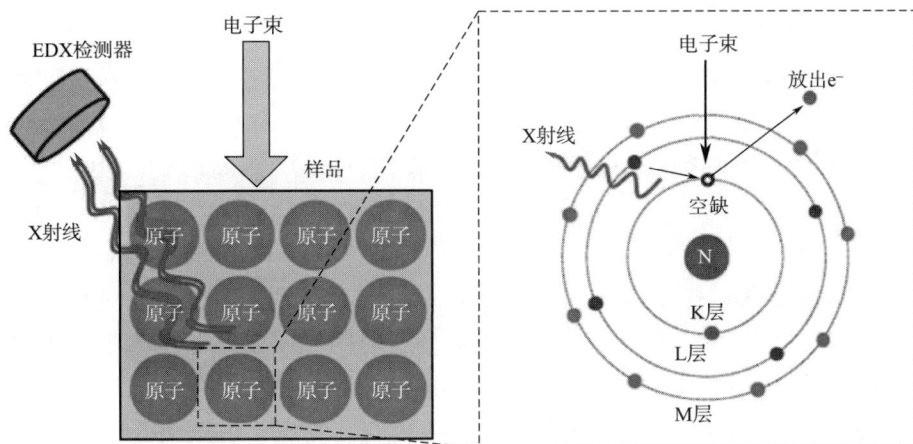

图 9-8　EDX 工作的示意图

一个电子从上壳层下来填补空缺。高能壳层和低能壳层之间的能量差以 X 射线的形式释放。从样本发射的 X 射线的数量和能量可以通过能量色散光谱仪（检测器）测量。X 射线能量由探测器转换成电压信号，并由脉冲处理器测量。最后，数据被发送到分析仪，用于计算机显示和分析。对任一原子而言，各个能级之间的能量差都是确定的，各种原子受激发而产生的 X 射线的能量都是确定的，因此可以用来识别样品中存在的元素的类型。

EDX 一般与 SEM 和 TEM 结合应用。样品准备方法与 SEM 和 TEM 相同。

9.4 热重（TG）分析

热重分析（thermogravimetric analysis，TG 或 TGA）是指在程序控制温度下测量待测样品的质量与温度变化关系的一种热分析技术，用来研究材料的热稳定性和组分。TG 在研发和质量控制方面都是比较常用的检测手段。热重分析在实际的材料分析中经常与其他分析方法联用，进行综合热分析，以便全面准确地分析材料。图 9-9 所示为 TG 工作原理示意图及典型 TG 图。热重分析仪的组成为试样支持器，炉子，测温热电偶，传感器，平衡锤，阻尼和天平复位器，天平，阻尼器。

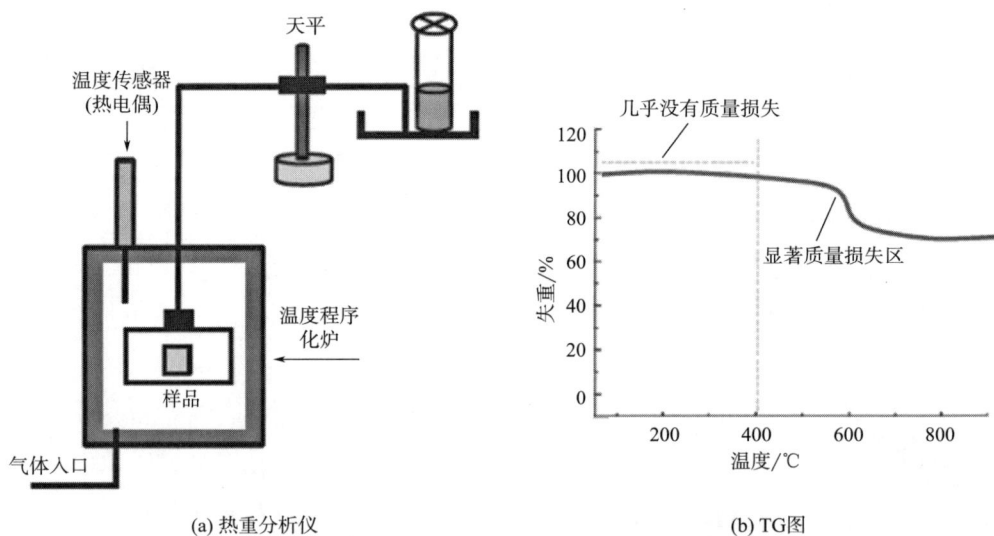

(a) 热重分析仪 (b) TG 图

图 9-9 热重分析仪（TG）示意图以及 TGA 图

为了获得 TG 图，将试样温度从室温（25℃）逐渐升高到更高温度（通常高达 800℃），并随时间连续测量试样质量。在热重分析中，温度、时间和质量是基本参数。通常，温度升高的速率保持恒定，以引起热反应。热反应需要条件控制，如惰性气体、环境空气、氧化气体、真空、渗碳气体、腐蚀性气体、液体蒸汽、高真空、高压、恒压或受控压力。在热重分析中，通过在纵轴上绘制质量和在水平轴上绘制时间或温度来编辑从热反应获得的热重分析数据。该图称为 TG 曲线或 TG 图。微分 TG 曲线用于差热分析。TG 还可用于分析聚合物材料，如热固性塑料、塑料薄膜、热塑性塑料、涂料、弹性体、复合材料、涂层、纤维和燃料。

TG 热重分析模型有以下两类。

（1）静态法。包括等压质量变化测定和等温质量变化测定。等压质量变化测定是指在程序控制温度下，测量物质在恒定挥发物分压下平衡质量与温度关系的一种方法。等温质量变化测定是指在恒温条件下测量物质质量与压力关系的一种方法，这种方法准确度高，但是费时。

（2）动态法。即热重分析和微商热重分析。微商热重分析又称导数热重分析（derivative thermogravimetry，简称 DTG），它是 TG 曲线对温度（或时间）的一阶导数。以物质的质量变化速率（dm/dt）对温度 T（或时间 t）作图，即得 DTG 曲线。在该法中，试样在温度线性变化的环境中加热。将试样的重量损失或增加记录为时间或温度的函数。绘制的 TG 曲线由弯曲部分和水平台阶组成。最高允许温度约为 1000℃。定量分析中使用 TG 曲线计算质量损失。TG 测量数据对于研究材料的组成和纯度、确定化合物的稳定温度以及确定材料的干燥和着火温度非常有帮助。

9.5 动态光散射（DLS）分析

动态光散射法（dynamic light scattering，DLS）有时称为准弹性光散射法（QELS），是一种成熟的非侵入技术，可测量亚微细颗粒范围内的分子与颗粒的粒度及粒度分布，粒度可小于 1 nm。动态光散射法的典型应用包括已分散或溶于液体的颗粒、乳剂或分子表征。悬浮在溶液中的颗粒的布朗运动，造成散射光光强的波动。分析光强的波动得到颗粒的布朗运动速度，再通过斯托克斯—爱因斯坦方程得到颗粒的粒度。

动态光散射的基本原理如图 9-10 所示。

（1）粒子的布朗运动导致光强的波动。微小粒子悬浮在液体中会无规则地运动，布朗运动的速度取决于粒子的大小和媒体黏度，粒子越小，媒体黏度越小，布朗运动越快。

（2）光信号与粒径的关系。光通过胶体时，粒子会将光散射，在一定角度下可以检测到光信号，所检测到的信号是多个散射光子叠加后的结果，具有统计意义。瞬间光强不是固定值，在某一平均值下波动，但波动振幅与粒子粒径有关。某一时间的光强与另一时间的光强相比，在极短时间内，可以视作是相同的，可以认为相关度为 1；在稍长时间后，光强相关度下降；时间无穷长时，光强与之前的不同，可以认为相关度为 0。根据光学理论可得出光强相关过程。如前所述，正在做布朗运动的粒子速度与粒径（粒子大小）相关（斯托克斯—爱因斯坦方程）。大颗粒运动缓慢，小颗粒运动快速。如果测量大颗粒，那么由于它们运动缓慢，散射光斑的强度也将缓慢波动。类似地，如果测量小颗粒，那么由于它们运动快速，散射光斑的密度也将快速波动。可以看到，相关关系函数衰减的速度与粒径相关，小颗粒的

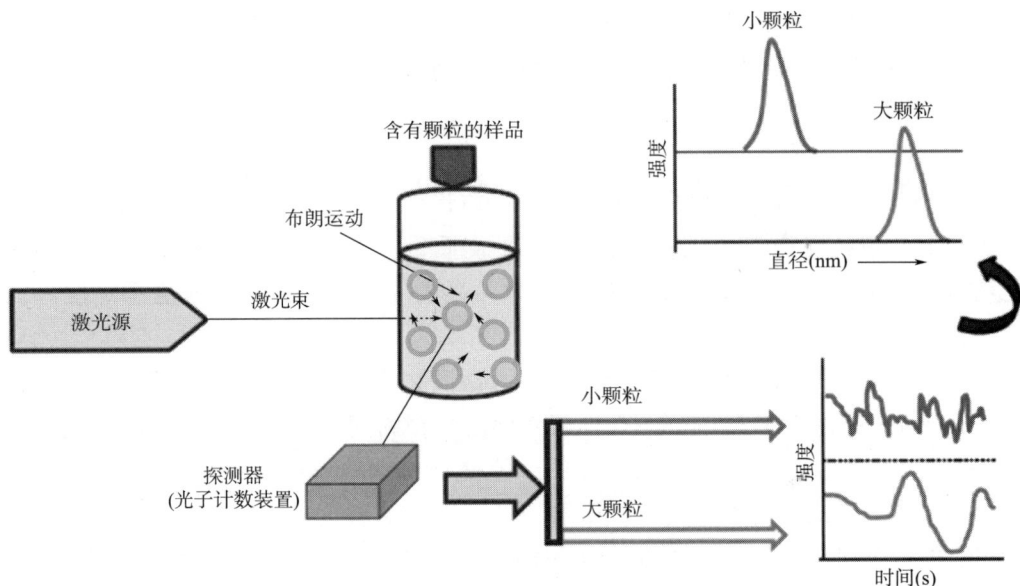

图 9-10　DLS 工作原理示意图

衰减速度大大快于大颗粒的衰减速度。然后通过光强波动变化和光强相关函数计算出粒径及其分布。

样品应该较好地分散在液体媒介中，理想条件下，分散剂应具备以下条件：透明；分散剂和溶质粒子有不同的折光指数；应和溶质粒子相匹配（即不会导致溶胀、解析或者缔合）；掌握准确的折光指数和黏度，误差小于 0.5%；干净且可以被过滤。

9.6　表面性能分析

9.6.1　Zeta 电位

通过测量 Zeta 电位来测定液体介质中胶体纳米颗粒的表面电荷。Zeta 电位有助于了解纳米颗粒在分散体中的物理稳定性。纳米颗粒的表面上通常有电荷（正电荷或负电荷）吸引并在颗粒周围产生面间双层（图 9-11）。

第一层称为船尾层。颗粒通常与离子双层一起扩散通过溶液。双层边界（滑动面）处的电位称为 Zeta 电位，即分散介质和双层流体之间的电位差。它用希腊字母 Zeta（ζ）表示，单位为伏特（V）或毫伏（mV）。"ζ"的典型范围为 $-100 \sim 100$，胶体纳米颗粒为 100 mV。"ζ"的大小非常重要，因为它表示溶液中颗粒的稳定性。"ζ"的绝对值较大，无论是正值还是负值，都会通过单个粒子的静电斥力对粒子的稳定性产生良好的效果。一般而言，"ζ"的值不在 -30 mV 至 $+30$ mV 之间（即大于 30 mV 的任何量级 vlaue），在粒子之间提供足够的排斥力以维持其个体特性。在"ζ"绝对值较小的情况下，由于范德瓦尔斯力的存在，颗粒会

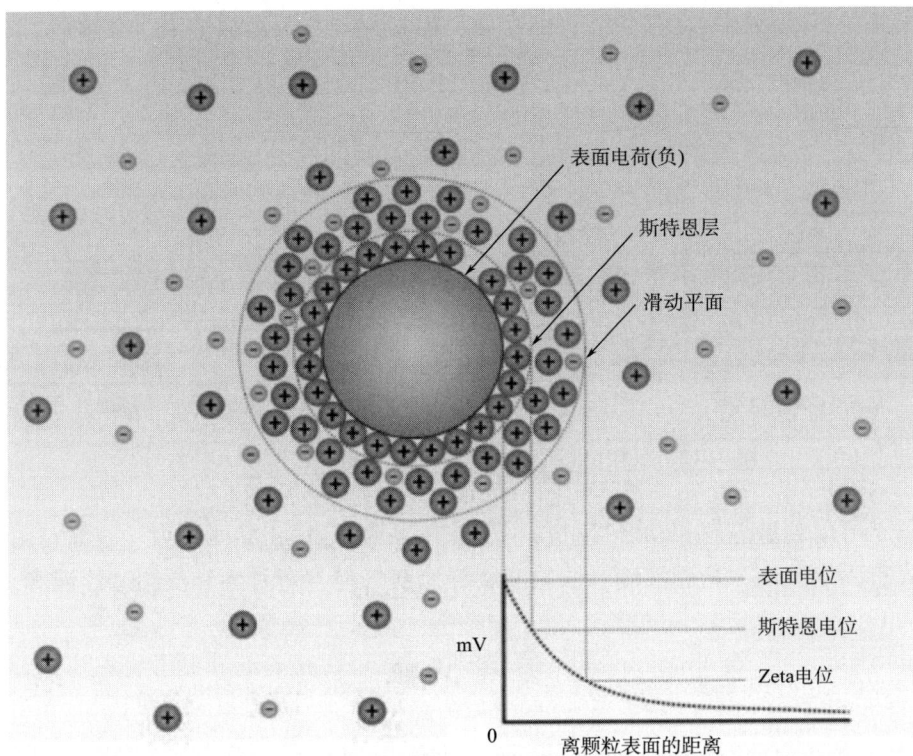

图 9-11 悬浮在液体介质中的带电粒子的离子浓度和 Zeta 电位示意图

聚集和絮凝，从而导致物理不稳定性。除了"ζ"之外，还有一些因素，如颗粒的性质、表面活性剂的存在、溶液化学也有助于纳米颗粒的物理稳定性。Zeta 电位或粒度分析仪是一种纳米范围的仪器，能够测量液体介质中胶体纳米颗粒的三个特性，即粒度、Zeta 电位（表面电荷）和分子量。

9.6.2 表面接触角

接触角是液体、固体、空气界面与固体表面的接触角。当液滴被放置在光滑均匀的水平表面上时，它可能扩散到基底上，如果发生完全润湿，接触角将接近零。相反，如果润湿是部分的，则所得接触角在材料表面能的范围内达到平衡。接触角越小，基底的润湿性或表面能就越大。接触角是衡量表面润湿性的一个重要指标。

接触角表征材料的表面润湿性、表面张力、界面张力、水接触角、吸收性能、表面自由能、吸附性能、黏附功、表面清洁度和界面流变性。

接触角测量仪工作原理：视频光学接触角测量是通过光学外观投影的原理，对液体与固体样品的轮廓进行分析的过程，这也是视频光学测量仪的测试原理。通过记录液滴图像并且自动分析液滴的形状，用液滴轮廓拟合方法对获得的图像进行分析，测定接触角和表面张力

129

（图 9-12）。接触角测量仪由自动旋转平台、视频采集卡、CCD 摄像头、高级变焦镜头、自动电控温系统、自动精确进样系统、自动影像分析系统、全电动三维平台等组成。

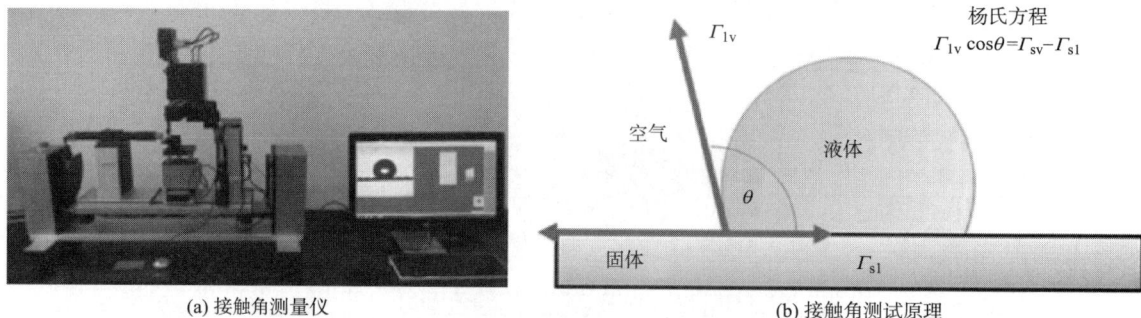

(a) 接触角测量仪   (b) 接触角测试原理

图 9-12　接触角测量仪实物图和接触角测试原理示意图

接触角 θ 可以测量静态和动态接触角、静态和半动态表面/界面张力、表面自由能。可用的液滴形式有固定液滴、悬浮液滴、倾斜液滴、捕获气泡、弯月面和反向悬浮液滴。

参考文献

[1] KHAN F A. Applications of nanomaterials in human health [M]. Applications of Nanomaterials in Human Health, 2020.

[2] MUTALIB M A, RAHMAN M A, OTHMAN M, et al. Scanning electron microscopy (SEM) and energy-dispersive x-ray (EDX) spectroscopy [J]. Membrane Characterization, 2017: 161-179.

[3] AKHTAR S. Transmission electron microscopy of graphene and hydrated biomaterial nanostructures: Novel techniques and analysis [J]. acta universitatis upsaliensis, 2012, 124.

[4] WINTER M, IMHOF R, JOHO F, et al. FTIR and DEMS investigations on the electroreduction of chloroethylene carbonate-based electrolyte solutions for lithium-ion cells [J]. Journal of Power Sources, 1999, 81-82 (81): 818-823.

[5] GULER B, URAZ A, CETINER D. The chemical surface evaluation of black and white porous titanium granules and different commercial dental implants with energy-dispersive x-ray spectroscopy analysis [J]. Clin Implant Dent Relat Res, 2019, 21 (2): 352-359.

[6] EL-SAYED S A, MOSTAFA M E. Pyrolysis characteristics and kinetic parameters determination of biomass fuel powders by differential thermal gravimetric analysis (TGA/DTG) [J]. Energy Conversion & Management, 2014, 85 (sep.): 165-172.

[7] RAWSON E G, NAFARRATE A B, NORTON R E, et al. Speckle-free rear-projection screen using two close screens in slow relative motion [J]. Journal of the Optical Society of America, 1976, 66 (11): 1290-1294.

[8] MARKO M, HSIEH C, SCHALEK R, et al. Focused-ion-beam thinning of frozen-hydrated biological specimens for cryo-electron microscopy [J]. Nature Methods, 2007, 4 (3): 215.

[9] MAROTTA R, FALQUI A, CURCIO A, et al. Immunocytochemistry, electron tomography, and energy disper-

sive X-ray spectroscopy (EDXS) on cryosections of human cancer cells doped with stimuli responsive polymeric nanogels loaded with iron oxide nanoparticles [J]. Methods in Molecular Biology, 2013, 1025: 179: 179-98.

[10] SAKAI T, JONAS J J. Plastic deformation: Role of recovery and recrystallization [J]. Reference Module in Materials Science and Materials Engineering, 2014, 2291-2397.

[11] SHAH R M, ELDRIDGE D, PALOMBO E A, et al. Optimisation and stability assessment of solid lipid nanoparticles using particle size and zeta potential [J]. Journal of Physical Therapy Science, 2014, 25 (1): 2014.

[12] TALARI A C S, MARTINEZ M A G, MOVASAGHI Z, et al. Advances in Fourier transform infrared (FTIR) spectroscopy of biological tissues [J]. Applied Spectroscopy Reviews, 2016: 456-506.

第 10 章　纳米风险与挑战

本章详细介绍了细胞与纳米材料相互作用的主要途径及其结果。此外，还讨论了人类接触纳米材料的可能途径（如皮肤、呼吸道、胃肠道、血脑屏障、肝脏和脾脏等）和近年来纳米材料（金属、金属氧化物、碳纳米管、石墨烯和量子点）的体外、体内研究进展，最后还提供了处理纳米材料的安全指南。

10.1　纳米材料毒性问题

在当今社会中，不含纳米材料（NMs）成分的制成品非常罕见，所有的生命体都在不断地以这样或那样的方式暴露在诸如纳米材料之类的人造材料中。在过去的十年中，利用纳米材料制造的产品的数量呈指数级增长。

除了广泛宣传的纳米材料性能之外，关于纳米材料对生物的物理化学效应仍非常模糊。分析纳米材料对环境的影响具有很大的挑战性，因为它取决于一系列复杂的因素，如纳米材料的尺寸、形状、表面性质、电荷等。然而，与任何其他污染物一样，对环境的影响取决于其物理化学性质，当其迁移和转换时，物理化学性质会影响周围环境。纳米材料在活细胞中的命运已经研究了很长一段时间，但基于对纳米材料毒性认知，建立普适性原则来评估所有纳米材料仍需大量深入的研究。

全球各研究机构正在对不同的纳米材料进行广泛的研究，以改变其某一形式（形态、光学或化学）的性能，然而，却忽略了它们对活体的影响。纳米材料的单一性能变化可以导致其行为的完全改变，其影响活细胞的模式也会发生变化。即使最先进的毒性评估方法，面对不断发展的材料合成工艺和复杂的材料表征仍然有很多挑战。已有研究表明，纳米材料可以诱发许多疾病，如哮喘、皮炎、鼻炎、间质性肺病、尘肺、肺结核、呼吸栓塞、胸部恶性肿瘤、肺增生和免疫系统疾病等。因此，在当前情况下，对纳米材料毒理学（纳米毒理学）的研究至关重要。对纳米毒性的系统研究可以帮助研究人员选择对环境无害的材料，并优先进行研究，以减少其对环境和人类健康的潜在危害。

（1）生物降解。生物降解是一种通过生物催化将天然复杂颗粒分解为更简单产物的过程。生物降解分为生物矿化和生物转化两类。在生物矿化过程中，复杂的有机化合物被分解为更简单的无机分子，如二氧化碳和水；而在生物转化过程中，化合物经过不完全分解，转化为更简单的化合物以及无机分子，该化合物可能有毒也可能无毒。一些非致命复合物的生物转化通常会变成毒性更强的产物。因此，生物降解是诱发环境毒性的途径之一。这些被生物降解的化合物往往在土壤中聚集起来，破坏生物的正常酶活性。

（2）生物累积。通过食物或体表吸收生物体外的异源物质称为生物浓缩，在食物链较高层次的生物体上产生的异物交换称为生物放大。这些异源物质的摄入经常引起生物体内的毒性。DDT（二氯二苯三氯乙烷）是一种广为人知的农药，其半衰期为 15 年，因此即使在 100 年后，该化合物也不会完全降解。DDT 的生物转化往往会导致转化物毒性更强。因此，当它们聚集在土壤和水源中时，微生物、鱼类和其他生物吸收这些化学物质，然后转移到食物链中较高级的生物中。因此，生物累积是在环境中诱发毒性的另一种模式。

（3）基因毒性。对细胞遗传物质造成破坏的毒性被称为遗传毒性。对细胞内遗传物质的完整性造成损害的物质被称为基因毒素。纳米材料遗传毒性在细胞核内，可以导致 DNA 链的突变，如复制、删除、色差等。DNA 损伤可能导致细胞的恶性转化，少数情况下，还可能导致生殖细胞异常，可进一步导致遗传疾病，如糖尿病、囊性纤维化、镰状细胞贫血、血友病等。各种体内和体外遗传毒性试验被开发来评估和获取各种材料的风险。因此，遗传毒性是生物毒性诱导的主要途径之一。

（4）细胞毒性。引起细胞破坏的毒性被称为细胞毒性。这是在生物体内观察到的最主要的毒性效应之一。将细胞暴露在有毒化合物中往往会导致各种致命的后果，如完全裂解、细胞膜破裂和胞浆成分破坏。它们还可能引发程序性细胞死亡现象（凋亡），这可能会降低生长速度，即减少细胞数量或减少存活或增殖的机会。

（5）生态毒性。毒性是由多种原因在环境中引起的，但在一般的生态系统（包括人类）中可以观察到相同的影响。生态毒性是一个更广泛的术语，包括毒性的概念及其对整个生态系统的影响。环境中的潜在生态毒素是人造工程产品，如纳米材料、碳氢化合物、合成无机分子（如农药）等。这些潜在的有毒化合物通过生物浓缩进一步进入食物链系统，并通过食物链在高级动物中放大。这些有毒排出物会影响活生物体的细胞和遗传物质，使其具有细胞毒性和遗传毒性。

10.2　影响纳米材料毒性的因素

纳米材料的物理化学性质是影响毒性的非常重要的因素（图 10-1）。许多材料在体积较大的块体材料形式时是无毒的，但随着其体积的减小而表现出较高的毒性。除了材料的尺寸之外，化学成分特别是其表面性质和比表面积也可诱导毒性。

10.2.1　尺寸

尺寸是影响材料毒性的主要因素之一。纳米材料通过不同的摄入途径（吸入、皮肤吸收等）与体内细胞接触而诱发毒性。纳米材料尺寸大小与生物大分子尺寸相当，很容易被吸收。材料的比表面积随着尺寸的减小而增大，大大增加与细胞表面甚至细胞质中的物质相互作用的表面积。有几项毒性研究证实，尺寸减小是诱导毒性的主要原因，说明尺寸在毒性中的重要性。纳米材料进入细胞后与细胞质中的蛋白质相互作用，形成纳米颗粒—蛋白质复合物。纳米颗粒—蛋白质复合物诱导细胞内环境发生生理变化。此外，尺寸的减小也增加了活

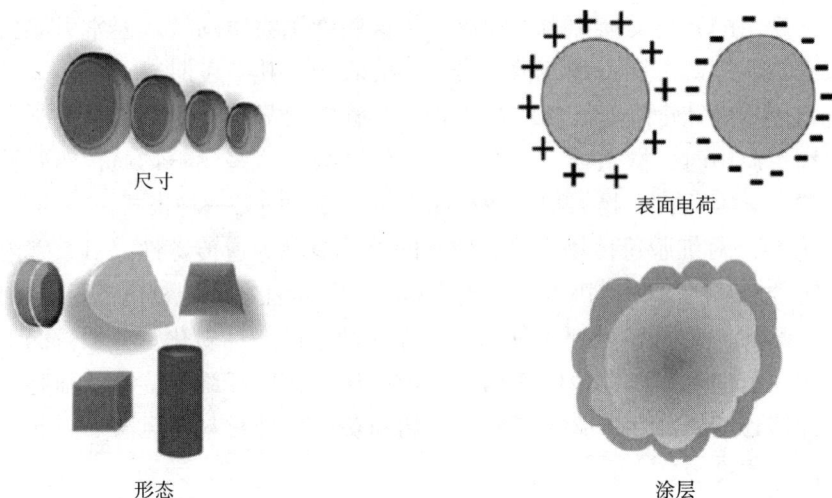

尺寸

表面电荷

形态

涂层

图 10-1　影响细胞毒性的物理化学因素

性氧的产生。纳米颗粒尺寸的减小不仅增加了比面积，还增加了活性氧产生的位点。Park 等研究了银颗粒大小对 L929 成纤维细胞和小鼠腹腔巨噬细胞系（RAW264.7）的影响。研究结果表明，银纳米颗粒具有细胞毒性、遗传毒性和发育毒性。与其他较大的纳米颗粒相比，最小的纳米颗粒（20 nm）具有最高的毒性。

10.2.2　形态

颗粒的形态显著影响细胞摄取程度。在毒性研究中研究了纳米颗粒形状和纵横比的作用，如球、细丝、平面、管等。纳米颗粒的形状仅在诱导细胞内毒性方面起关键作用。纳米颗粒的内吞作用取决于其尺寸和浓度。Doshi 等研究了颗粒形态对细胞膜相互作用的影响。他们观察到针状颗粒在摄取过程中诱导细胞膜的破坏。类似地，其他研究也提到，高纵横比纳米颗粒的摄入导致细胞膜中形成孔，进而导致细胞内外离子浓度的失衡。此外，纳米颗粒被细胞摄取后常常聚集，进一步引起一系列尺寸依赖性，整体表现出更高的毒性。

10.2.3　电荷

纳米材料的毒性是细胞与纳米材料表面的相互作用引起的。因此，表面性质是诱导毒性的关键因素。纳米颗粒穿过脂质双分子膜进入细胞内，膜的总电荷为负。因此，如果纳米颗粒表面带正电荷或呈中性，可以通过静电作用结合在细胞膜上，则很容易被摄入；而带负电荷的粒子结合的效率则较低。已报道的几种材料毒性研究中研究了表面电荷对功能化的影响。Magrez 等观察到 CNTs 经酸处理表面功能化后，毒性发生显著变化。酸洗将毒性较低的 CNTs 转化为毒性较高的宏观实体。CNTs 的酸洗过程增加了其表面带负电荷的官能团，如羟基（—OH）和羧酸（—COOH），这些基团导致了毒性的变化。Cho 等研究了金纳米颗粒（AuNPs）在细胞表面的细胞吸附，对 AuNPs 的细胞内吞动力学进行研究，发现阳离子型

AuNPs 的内吞率比阴离子型 AuNPs 高 5 倍。这可能是由于阳离子 Au NPs 通过破坏细胞膜直接扩散到细胞内。这些纳米颗粒的内吞途径也各不相同。除了表面电荷，配体相互作用（表面功能化后）也会导致毒性变化。

10.2.4 涂层

任何纳米颗粒的表面都是与细胞环境相互作用的初始因素。因此，小尺寸、表面电荷和配体是导致纳米颗粒毒性的几个主要因素。但有毒金属离子在细胞环境中溶出也会诱导急性毒性。因此，研究人员在这些金属氧化物周围开发涂层以防止其溶出。涂层有以下三种常见类型：

（1）化学交联涂层。涂层物质通过共价键与纳米颗粒表面相互作用，附着在纳米颗粒周围。

（2）静电相互作用涂层。涂层物质通过与纳米颗粒表面静电相互作用而吸附在纳米颗粒表面。

（3）原子层沉积（ALD）涂层。这是一种使用 ALD 方法在纳米颗粒周围形成涂层的方法，涂层材料和纳米颗粒形成化学键。

这些涂层使颗粒结构稳定，防止颗粒团聚，降低了纳米颗粒的毒性水平。

10.3 纳米材料与人类接触途径

在纳米材料合成和应用的不同阶段，人类接触纳米材料的途径多种多样，如皮肤、呼吸道、胃肠道、血脑屏障、肝和脾等均可接触并传输纳米材料（图 10-2）。

10.3.1 皮肤

皮肤是人体最大的器官，是全身的主要屏障，也是纳米颗粒最容易接触并进入的途径。皮肤的表皮可以阻挡微米大小的颗粒进入，但这种屏障对于纳米尺寸的颗粒是无效的。日常生活中，药物、涂抹的乳霜（防晒霜、增白功效护肤品等）和周围环境中均含多种纳米颗粒，所以纳米颗粒与皮肤接触是不可避免的。纳米颗粒进入表皮的过程受多种因素的影响，如接触的介质、介质的 pH 和温度等。真皮层下富含血液和巨噬细胞、淋巴管、树突细胞和神经末梢。因此，在不同皮肤层下被吸收的纳米颗粒会在不同的循环系统中运输。

10.3.2 呼吸道

分散在空气中的纳米颗粒，如碳和石棉，可以通过呼吸道进入人体。吸入后，纳米颗粒会沉积在从鼻子到肺部的整个呼吸道。纳米级尺寸使它们能够在肺部的肺泡区自由运动，甚至进入血液和淋巴系统。肺泡内的毛细血管使纳米颗粒快速运输和扩散。纳米颗粒的摄入和吸收取决于其形态、浓度等。具有大比表面积的肺可以成为吸附纳米颗粒和解除毒性的场所。

脑 (神经系统疾病：
帕金森病、阿尔茨海默病)

线粒体

细胞核

细胞质

膜

脂质囊泡

纳米颗粒吸入

肺 (哮喘、支气管炎、肺气肿、癌症)

循环
系统 (动脉粥样硬化、血管收缩、血栓、高血压)

纳米颗粒
摄入

心脏 (心律失常、心脏病、死亡)

胃肠系统
(克罗恩病、结肠癌)

其他器官 (肾脏、肝脏
不明病因的疾病)

骨科植入物磨屑
(自身免疫性疾病、皮炎、
荨麻疹、血管炎)

淋巴
系统 (象皮病、卡波西肉瘤)

皮肤 (自身免疫性疾病、皮炎)

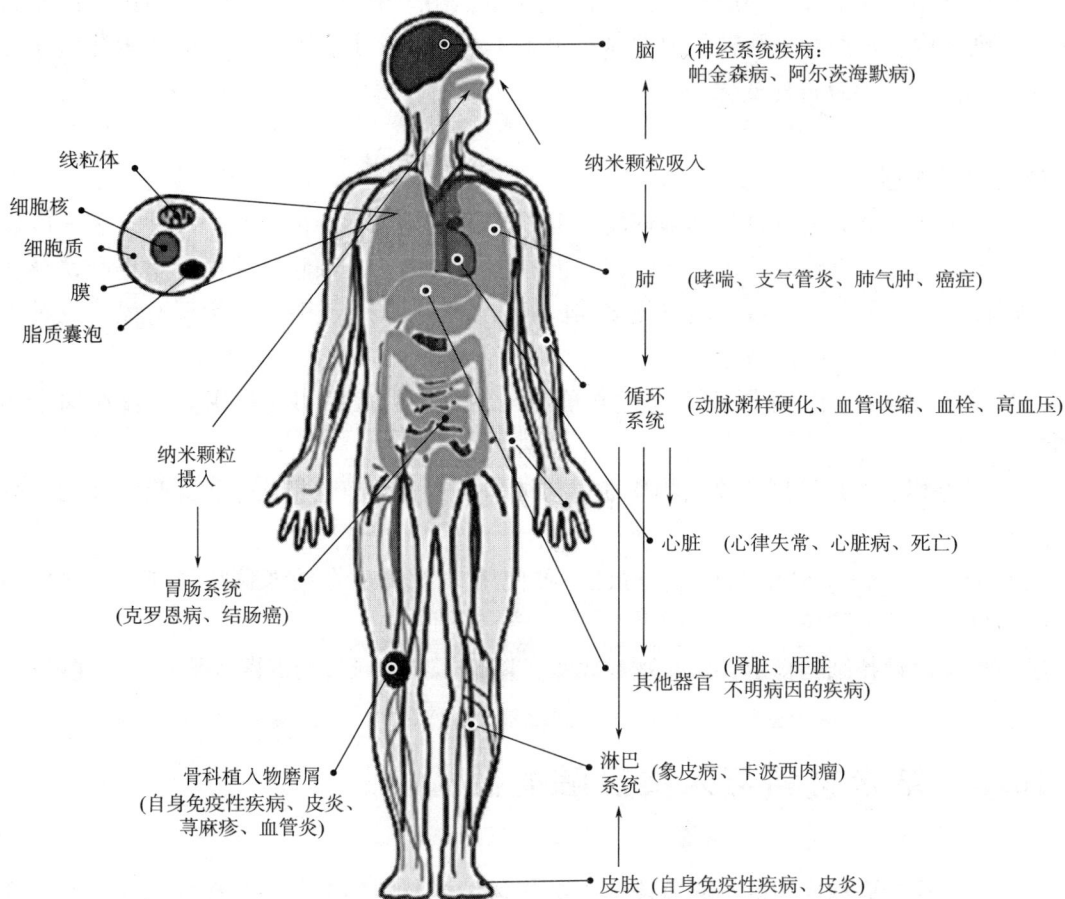

图 10-2　纳米颗粒与人体接触途径及其对健康的不利影响示意图

外来生物成分可以在肺细胞中进行生物转化，并最终通过排泄系统排出体外。纳米颗粒通过黏液纤毛转运和吞噬作用部分或全部从体内清除。不溶性颗粒沉积在肺部，可引起各种毒性反应。较小的纳米颗粒比较大的纳米颗粒更容易转移，而且与较大的颗粒相比，它们被肺部移除的速度更快。纳米颗粒也可能会沉积在肺部，一旦进入呼吸道上皮，它们可能会停留数年，还可能进入淋巴系统和循环系统。纳米材料如炭黑、石棉、多壁碳纳米管等不溶性纳米材料，会沉积在肺表面。通常采用黏液纤毛转运和肺泡巨噬细胞吞噬等方法来清除这些不溶性纳米颗粒。然而，一旦这些方法不能控制毒性的扩散，肺的防御机制就会开始发挥作用，最终导致肺组织的损伤。图 10-3 概述了纳米材料对人体的不良影响以及可能的摄取和转运途径。

10.3.3　胃肠道

中毒可能是由于直接摄入受污染的食物或摄入有毒的饮料。通常情况下，有毒物质通过胃肠道进入体内，毒物被吸收到身体，进一步转移到循环系统。胃内的上皮细胞不同于身体

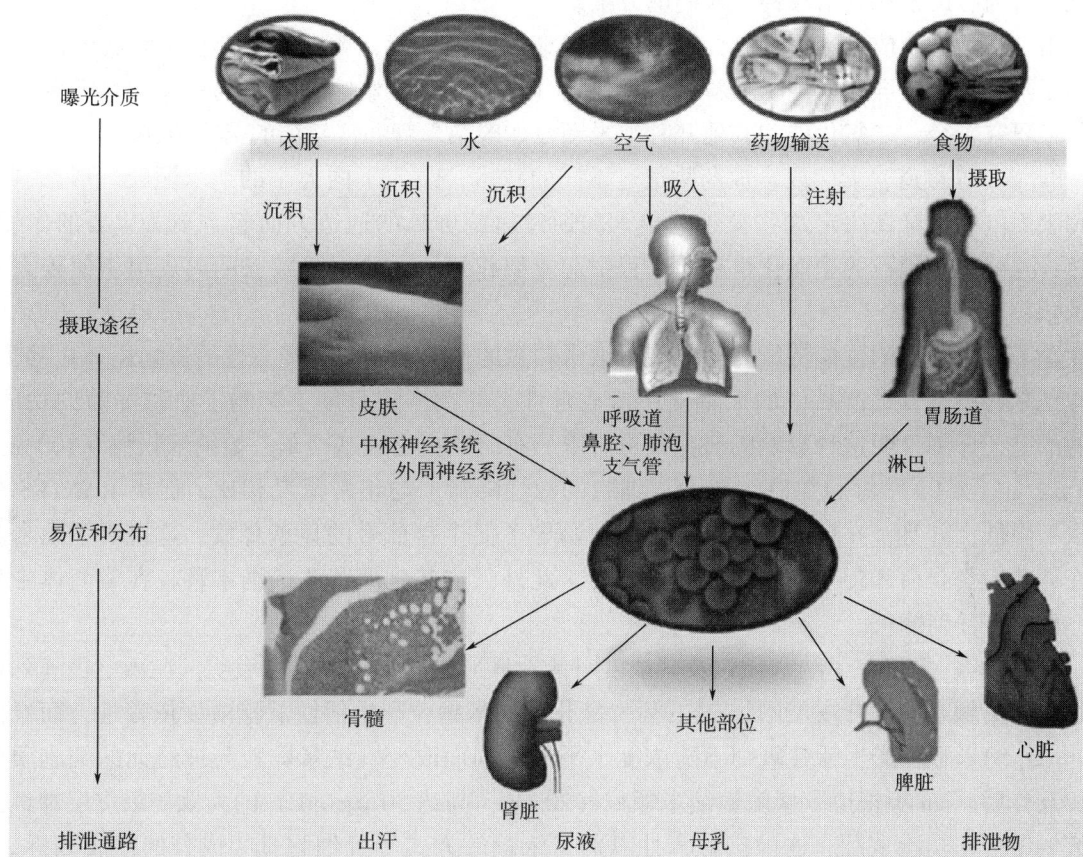

图 10-3 纳米材料在体内的摄取和转运途径

的其他部位，这些细胞是用来吸收的，因此，任何有毒元素都很容易被吸收，当然，如尺寸、形态、浓度或剂量、介质的 pH 等物理化学性质制约着毒物的吸收率。Szentkuti 等研究了纳米材料摄入过程中尺寸和电荷的相关性。研究表明，带正电的纳米颗粒会被困在带负电的黏液中，而带负电的颗粒很容易被吸入黏液层内；另外，粒子的大小再次被证明是一个关键的因素，直径越大，完成摄入过程所需的时间就越长。

10.3.4 血脑屏障

纳米颗粒的使用及其启动活性氧机制以抑制毒性被广泛用于靶向治疗应用领域。在这方面，神经退行性疾病是当前研究的热点之一。该领域中，能够穿透血脑屏障并有效地将药物运送到受影响细胞周围环境中是至关重要的。血脑屏障是半透膜，它分隔血液循环和脑脊液循环，组织血液向脑积液的传输。因此，这种半透膜可以调节离子、分子和细胞在血液和大脑之间的运动，从而使中枢神经系统在获得足够营养成分的同时，防止病原体进入，以免引起神经紊乱。这种屏障是由构成血管壁的内皮细胞构成的。内皮细胞的运输和代谢是通过与不同的神经细胞、免疫细胞和血管细胞的相互作用来调节的。因此，了解血脑屏障周围这些细胞的行为有助于找到治疗神经疾病的方案。

由纳米颗粒制成的治疗剂已经显示出能够穿过血脑屏障并靶向特定部位的优异性能。因此，了解围绕血脑屏障的纳米颗粒的病理作用（包括其毒性影响）已成为一项迫切任务。目前已经研究了金、二氧化硅和其他几种纳米颗粒如碳纳米管和富勒烯的药物传递应用。

Saraiva 等报道，天然或合成药物通过不同的技术，载入不同大小的纳米颗粒。形态、尺寸和表面电荷无疑在决定这些粒子的摄入和通过血脑屏障的通道方面起着至关重要的作用。当然，这些纳米颗粒的功能化也在此过程中起重要作用。血脑屏障致密的内皮组织使较大的纳米颗粒无法通过。

除了纳米颗粒的预期特征外，人们对纳米颗粒的作用及其对神经毒性的影响还知之甚少。工程纳米材料在日常产品中的大量使用造成毒性，并在一定程度上影响了血脑屏障的功能。遗憾的是，详细说明这种影响的研究报道有限。有研究报道羧基聚苯乙烯纳米颗粒（100 nm，100 μg/mL，24 h）对 hCMEC/D3 内皮细胞的毒性降低。与正常情况相比，促炎 RANTES 蛋白水平降低，并且，在星形胶质细胞系中，诱导了促生存信号的显著释放。这说明了纳米颗粒在调节促炎蛋白和促生存蛋白方面的能力。此外，羧基化聚苯乙烯纳米颗粒在溶酶体中积累，而没有任何降解。

Gramowski 等研究了纳米颗粒及其浓度对活性氧形成的影响。研究表明，在微电极阵列神经芯片上接触小鼠额叶皮层网络 24 h 后，氧化钛纳米颗粒产生活性氧呈浓度依赖性，而炭黑和 Fe_2O_3 纳米颗粒产生活性氧则不随浓度水平的增加而改变。纳米颗粒与神经元的细胞质蛋白相互作用。Xu 等报道了接触银纳米颗粒（20 nm，高达 50 μg/mL）的大鼠初级皮层神经元的突触结构和功能紊乱。这种接触毒性以剂量依赖的方式干扰细胞骨架成分的组装和拆卸，最终导致突触前囊泡蛋白突触素和突触后受体密度蛋白的突触簇的减少。另一项研究揭示了纳米颗粒对基因表达的干扰能力。在未分化的 PC12 细胞中接触银纳米颗粒可抑制 DNA 合成并损害蛋白质合成机制，而接触分化的细胞系可导致神经突起形成的选择性损伤。

10.3.5　肝和脾

肝脏是一个复杂的内部器官，具有不同的接触外来物质毒性的机制。肝脏内皮细胞孔径大，使大的纳米颗粒更容易进入。最容易的积聚方式是肠道吸收并在进入肾脏和循环系统之前，转移到肝脏和脾脏。研究表明，与正常人相比，煤矿工人的肝脏中有碳颗粒沉积。类似地，磨损颗粒沉积到髋关节或膝关节置换患者的肝脏和脾脏。另一项研究显示，牙瓷桥碎片通过肠道吸收而沉积。这种积聚进一步导致急性肾功能衰竭、胆汁不规则流动、发热等。纳米颗粒通常通过胆汁分泌进入小肠而从肝脏清除。体内研究结果表明，肝细胞损伤通过一系列不同的机制，如细胞色素 P450 激活、乙醇脱氢酶激活、膜脂过氧化、蛋白质合成抑制、钙稳态破坏和促凋亡受体酶激活等。

脾脏是免疫系统和淋巴系统的关键部位，因此，颗粒在脾脏中的积聚可能影响免疫反应和免疫病理学。脾细胞的体外分析有助于了解纳米颗粒的毒性。研究表明，二氧化硅纳米颗粒用于体内肿瘤成像，并通过评估对脾细胞的毒性影响来研究纳米颗粒的生物相容性。

10.4　典型纳米材料的毒性

10.4.1　金属纳米颗粒的毒性

金属纳米颗粒的广泛应用使得对其进行毒性研究成为必要。

Siddiqi 等研究了金纳米颗粒在大鼠脑中的毒性分布。金纳米颗粒引发超氧自由基的产生和抗氧化酶的活性降低，如谷胱甘肽过氧化物酶在大鼠脑中的活性降低，8-羟基脱氧鸟苷、caspase-3 和热休克蛋白有所增加，增加了 DNA 损伤和细胞死亡的概率。

Park 等研究了银纳米颗粒对小鼠腹腔巨噬细胞系（RAW264.7）的细胞毒性，剂量高达1.6 ppm，孵育 96 h，银纳米颗粒通过吞噬作用内吞，特洛伊木马机制诱导毒性，细胞活力呈剂量依赖性和时间依赖性下降。此外，银纳米颗粒的毒性归因于超氧自由基水平的增强和炎症。在另一份报告中，研究了银纳米颗粒和银离子毒性的差异。银纳米颗粒在接触细胞后诱导了相当高程度的毒性，纳米颗粒引起组蛋白甲基化水平的改变，进一步降低了血红蛋白水平。

采用电感耦合等离子体质谱（ICP-MS）、TEM、EDX 和 X 射线吸收光谱（XAS）等不同的分析技术研究了金纳米颗粒的体内分布，结果发现金纳米颗粒定位于 SD 大鼠肝脏和脾脏组织。Hainfeld 等采用另一种方法研究了金纳米颗粒作为 X 射线造影剂在 Balb/C 小鼠中的应用，添加 100 μg/mL 的金纳米颗粒明显提高了图像的信噪比。金纳米颗粒是一种有用的 X 射线造影剂，与现有的造影剂相比，具有新的物理和药代动力学优势。

除了对哺乳动物细胞的毒性影响外，纳米颗粒还对多种微生物具有杀菌作用。这种具有杀菌功效的材料已在卫生保健领域广泛应用。半导体纳米材料在光激发下会产生活性氧，显著影响细胞的生存能力。在这方面，Ritmi 等研究了铜涂层二氧化钛纳米鳄梨的细胞毒性。铜涂层和二氧化钛颗粒的协同作用提高了其杀菌能力。半导体材料与金属纳米颗粒的复合材料降低了光催化复合材料的整体禁带，也降低了复合速率。磁性复合材料因其应用后易于回收、可重用性利用受到多个行业的关注。在哺乳动物细胞中观察到，细菌细胞壁被纳米材料的聚集体所破坏。此外，金属离子的溶出也是其抗菌性的一个关键因素。Raut 等人最近报道了一种壳聚糖/二氧化钛/铜纳米复合材料并用于生物医学。与只使用壳聚糖的样品相比，制备的复合材料对大肠杆菌和金黄色葡萄球菌的灭活效率提高了 200%。

10.4.2　金属氧化物的毒性

金属氧化物是一类重要的工业材料，常用作半导体、氧化还原反应的催化剂等，而金属氧化物引起的毒性也已经得到了广泛的研究。Lu 等研究了不同金属氧化物的毒性影响。利用人上皮细胞系（A549）进行体外研究，使用乳酸脱氢酶（LDH）细胞毒性检测法进行实验，观察到超氧自由基的产生随着比表面积的增加而增加，这必然增加了毒性。Zhang 等研究了金属氧化物带隙和带边电位对氧化应激和肺部炎症的影响。研究发现，金属氧化物颗粒完全可溶于生物环境，具有与细胞氧化表面电位（-4.84~-4.12 eV）相当的带隙值，表现出高水平的毒性。

二氧化铈和其他任何稀土金属一样具有三价氧化态，但它也具有正四价氧化态，与其他金属氧化物一样，也具有急性毒性。Chen 等研究了二氧化铈结构对其抗氧化性能的影响。由于其从+3 氧化态跃迁到+4 氧化态，若干表面化学反应牺牲氧或电子而导致缺陷的形成。这些缺陷是自发形成的，随环境中压力或离子环境变化而变化，可以成为各种超氧自由基的陷阱来消除超氧自由基对细胞的毒性。因此，二氧化铈可以防止细胞的氧化损伤。研究还发现，缺陷随着比表面积的增加而增加，因此纳米二氧化铈具有更多的缺陷。Ji 等进一步研究了二氧化铈作为抗氧化剂的应用，研究了锌掺杂二氧化铈对 Neuro2A 细胞系的体外毒性作用，结果表明，该复合物具有剂量依赖性毒性，浓度可达 31.25 μg/mL。

Auffan 等评估了铁基纳米颗粒氧化还原状态的影响及其对大肠杆菌的细胞毒性。以磁赤铁矿（γ-铁）、四氧化三铁和零价铁为模式材料，稳定的 γ-铁没有任何毒性，但其他两个铁离子（Fe^{2+} 和 Fe^0）由于氧化应激而表现出显著的毒性。铁在细胞环境中与氧发生芬顿反应，产生超氧自由基。

Sisler 等研究了 50 μg/mL 剂量的氧化钴和氧化镧对人小气道上皮细胞（SAEC）的毒性。研究表明，氧化镧具有剂量依赖性毒性，孵育 24 h 后才能检测到毒性，其毒性相对于其他金属氧化物较低。

Bollu 等研究了姜黄素负载的硅基介孔材料对癌细胞的细胞毒性，当接触 CHO 细胞时，没有检测到任何毒性。

10.4.3 碳基材料的毒性

（1）碳纳米管（CNT）。CNT 由于其独特的电子和物理性质而被广泛应用于不同领域。根据 CNT 层数的不同，可分为单壁碳纳米管（SWCNT）和多壁碳纳米管（MWCNT）。Magrez 等研究了不同长径比 CNTs 的细胞毒性，研究发现，碳基材料的细胞毒性大小顺序为炭黑>碳纳米薄片>碳纳米管，长径比大的材料的毒性较小。与所有材料接触几天后，细胞在形态上几乎没有变化，但活力的差异归因于纳米材料与所接触的细胞相互作用的差异。此外，细胞和纳米材料相互作用的差异也可能归因于悬浮键。这些悬浮键具有高反应活性，它们在炭黑上密度高，而在碳纳米管中则较少。

Isobe 等和 Knirsch 等都研究了 CNTs 的细胞毒性，研究表明，CNTs 具有较低的毒性。此外，Kang 等研究了 SWCNTs 的抗菌性能，细胞存活率低的主要原因是 SWCNTs 与细胞膜的直接相互作用。Vecitis 等对此结果提出了不同意见，他们认为，CNTs 的电子结构是细菌细胞毒性的真正原因。Liu 等总结了 CNTs 的毒性，并解释了毒性评估中毒性差异的原因，其中氧化应激是细胞毒性的主要原因之一，产生的超氧自由基有可能干扰细胞代谢。CNTs 中作为杂质存在的过渡金属也有可能诱导对细胞的高毒性。

Guo 等报道了一种 PEG 功能化 SWCNTs，并用于靶向药物（多巴胺）递送。PEG 功能化 SWCNTs 具有较高的细胞膜渗透能力、高载药量和 pH 响应药物释放能力。体外实验优化功能化药物载体的剂量，用不同剂量的纳米材料处理 PC12 细胞，并进一步使用四唑盐（MTT）比色法、乳酸脱氢酶（LDH）细胞毒性检测法、超氧自由基（ROS）分析法进行毒性研究。结果显示，多巴胺释放的最佳剂量为 $6.25~\mu g/\mu L$。体内实验也验证了相同的结果，发现最佳剂量为 $3.25~mg/kg$。Li 等进行了一项体内研究，以研究全氟辛烷磺酸与 SWCNTs 对斑马鱼的影响。样品分别孵育 24 h、48 h、72 h 和 96 h。结果表明，随着 SWCNT 剂量的增加，全氟辛烷磺酸在鱼的肝脏、肠道、鳃和大脑中的生物累积增加。Akhavan 等研究了可见光照射下关于 TiO_2/CNT 对细菌细胞（大肠杆菌）的细胞毒性。研究表明，可见光照射下，纳米材料对细菌细胞（大肠杆菌）具有细胞毒性。

（2）石墨烯和氧化石墨烯（GO）。这种 2D 纳米材料在各种应用中都显示出广阔的前景。Hu 等研究表明，单层石墨烯具有低的毒性。Teo 等研究表明卤化石墨烯表现出较高的毒性，并且毒性随着石墨烯片中卤素含量的增加而增加。另一项研究则反驳了上述关于卤素原子含量增加导致细胞毒性增加的论点，他们认为，氟代石墨烯没有增加细胞毒性水平；相反，氟含量的增加还使毒性降低了 2~3 倍。作者将这种差异归因于石墨烯片中存在更多的单取代碳原子（F 原子）。

Bengtson 等发现石墨烯和氧化石墨烯对小鼠肺上皮细胞（FE1）无任何细胞毒性或遗传毒性。研究发现，当 GO 和石墨烯（横向尺寸小于 $0.5~\mu m$）的最大浓度为 $200~\mu g/mL$ 时，采用活性氧检测（$2',7'$-二氢二氯荧光素二乙酸酯，DCFH-DA）和彗星试验（COMET assay）分析细胞，细胞增殖水平没有变化。Hu 等为更加全面了解 GO 的细胞毒性，研究了细胞培养基和蛋白质涂层 GO 的细胞毒性。研究发现，GO 在与细胞相互作用时产生了较高毒性，但几小时后存活率没有变化，并保持恒定。研究者认为纳米材料—蛋白质复合物的形成是主要原因。

用胎牛血清（FBS）包覆 GO 后，细胞增殖完全不受影响，这验证了 GO 的表面性质对介质成分的影响。Torres 等研究了两种不同类型的 GO 纳米颗粒的细胞毒性和内吞，合成了低还原 GO（LRGO）颗粒，并将其毒性与 GO 进行了比较，LRGO 颗粒的毒性是 GO 的 5 倍，表面化学性质和微粒的大小是毒性增加的主要原因。Luna 等对 GO/Ag 复合材料细胞毒性进行了研究，在剂量高达 $100~\mu g/mL$，孵育 J774 巨噬细胞 24 h 后，与 GO 相比，GO/Ag 复合材料的细胞毒性增强，并进一步使用 ICP-OES 和动态光散射（DLS）进行评估，复合物诱导的高氧化应激被认为是毒性增加的主要原因。同样，Yan 等的另一份研究也证明了 GO/Fe_2O_3 复合物与 GO 本身的毒性相当。Isis 等合成了一种聚合物/GO 复合材料，并研究了制备的复合材料对成纤维细胞细胞系（NIH 3T3）的细胞毒性（剂量高达 $1000~\mu g/mL$，孵育 24 h）。制备的复合材料中 GO 的含量仅为 3%（质量分数），但表现出良好的抗菌行为和低毒性。同样，锌（Ⅱ）负载沸石/GO 纳米复合材料被证明是一种良好药物载体，并对复合材料对细胞系（A549）的细胞毒性进行了评估（剂量为 $0.1~mg/mL$，孵育 24 h），表面复合材料具有生物相容性，且显示出极低的毒性。Bahamonde 等的另一研究工作阐述了还原氧化石墨烯与聚砜功能化石墨烯的生物相容性，结果显示，功能化石墨烯可增强抗菌性能并降低人体细胞毒性。

GO 的体内研究可以有效地阐述纳米材料的定位和分布。功能化的石墨烯主要聚集在网状内皮系统（RES）中，包括肝脏和脾脏，随后逐渐通过肾脏和粪便排出。在一项研究中，作者研究了聚乙二醇包覆 GO 的药代动力学和体内定量分布。结果表明，聚乙二醇包覆的 GO 经口服后，不吸附于任何器官，且排泄速度快；当腹腔注射时，功能化的 GO 被吞噬细胞吞噬，并在 RES 系统中积累。这些物质的摄入和积累取决于纳米材料的尺寸和形态。Cho 等研究了含有或不含 pluronic F-127 的单层和多层石墨烯氧化物的体内免疫毒性。通过静脉注射 GO 对小鼠进行急性和慢性毒性研究，发现单层和多层 GO 在急性期可诱导大量炎症反应，慢性期观察到不同程度的肾纤维化和炎症，且多层 GO 比单层 GO 更容易诱发炎症。

10.4.4　量子点的毒性

在所有的纳米材料中，量子点的生物相容性已经得到了广泛的关注，并指导各种生物医学应用，如药物载体、细胞成像中的研究和应用。在一项研究中，作者旨在研究壳聚糖包覆 Bi_2S_3 量子点的细胞毒性和细胞摄取机制。实验观察到量子点是通过内吞途径内化的，且无细胞毒性，说明壳聚糖包覆量子点可制备具有更高生物相容性的量子点。在另一项研究中，作者制备了基于阿司匹林的碳点，并对其毒性进行了研究。分别利用小鼠白血病单核巨噬细胞（RAW264.）、HeLa、人口腔表皮癌（KB）和骨髓基质细胞（BMSC）细胞系，采用 100 μg/mL 剂量，孵育 24 h 后，通过共聚焦激光扫描显微镜、血液学和血清生化评估其细胞毒性。研究结果表明，量子点无毒，可用于抗炎和细胞显像双功能应用。Huang 等研究了碳点的体内动力学行为，碳点在静脉、肌肉和皮下三种注射途径后都能高效快速地排出体外，碳点清除率大小为静脉>肌肉>皮下。

Fasbender 等评估了石墨烯量子点的摄取动力学和毒性。利用人白细胞细胞系，采用 500 μg/mL 剂量，孵育 36 h 后对量子点进行评价。纳米颗粒通过吞噬作用被内化，其摄取量具有浓度依赖性，而且量子点表现出非常低的毒性水平。Su 等和 Chen 等分别研究了 CdTe 量子点的毒性。在这两项研究中，作者明确了检测到的毒性是由于镉离子从晶格表面浸出造成的；检测到细胞死亡是由于代谢活动的抑制，而不是由量子点直接诱导的，因为镉离子可以诱导细胞氧化应激，降低细胞代谢活性。

Ambrosone 等利用 BrdU 分析、TUNNEL 技术和 Caspase 分析研究了 CdTe 量子点对水螅的毒性作用机制。亚致死剂量的量子点比相同浓度的 Cd^{2+} 造成的形态损伤更严重，损害了生殖和再生能力。Chen 等报道了一种用于细胞内 pH 传感器的新型 Ti_3C_2 MXene 量子点，研究了这种量子点作为荧光传感器的潜在用途，并对其体外细胞毒性进行了评价，以确保其生物相容性。用不同浓度的量子点孵育 MCF-7 细胞 24 h 后，采用 MTT 法进行毒性评估，结果显示，细胞存活率达 80% 以上，表明量子点具有较低的毒性和良好的生物相容性。

在另一份研究中，作者报道了一种新型复合材料的制备，即 GO 与叶酸和钆标记的树枝状大分子（FA-GCGLD）结合，所制备的复合材料显示了磁共振成像引导联合化疗的可能性。体内研究表明，肿瘤细胞快速聚集，有利于颗粒的全身分布，抑制肿瘤生长。采用

CCK-8 法评价 HepG2 和 HeLa 细胞的细胞毒性。孵育 48 h 后，细胞活力没有明显变化，这进一步表明复合材料具有较高的生物相容性。Spangler 等报道了 $CuInS_2/ZnS$ 核壳纳米粒子的合成，研究了量子点在生物成像中的应用，并进一步评价了量子点的生物相容性。THP-1 细胞孵育 6 h，其活力的降低可以忽略不计。Wang 等利用石墨烯和石墨碳氮化物合成的 α-硫异质结光催化剂，研究了大肠杆菌 K12 的细菌活性。通过改变氮化碳（$CNRGOS_8$）和还原石墨烯（$RGOCNS_8$）在 α-硫上的排列方式，制备了两种不同的结构。$CNRGOS_8$ 光催化消毒效果优于 $RGOCNS_8$。核—壳复合颗粒在厌氧条件下光催化消毒效果较差，光产生的电子直接作用于细菌使其失活。

10.5　纳米材料处理安全指南

纳米材料的毒理学研究是一个不断发展的领域，因为对新特性及其毒性影响的研究是不确定的。近年来，对研究用和工业用纳米材料的安全和防护处理准则进行了调整。这些指南没有提供规避问题的确切步骤，但它们绝对是避免潜在风险的关键规则，这些准则的基本框架概述如下：

①评估纳米材料制造过程和使用中的风险和识别不确定性；
②制定和采用有效的方法来处理和控制风险；
③预防和控制不必要的接触；
④保证对实施过程的跟踪，并对其实施必要的措施；
⑤检查接触水平并进行适当监测；
⑥开展充分的健康分析；
⑦应对任何事故或紧急情况的步骤和协议；
⑧对机构和行业的学生或员工进行充分的培训、告知和监督。

除了这些指导方针之外，学术界和政策制定者还就纳米材料构成的严重威胁进行了严肃讨论。表 10-1 列举了处理纳米材料与人类健康和环境安全问题的全球战略。

表 10-1　处理纳米材料与人类健康和环境安全问题的全球战略

组织名称	目标
经济合作与发展组织（OECD）	通过信息交流分享、加强和提高风险评估能力
国家职业安全与健康研究所（NIOSH）	通过战略规划和研究，将有关纳米技术的影响和应用的研究结果纳入职业安全和健康法规
欧盟纳米安全协会	参与涉及纳米安全所有方面的项目，包括毒理学、生态毒理学、暴露评估、相互作用机制、风险评估和标准化；举办讲习班和研讨会，特别是所有纳米技术从业者

组织名称	目标
美国联邦材料研究与测试研究所（BAM）	BAM 参与了欧盟资助的项目（FP7）：纳米技术的目的是通过适当测量技术、参考材料、验证方法、测试方法、测试结果和测试结果的可用性等问题，支持与纳米材料立法实施相关的治理研究，为所有利益相关者所接受，并提供综合和跨学科的方法；纳米有效的主要目标是开发新的参考方法和经认证的参考材料，包括 ENs 的表征、检测/定量、分散控制和标记方法，以及危害识别、暴露和风险评估
联邦教育和研究部（BMBF）	安全处理人造纳米材料，研究环境纳米污染物（ENM）对人类健康和环境的影响
联邦环境局（UBA）	安全处理人造纳米材料，调查对人类健康和环境的影响
联邦风险评估研究所（BfR）	根据研究的数据，论证并确立新的原则和理念。将安全设计作为新型人造纳米材料验证的基本原则。根据毒性和生物效应建立纳米材料分组方法，以支持风险评估。对纳米结构材料进行分组，以保护工人、消费者、环境以及实现风险最小化
联邦职业安全与健康研究所（BAuA）	对纳米结构材料进行分组，以保护工人、消费者、环境以及实现风险最小化
联邦营养与食品研究所（马克斯·鲁布纳研究所，MRI）	食品等复杂基质中纳米材料的检测和表征；生物活性化合物纳米载体体系的研究；纳米材料与食品基质化合物的相互作用
模型纳米材料毒性（modelling nanomaterial toxicity，MODENA）	具体目标是研究具有可控组成、尺寸、面积和 ENM 的合成，并制定将 ENM 固定在基质中、基质上的策略，对所需性能和表面反应性的影响最小，并确定定量纳米结构的相关数据集—毒性关系（QNTR）

在日常产品中使用工程纳米材料必然提高了人们的生活质量，但与此同时，它也引起了监管机构和学术研究人员对其未知副作用的担忧。过去 10 年，ENM 的使用呈指数级增长。但它让政策制定者和监管者感到担忧。最近的一项研究强调了食品中纳米材料的毒性。表 10-2 列出了食品中使用的有机和无机纳米材料。

表 10-2　食品中可能存在的各种纳米材料及其来源示例

纳米材料		来源	特征	产品
有机纳米颗粒	酪蛋白胶束	自然	蛋白质—矿物簇	牛奶、奶油
	细胞器	自然	核糖体、液泡、溶酶体等	禽肉、鱼、水果、蔬菜、香料
	石油	自然	磷脂/蛋白质包裹的甘油三酯微滴	植物
	脂质纳米粒	ENP	由乳化剂涂覆的固体颗粒或液滴	一些饮料、调味品、奶油
	蛋白质纳米颗粒	ENP	通过物理或共价相互作用连接在一起的蛋白质分子簇	在开发中
	糖类纳米颗粒	ENP	从淀粉、纤维素或壳聚糖中提取的小固体碎片；通过物理或共价相互作用连接在一起的多糖分子簇	在开发中

续表

纳米材料		来源	特征	产品
无机纳米颗粒	氧化铁	ENP	用于强化含铁食品的 Fe_2O_3 纳米颗粒	营养补充剂、香肠肠衣
	二氧化钛	ENP	用作增白剂的 TiO_2 纳米颗粒	糖果、口香糖、烘焙食品、奶粉
	二氧化硅	ENP	用于控制粉末流动性的 SiO_2 纳米颗粒	盐、糖霜、香料、干牛奶和干混合物
	银	ENP	银纳米颗粒用作食品、涂料和包装中的抗菌剂	肉类、食品包装、容器、涂料

注　ENP 指环境纳米污染物。

纳米材料的毒性取决于其物理化学性质,任何单个参数的改变都会影响毒性模式并导致不同的生理毒性。在不同的纳米材料中,体外和体内数据之间缺乏相关性,因此,对纳米材料毒性库的需求在过去几十年中不断增长。将不同的毒性分析技术结合起来,形成一个强调材料潜在毒性的中心,可以防止并帮助预测几种新工程纳米材料的毒性。因此,需要进行广泛的研究,以匹配在工业应用中大量生产和使用的不同纳米材料的规模。这也将有助于加深我们对毒理学及其对环境和人类的影响的了解。

参考文献

[1] 陈海月. 邻苯二甲酸二丁酯与三种纳米材料对斑马鱼的联合毒性效应研究 [D]. 呼和浩特:内蒙古大学,2022.

[2] 俞大良. 聚苯乙烯微纳米塑料的细胞毒性检测方法研究及毒性影响因素探讨 [D]. 广州:暨南大学,2021.

[3] 宁小凡. 纳米 SiO_2 对神经细胞线粒体氧化损伤和功能障碍的作用机制研究 [D]. 长春:吉林大学,2022.

[4] 张海东. 生物法合成金属纳米材料的生物毒性的研究 [D]. 厦门:厦门大学,2018.

[5] 金世光. 混合金属氧化物纳米颗粒对淡水绿藻的联合毒性研究 [D]. 南京:南京信息工程大学,2021.

[6] 仲昭宇. 纳米金属氧化物材料的环境影响 [D]. 扬州:扬州大学,2020.

[7] 刘晓静. 氧化石墨烯诱导肠道菌群失调在胚胎毒性中的作用研究 [D]. 济南:山东大学,2021.

[8] 于昕平. 镉系量子点的环境行为和毒性效应及机制研究 [D]. 烟台:烟台大学,2022.

[9] 高奋娥. 多功能金属纳米材料的生物医学应用及安全性研究 [D]. 西安:西北大学,2021.

[10] 陈松庆. 磁性氧化石墨烯纳米复合材料制备及其在食品安全检测中的应用 [D]. 扬州:扬州大学,2021.

[11] JOO S H, ZHAO D. Environmental dynamics of metal oxide nanoparticles in heterogeneous systems:A review [J]. Journal of Hazardous Materials, 2017, 322:29-47.

[12] HE X, AKER W G, FU P P, et al. Toxicity of engineered metal oxide nanomaterials mediated by nano-bio-eco-interactions:A review and perspective [J]. Environmental Science:Nano, 2015, 2 (6):564-582.

[13] PARK M V, NEIGH A M, VERMEULEN J P, et al. The effect of particle size on the cytotoxicity, inflammation, developmental toxicity and genotoxicity of silver nanoparticles [J]. Biomaterials, 2011, 32 (36):

9810-9817.

[14] RYMAN-RASMUSSEN J P, RIVIERE J E, MONTEIRO-RIVIERE N A. Penetration of intact skin by quantum dots with diverse physicochemical properties [J]. Toxicological Sciences, 2006, 91 (1): 159-165.

[15] CHITHRANI B D, GHAZANI A A, CHAN W C. Determining the size and shape dependence of gold nanoparticle uptake into mammalian cells [J]. Nano Letters, 2006, 6 (4): 662-668.

[16] HASHIMOTO M, SASAKI J I, IMAZATO S. Investigation of the cytotoxicity of aluminum oxide nanoparticles and nanowires and their localization in L929 fibroblasts and RAW 264 macrophages [J]. Journal of Biomedical Materials Research Part B: Applied Biomaterials, 2016, 104 (2): 241-252.

[17] CHO E C, XIE J, WURM P A, et al. Understanding the role of surface charges in cellular adsorption versus internalization by selectively removing gold nanoparticles on the cell surface with a I2/KI etchant [J]. Nano Letters, 2009, 9 (3): 1080-1084.

[18] VERMA A, UZUN O, HU Y, et al. Surface-structure-regulated cell-membrane penetration by monolayer-protected nanoparticles [J]. Nature Materials, 2008, 7 (7): 588-595.

[19] YU M, HUANG S, YU K J, et al. Dextran and polymer polyethylene glycol (PEG) coating reduce both 5 and 30 nm iron oxide nanoparticle cytotoxicity in 2D and 3D cell culture [J]. International Journal of Molecular Sciences, 2012, 13 (5): 5554-5570.

[20] KANG B, MACKEY M A, EL-SAYED M A. Nuclear targeting of gold nanoparticles in cancer cells induces DNA damage, causing cytokinesis arrest and apoptosis [J]. Journal of the American Chemical Society, 2010, 132 (5): 1517-1519.

[21] BUZEA C, PACHECO I I, ROBBIE K. Nanomaterials and nanoparticles: Sources and toxicity [J]. Biointerphases, 2007, 2 (4): 17-71.

[22] HOET P H, BRÜSKE-HOHLFELD I, SALATA O V. Nanoparticles-known and unknown health risks [J]. Journal of Nanobiotechnology, 2004, 2 (1): 1-15.

[23] OBERDÖRSTER G, MAYNARD A, DONALDSON K, et al. Principles for characterizing the potential human health effects from exposure to nanomaterials: Elements of a screening strategy [J]. Particle and Fibre toxicology, 2005, 2 (1): 1-35.

[24] POWERS C M, BADIREDDY A R, RYDE I T, et al. Silver nanoparticles compromise neurodevelopment in PC12 cells: Critical contributions of silverion, particle size, coating, and composition [J]. Environmental Health Perspectives, 2011, 119 (1): 37-44.

[25] STUDER A M, LIMBACH L K, VAN DUC L, et al. Nanoparticle cytotoxicity depends on intracellular solubility: Comparison of stabilized copper metal and degradable copper oxide nanoparticles [J]. Toxicology Letters, 2010, 197 (3): 169-174.

[26] SIDDIQI N J, ABDELHALIM M A K, EL-ANSARY A K, et al. Identification of potential biomarkers of gold nanoparticle toxicity in rat brains [J]. Journal of Neuroinflammation, 2012, 9 (1): 1-7.

[27] WANG L, LI Y F, ZHOU L, et al. Characterization of gold nanorods in vivo by integrated analytical techniques: Their uptake, retention, and chemical forms [J]. Analytical and Bioanalytical Chemistry, 2010, 396 (3): 1105-1114.

[28] LU S, DUFFIN R, POLAND C, et al. Efficacy of simple short-term in vitro assays for predicting the potential of metal oxide nanoparticles to cause pulmonary inflammation [J]. Environmental Health Perspectives, 2009,

117（2）：241-247.

［29］ AKBARI A, KHAMMAR M, TAHERZADEH D, et al. Zinc-doped cerium oxide nanoparticles: Sol-gel synthesis, characterization, and investigation of their in vitro cytotoxicity effects［J］. Journal of Molecular Structure, 2017, 1149: 771-776.

［30］ BOLLU V S, BARUI A K, MONDAL S K, et al. Curcumin-loaded silica-based mesoporous materials: Synthesis, characterization and cytotoxic properties against cancer cells［J］. Materials Science and Engineering: C, 2016, 63: 393-410.

［31］ VERGARO V, ALDIERI E, FENOGLIO I, et al. Surface reactivity and in vitro toxicity on human bronchial epithelial cells（BEAS-2B）of nanomaterials intermediates of the production of titania-based composites［J］. Toxicology in Vitro, 2016, 34: 171-178.

［32］ TASSINARI R, CUBADDA F, MORACCI G, et al. Oral, short-term exposure to titanium dioxide nanoparticles in Sprague-Dawley rat: Focus on reproductive and endocrine systems and spleen［J］. Nanotoxicology, 2014, 8（6）: 654-662.

［33］ LEUNG Y H, XU X, MA A P, et al. Toxicity of ZnO and TiO_2 to Escherichia coli cells［J］. Scientific Reports, 2016, 6（1）: 1-13.

［34］ ROSHINI A, JAGADEESAN S, CHO Y J, et al. Synthesis and evaluation of the cytotoxic and anti-proliferative properties of ZnO quantum dots against MCF-7 and MDA-MB-231 human breast cancer cells［J］. Materials Science and Engineering: C, 2017, 81: 551-560.

［35］ LEYLAND N S, PODPORSKA-CARROLL J, BROWNE J, et al. Highly efficient F, Cu doped TiO_2 antibacterial visible light active photocatalytic coatings to combat hospital-acquired infections［J］. Scientific Reports, 2016, 6（1）: 1-10.

［36］ MAGREZ A, KASAS S, SALICIO V, et al. Cellular toxicity of carbon-based nanomaterials［J］. Nano Letters, 2006, 6（6）: 1121-1125.

［37］ ISOBE H, TANAKA T, MAEDA R, et al. Preparation, purification, characterization, and cytotoxicity assessment of water-soluble, transition-metal-free carbon nanotube aggregates［J］. Angewandte Chemie, 2006, 118（40）: 6828-6832.

［38］ VECITIS C D, ZODROW K R, KANG S, et al. Electronic-structure-dependent bacterial cytotoxicity of single-walled carbon nanotubes［J］. ACS Nano, 2010, 4（9）: 5471-5479.

［39］ TEO W Z, CHNG E L K, SOFER Z, et al. Cytotoxicity of halogenated graphenes［J］. Nanoscale, 2014, 6（2）: 1173-1180.

［40］ BENGTSON S, KLING K, MADSEN A M, et al. No cytotoxicity or genotoxicity of graphene and graphene oxide in murine lung epithelial FE1 cells in vitro［J］. Environmental and Molecular Mutagenesis, 2016, 57（6）: 469-482.

［41］ DE LUNA L A V, DE MORAES A C M, CONSONNI S R, et al. Comparative in vitro toxicity of a graphene oxide-silver nanocomposite and the pristine counterparts toward macrophages［J］. Journal of Nanobiotechnology, 2016, 14（1）: 1-17.

［42］ KHATAMIAN M, DIVBAND B, FARAHMAND-ZAHED F. Synthesis and characterization of Zinc（Ⅱ）-loaded Zeolite/Graphene oxide nanocomposite as a new drug carrier［J］. Materials Science and Engineering: C, 2016, 66: 251-258.

［43］ YANG K, ZHANG S, ZHANG G, et al. Graphene in mice: Ultrahigh in vivo tumor uptake and efficient pho-tothermal therapy ［J］. Nano Letters, 2010, 10 (9): 3318-3323.

［44］ YANG K, WAN J, ZHANG S, et al. In vivo pharmacokinetics, long-term biodistribution, and toxicology of PEGylated graphene in mice ［J］. ACS Nano, 2011, 5 (1): 516-522.

［45］ RAMANERY F P, MANSUR A A, MANSUR H S, et al. Biocompatible fluorescent core-shell nanoconjugates based on chitosan/Bi_2S_3 quantum dots ［J］. Nanoscale Research Letters, 2016, 11 (1): 1-12.

［46］ FASBENDER S, ALLANI S, WIMMENAUER C, et al. Uptake dynamics of graphene quantum dots into prima-ry human blood cells following in vitro exposure ［J］. RSC Advances, 2017, 7 (20): 12208-12216.

［47］ VISWANATH B, KIM S. Influence of nanotoxicity on human health and environment: The alternative strategies ［J］. Reviews of Environmental Contamination and Toxicology Volume 242, 2016: 61-104.

［48］ MCCLEMENTS D J, XIAO H. Is nano safe in foods? Establishing the factors impacting the gastrointestinal fate and toxicity of organic and inorganic food-grade nanoparticles ［J］. npj Science of Food, 2017, 1 (1): 1-13.